科技史学术论丛

古中国书籍插图之机构

萧国鸿 颜鸿森 著
萧国鸿 张柏春 译

中原出版传媒集团
大地传媒
大象出版社
·郑州·

图书在版编目(CIP)数据

古中国书籍插图之机构 / 萧国鸿, 颜鸿森著. 萧国鸿, 张柏春译.— 郑州 : 大象出版社, 2016. 12
ISBN 978-7-5347-7914-5

Ⅰ. ①古… Ⅱ. ①萧… ②颜… ③张… Ⅲ. ①机械设计—中国—古代 Ⅳ. ①TH122-092

中国版本图书馆 CIP 数据核字(2016)第 055330 号

备案号:豫著许可备字-2015-A-00000230

Translation from English language edition:
Mechanisms in Ancient Chinese Books with Illustrations
by Kuo-Hung Hsiao and Hong-Sen Yan

古中国书籍插图之机构

萧国鸿　颜鸿森　著

萧国鸿　张柏春　译

出 版 人　王刘纯
责任编辑　郑新梅
责任校对　李婧慧　牛志远
封面设计　付锬锬

出版发行　大象出版社(郑州市开元路 16 号　邮政编码 450044)
　　　　发行科　0371-63863551　总编室　0371-65597936
网　　址　www.daxiang.cn
印　　刷　洛阳和众印刷有限公司
经　　销　各地新华书店经销
开　　本　787mm×1092mm　1/16
印　　张　17.75
字　　数　323 千字
版　　次　2016 年 12 月第 1 版　2016 年 12 月第 1 次印刷
定　　价　48.00 元
若发现印、装质量问题,影响阅读,请与承印厂联系调换。
印厂地址　洛阳市高新区丰华路三号
邮政编码　471003　　　　电话　0379-64606268

总序

科学技术史是随着近现代科学技术发展而兴起的一门横跨自然科学、工程技术与人文社会科学的基础性交叉学科。作为一门学科，它兴起于欧洲和美国，经历了百年左右的发展壮大过程。近三四十年来，国际科技史研究者不断拓展研究视野，除了考释科技知识本身的演进，还研究科学与技术的本质和发展模式，追溯知识的创造与传播，探索科学技术的发展与社会、政治、经济、文化等的复杂关系及相关的科技发展战略问题，从而对学术与社会产生更大影响。

中国的科技史研究兴起于五四运动前后，自20世纪50年代起开始建制化和职业化，并逐步形成自己的学术传统。20世纪70年代末以来，以中国科学院自然科学史研究所为代表的中国科技史界面向学术前沿与社会需求，着力进行“从传统到现代、从中国到世界”的领域拓展，开辟近现代科技史、传统工艺与科技考古、科技发展战略、科学文化、中外科技发展比较等应用和交叉领域，更加注重探讨新的学术问题，并积极借鉴其他学科的理论与方法，由此形成了越来越多的新论著。

半个多世纪以来，中国科技史学者取得了十分丰硕的研究成果，仅中国科学院自然科学史研究所就出版了数百部学术专著。然而，国内科技史著述的出版仍然比较分散，迄今未能汇聚成一个长期累续的书系。

大象出版社长期支持科技史学术著作的出版，与自然科学史研究所进行了非常富有成效的合作，曾设立专门的出版基金，出版了52卷本《中国科学技术典籍通汇》、14卷本《中国传统工艺全集》和其他学术力作，有力促进了科学技术史研究及相关学术领域的发展与繁荣。如今，面对学科发展的新态势，自然科学史研究所与大象出版社决定持续编选和出版“科技史学术论丛”，打造汇集、展示优秀科技史学术成果的平台。

“科技史学术论丛”以科学史、技术史、医学史与农学史等著作为主，兼收科技考古、科技哲学与科学社会学等相邻学科的论著。自然科学史研究所与大象出版社邀请部分专家，联合组成丛书编委会，以推荐和评议入选丛书的论著。丛书分为两个系列：一是首次出版的学术专著或文集；二是值得推荐给国内读者的学术译著。丛书突出学术价值，强调内容需有新意，丛书的作者和译者应当来自五湖四海，而不局限于自然科学史研究所的专家学者。我们欢迎专家学者们为丛书贡献学术佳作。

中国科学院自然科学史研究所　张柏春

2013年11月15日

序

古中国有许多具有机械插图的专书，记载了各种巧妙的发明及生产的技术。这些古书的丰富资料对后人了解古代的工艺技术水平具有重要的研究与参考价值。然而，古书上的机构图画，常常会有不完整的文字叙述及模糊不清的图画等状况，有些图画只能约略反映机构的构造，而机构的运动传递过程却不明确，这使得读者很难借由古籍图画了解古代工艺技术的发展。

本书提供一套独特的方法，用于解决古中国专书的插图机构与机器绘制不明确的问题。首先探讨古机构的历史背景与构造特性，并应用现代机构概念设计法与失传古机械复原设计法，系统化地合成出所有符合当代工艺技术水平的可行设计，其次以古中国弩 (标准弩与连发弩)、纺织机构 (缫车、纺车和织布机) 及许多手工业机构为例说明所提供方法的应用。此方法提供一个合理工具，进行不确定构造的古机构复原设计的研究。此方法也提供给古机械领域的学者一个创新方向，进一步地帮助学者从古文献中判定插图机构的原始构造。

本书所规划与编排的内容，可用于教学，也可用于自学。第一章为本书的绪言。第二章介绍 5 本具插图机构之代表性专书的内容与背景。第三章说明机器与机构的定义、机械元件与接头的特性、古代接头的表示法、一般化运动链的定义及拘束运动的概念。第四章介绍古中国机械的历史发展与常见的机构类型。第五章提出古籍插图机构的分类与系统化复原方法，以获得古机构所有可行的设计，并以 3 个不同类型的插图机构为例说明这套方法。这套方法利用颜氏机构概念设计法，将研究零散史料所得到的发散构想，收敛转化至特定领域，并应用机械演化与变异理论，来产生所有符合史料记载及当代科技与工艺水平的复原设计。第六章至第十一章则根据所提方法，说明 5 本代表性专书中各个装置的机构构造及复原设计的结果。

本书适用于机械系大学高年级学生与研究生，也可作为古 (中国) 机械史与创意机构设计相关课程的教科书或补充教材。

Marco Ceccerallli 教授、陆敬严教授、张柏春教授、冯立升教授、林聪益教授、关晓武教授、孙烈博士、张治中先生及陈羽熏小姐与著者在过去多年的交往中，对促成本书帮助甚多，在此表达谢意。著者还要感谢“国立科学工艺博物馆”（高雄，台湾）的同事，尤其是陈训祥馆长、施胜中先生及胡庭荣先生的协助与投入。此外，本研究承蒙科技部（台北，台湾）专题研究计划 NSC 97-2221-E-006-070-MY3 于经费上的补助与支持，得以顺利完成，特此致谢。

著者相信本书可以满足学术研究与教学中对于古机械复原设计与现代机构创意设计的需求。最后，尚祈各界读者赐予指教，俾得于再版时补正，以臻完善。

Kuo-Hung Hsiao

Kuo-Hung Hsiao 萧国鸿

Collections and Research Division

National Science and Technology Museum

Kaohsiung 80765, Taiwan

Hong-Sen Yan

Hong-Sen Yan 颜鸿森

Department of Mechanical Engineering

National Cheng Kung University

Tainan 70101, Taiwan

目录

第一章　绪言　1

第二章　具插图机构古书　7

第一节　王祯《农书》　11

一、书籍内容　11

二、历史背景　12

第二节　茅元仪《武备志》　13

一、书籍内容　13

二、历史背景　14

第三节　宋应星《天工开物》　15

一、书籍内容　16

二、历史背景　16

第四节　徐光启《农政全书》　18

一、书籍内容　18

二、历史背景　19

第五节　鄂尔泰等人《钦定授时通考》　19

一、书籍内容　20

二、历史背景　21

第三章　机构与机器　23

第一节　基本定义　23
第二节　机件　26
一、连杆　26
二、滑件　27
三、滚子　27
四、凸轮　27
五、齿轮　27
六、螺杆　28
七、皮带、绳线和绳索　28
八、链条　28
九、弹簧　29
第三节　接头　30
一、自由度　30
二、运动方式　30
三、接触方式　30
四、接头类型　30
第四节　接头表示法　33
第五节　机构简图　35
第六节　机构与一般化运动链　37
第七节　拘束运动　43
一、平面机构　43
二、空间机构　45
第八节　小结　47

第四章　古中国机械　49

第一节　历史发展　49
一、旧石器时代到新石器时代　49

二、新石器时期到东周　50
三、东周到明朝　50
第二节　连杆机构　51
一、桔槔　51
二、界尺　52
三、钻孔机　53
四、苏颂水运仪象台定时秤漏装置　55
第三节　凸轮机构　57
第四节　齿轮机构　60
一、水磨　61
二、水砻与畜力砻　62
三、牛转翻车　63
第五节　绳索传动　65
纺织机构　66
第六节　链条传动　66
一、翻车　68
二、井车　70
三、天梯　71
第七节　小结　73

第五章　复原设计法　75

第一节　古籍插图机构分类判定　75
第二节　不确定构造之插图机构复原设计法　77
第三节　复原设计实例　82
一、实例 1：水砻　82
二、实例 2：铁碾槽　83
三、实例 3：扬扇　84
第四节　小结　91

第六章　滚轮器械　93

第一节　农田整地器械　93
第二节　收获与运输器械　94
第三节　谷物加工器械　96
一、风车扇　96
二、礳与水磨　97
三、小碾与滚石　98
第四节　汲水器械　99
一、刮车　99
二、筒车　100
三、龙尾　101
第五节　战争武器　102
一、侦察器械　102
二、攻坚器械　102
三、防御器械　109
第六节　其他器械　111
一、活字板韵轮　112
二、木棉搅车　113
三、絍车　113
四、陶车　114
第七节　小结　115

第七章　连杆机构　119

第一节　杠杆　119
一、踏碓与槽碓　119
二、斲与桑夹　120
三、连枷　120
四、权衡　123
五、鹤饮　123
六、桔槔　124

第二节　抽水筒　126
一、虹吸　126
二、恒升　128
三、玉衡　129
第三节　谷物加工器械　130
一、石碾　130
二、牛碾　130
三、水碾　130
四、辊碾　130
五、砻　132
六、面罗　133
七、扬扇　134
第四节　其他器械　134
一、风箱　134
二、水排　136
三、水击面罗　140
四、铁碾槽　140
第五节　小结　140

第八章　齿轮与凸轮机构　145

第一节　具齿轮农业器械　145
一、榨蔗机　145
二、连磨　147
三、水磨与连二水磨　148
四、水转连磨与水砻　149
第二节　具齿轮汲水器械　150
一、驴转筒车　150
二、牛转翻车　151
三、水转翻车　152
四、风转翻车　152

第三节　凸轮机构　156
一、水碓　156
二、立轮式水排　157
第四节　小结　159

第九章　挠性传动机构　163
第一节　谷物加工器械　163
一、筛壳装置　163
二、驴砻　164
第二节　汲水器械　165
一、辘轳　165
二、手动翻车　165
三、脚踏翻车　167
四、高转筒车　167
五、水转筒车　169
第三节　手工业器械　170
一、入水(入井)装置　170
二、凿井装置　171
三、磨床装置　172
四、榨油机　172
第四节　纺织器械　174
一、蟠车　175
二、絮车　175
三、赶棉车　176
四、弹棉装置　178
五、手摇纺车与纬车　178
六、经架　180
七、木棉軖床　181
第五节　小结　181

第十章　弩　185

第一节　历史发展　185
第二节　构造分析　189
第三节　标准弩　190
第四节　楚国弩　195
第五节　诸葛弩　201
一、可动式箭匣　201
二、固定式箭匣　205
第六节　小结　208

第十一章　复杂纺织机械　211

第一节　缫车　211
第二节　纺车　223
一、脚踏纺车　223
二、皮带传动纺车　230
第三节　斜织机　234
第四节　提花机　248
第五节　小结　263

附录　符号　265

第一章 绪言

中国文化历史悠久，有许多记录重要发明的专书，这些专书记载了古中国各种产业的生产知识、经验及技术，介绍了各种机构与机器，还说明了各种机构与机器的功能、构造及使用方法。为了清楚说明这些机械装置的运动情形，书中通常以文字搭配插图来表示各种机件的类型、零件尺寸及生产过程。

机件是能够传递运动与力量的阻抗体，借由与适当的接头组合形成机构，可以产生确定的相对运动。机器则包含一个或数个机构，可以有效地输出功或转换能量❶❷。从古到今，在机构与机器原理的发展历程中，无论是单一零件外形与尺寸的展现，还是整体机器系统的描述，使用点、线、面所组成的图像表达方式，远比文字叙述更能直接表示机构与机器的外观和内部构造。

古中国有许多精巧的机械发明，有些装置已具备现代机器的三大基本组成要素，即原动机、传动机构及工作机。连杆、凸轮、齿轮、绳索、链条及其他机件已广泛运月于各种不同的机械中，如农业机械、纺织机械、武器及手工业装置。古中国有五本记载工艺技术发展与各种机构的代表性专书，它们是出版于1313年元朝王祯的《农书》❸、1621年明朝茅元仪的《武备志》❹、1637年明朝的宋应星的《天工开物》❺、1639年明朝徐光启的《农政全书》❻以及1742

❶颜鸿森、吴隆庸：《机构学》，第三版，东华书局，台北，2006年。

❷ Yan, H.S., *Creative Design of Mechanical Devices*, Springer, Singapore, 1998.

❸〔元〕王祯撰：《农书》，中华书局，第1版，北京，1991年。

❹〔明〕茅元仪撰：《武备志》，海南出版社，海南，2001年。

❺〔明〕宋应星撰，潘吉星译注：《天工开物译注》，上海古籍出版社，上海，1993年。

❻〔明〕徐光启撰，石声汉校注：《农政全书校注》，明文书局，台北，1981年。

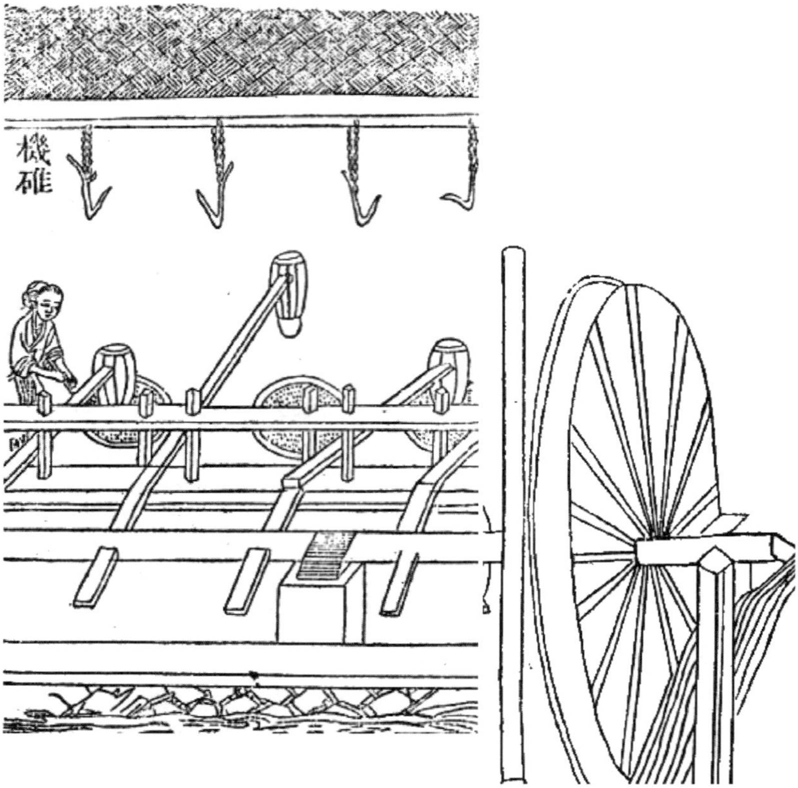

图 1-1 连机碓❶

❶〔元〕王祯撰：《农书》，中华书局，第 1 版，北京，1991 年。

❷〔清〕鄂尔泰等编：《钦定授时通考》，收录于四库全书珍本（王云五主编），据影文渊阁四库全书本，台湾“商务印书馆”，台北，1965 年。

年清朝的《钦定授时通考》❷。

这五本专书不仅详细记载了古中国机械装置的使用情形，还记载了各种机件的制造及组装方法。书中借由机械插图进行机械装置传动过程的说明，对了解当时工艺与技术的发展，有很高的研究与参考价值。例如，元朝王祯的《农书》中记录了一种能够以水力推动舂捣谷物的器械：“今人造作水轮，轮轴长可数尺，列贯横木相交，如滚枪之制。水激轮转，则轴间横木间打所排碓梢，一起一落舂之，即连机碓也。凡在流水岸傍，俱可设置。”亦有此器械的图画记载，如图 1-1 所示。此段叙述提供给后人许多讯息，包含器械功能、动力来源及许多零件名称，如水轮、长轴、横木、碓梢等，但难以仅根据相关文字了解该器械的组成与构造。不过通过文字与图形的对应，可直观得到该器械外观与零件间的组合关系，也可得知此机械实际的传动方式。

根据插图绘制的清晰程度，古机械可分为构造明确机构（类型I）、仅接头类型不确定机构（类型Ⅱ）及机件与接头的数量和类型皆不确定机构（类型Ⅲ）等三类。对于类型Ⅱ与类型Ⅲ的机构而言，难以清楚了解实际机械的传动关系，归纳原因包含下列三点：

1. 在古中国民间，工匠进行器械制作时，并无事先进行图像绘制的习惯，对尺寸或外形的决定也没有充分理由；作品常是在制作过程中，依据使用需求逐步改良，经过多次尝试并改正错误后的成果。

2. 工匠在传承技艺时，大都是师傅与学徒的代代传承，并未制定一套可行的符号，用来明确记录零件尺寸、做法等相关信息。

3. 文献中出现的机械插图，绘画者通常并非设计者或制作者，对于机件的外形、尺寸及相互间传动或连接关系等细节，并不完全清楚。

古中国虽已发展工程图学，但大多用于中央或地方政府的官方建筑❶。对于一般民生器械而言则不甚重视，所绘制的民生器械的插图，有些无法判断机件间的空间距离与相对关系，有些则是不能确定插图中杆件与接头的类型和数量，以致无法明确了解机构的实际运动情形，这是研究古机械所遭遇的困难之一。此外，古中国历史悠久，地域广阔，这些古代器械的构造可能会因朝代与地区的不同，产生不同的变化，使后人对古中国各时期工艺发展的相关研究也难以进行，这是研究古机械所遭遇的困难之二。

古机械复原的目的，是依据当时的工艺技术重新建构古机械装置。复原的装置可展示当时机械工艺技术的水平。古机械复原研究中对于器械不明确且无法考证的部分，应视为复原设计的可变参数，因此复原设计的结果可能并非唯一❷❸。古籍文献中存在不少难以辨识器械构造的图像，如图 1-2 所示为元朝王祯《农书》中描绘当时妇女抽取蚕丝的缫车。根据与插图相应的文字叙述，当操作者左脚踏动时，右上方横卧的杆件（軖轴）即被带动旋转，并有另一组导引丝线的机构，整理其排列卷绕的方向，使蚕丝可以均匀卷绕在軖轴上。但就上述功能，图面中仅能找到脚踏机构的数根杆件，无法看出杆件间明确的连接与传动关系；此外，导引丝线的机构并未在

❶刘克明：《中国工程图学》，华中科技大学出版社，2003 年。

❷林聪益：《古中国擒调速器之系统化复原设计》，博士论文，“国立成功大学”机械工程学系，台南，2001 年。

❸ Yan, H.S., *Reconstruction Designs of Lost Ancient Chinese Machinery*, Springer, Netherland, 2007.

图 1-2　缫车❶

❶〔元〕王祯撰：《农书》，中华书局，第 1 版，北京，1991 年。

图中出现，复原此机械时应有多种可能设计。是以古籍中的机械插图，不仅需要厘清其中描绘的机构，而且需要就当中不明确、谬误或疏漏的部分进行研究与探讨。

由于不完整的说明及模糊的图像，许多古机构的构造仍然不明确，因此，本书以现代机构学的观点，系统地进行机构分析与复原设计。

本书的目的是为古籍插图机构的史学研究领域提供一个创新的方法。通过运用现代机构学构造设计的概念，系统地分析与合成出符合古代工艺技术的所有可能设计。此方法在史料研究与构造分析的基础上，辅助以现代机械科技的数理逻辑，为古籍插图机构复原设计注入新的生命，也为机械史学领域提供另类的研究空间。

本书介绍了上述五本专书的 96 件机械装置，根据插图的清晰程度，其中有 72 件确定构造的机构（类型 I）、14 件不确定接头的机构（类型 II）及 10 件不确定机件与接头之类型和数量的机构（类型 III）。第二章介绍上述五本专书的内容与历史背景。第三章介绍机件、接头、机构、机器、接头表示法、一般化运动链、机构的构造及拘束运动的定义。第四章介绍古中国机械的历史发展及常见的几种机构类型。第五章介绍插图机构的分类与复原设计方法，并以三个不同类型的插图机构为例，说明所提方法。第六章介绍属于类型Ⅰ的35件滚轮装置。第七章说明22件连杆机构，其中8件属于类型Ⅰ，13件属于类型Ⅱ，1件属于类型Ⅲ。第八章论述6件具齿轮的农业装置、4件具齿轮的提水装置及2件凸轮机构，其中11件属于类型Ⅰ，1件属于类型Ⅲ。第九章介绍19件具挠性传动机件之机械装置，包含2件谷物加工装置、5件汲水装置、4件手工业装置及8件纺织装置，其中18件属于类型Ⅰ，1件属于类型Ⅱ。第十章探讨标准弩、楚国弩及诸葛弩，此三种弩皆属于类型Ⅲ。第十一章分析五种复杂纺织机械，包含缫车、脚踏纺车、皮带传动纺车、斜织机及提花机，此五种纺织机械皆属于类型Ⅲ。

本书共有110张原始图画、81张构造简图、26张模拟图画、21张仿古图画、7个原型机以及17个实物装置图。古机构的接头可分为三类：第一类为接头可明确判定其类型者，如旋转接头、滑行接头、回绕接头、凸轮接头及齿轮接头等；第二类为接头类型不明确，有多种可能类型者，如圆柱接头、滚动接头、球接头及销接头；第三类为可确定类型的接头，但此接头不常用于现代机构中，如竹接头与线接头。根据功能，古代器械可分为农田整地装置、收获与运输装置、谷物加工装置、战争武器、手工业装置、矿业装置、汲水装置（杠杆与抽水桶）、鼓风冶金装置及纺织装置等九类，几乎涵盖古中国各种原始工业的类型。

本书可作为大学或研究所有关古（中国）机械史与创意机构设计相关课程的教科书和参考补充资料。作者相信本书可以满足古机械复原设计与现代机构创意设计在学术研究与教学上的需要。

第二章 具插图机构古书

古中国有许多具插图机构的技术专书，这些著作以文字叙述配合插图表示，介绍当时各种产业的工艺技术与生产过程。本章依序介绍王祯的《农书》❶、茅元仪的《武备志》❷、宋应星的《天工开物》❸❹、徐光启的《农政全书》❺及《钦定授时通考》❻等五部具代表性的技术类专书，共计有96件可动器械。如表2-1所示。

表 2-1　古书插图机构（96 件）

书名 / 机构名称	《农书》	《武备志》	《天工开物》	《农政全书》	《钦定授时通考》
砺礋	《耒耜》			《农器》	
碌碡	《耒耜》			《农器》	
辊轴	《杷朳》			《农器》	《收获》
砘车	《耒耜》			《农器》	
石陀			《乃粒》		
下泽车	《舟车》				
大车	《舟车》				
推镰	《铚艾》			《农器》	
麦笼	《麰麦》			《农器》	《收获》
合挂大车			《舟车》		
南方独推车			《舟车》		
双遣独轮车			《舟车》		

❶〔元〕王祯撰：《农书》，中华书局，第1版，北京，1991年。

❷〔明〕茅元仪撰：《武备志》，海南出版社，海南，2001年。

❸〔明〕宋应星撰，潘吉星译注：《天工开物译注》，上海古籍出版社，上海，1993年。

❹ Song, Y.X., *Chinese Technology in the Seventeen Century* (in Chinese, trans. Sun, E.Z. and Sun, S.C.), Dover Publications, New York, 1966.

❺〔明〕徐光启撰，石声汉校注：《农政全书校注》，明文书局，台北，1981年。

❻〔清〕鄂尔泰等编：《钦定授时通考》，收录于四库全书珍本（王云五主编），据影文渊阁四库全书本，台湾"商务印书馆"，台北，1965年。

续表

机构名称＼书名	《农书》	《武备志》	《天工开物》	《农政全书》	《钦定授时通考》
风车扇	《杵臼》		《粹精》		《攻治》
礳	《杵臼》		《粹精》	《农器》	《攻治》
水磨	《利用》			《水利》	《攻治》
小碾			《粹精》		《攻治》
滚石			《粹精》		
刮车	《灌溉》			《水利》	《灌溉》
筒车	《灌溉》		《乃粒》	《水利》	《灌溉》
龙尾		《军资乘》		《水利》	《泰西水法》
巢车		《军资乘》			
望楼车		《军资乘》			
壕桥		《军资乘》			
扬风车		《军资乘》			
轒辒车		《军资乘》			
云梯		《军资乘》			
炮车		《军资乘》			
撞车		《军资乘》			
樏		《军资乘》			
狼牙拍		《军资乘》			
木幔车		《军资乘》			
活字板韵轮	《麻苎》				
木棉搅车	《纩絮》			《蚕桑广类》	《桑余》
紴车	《麻苎》			《蚕桑广类》	《桑余》
陶车			《陶埏》		
踏碓 碓舂	《杵臼》		《膏液》 《粹精》	《农器》	《攻治》
槽碓	《利用》			《水利》	《攻治》
鐁	《铚艾》			《农器》	《牧事》
桑夹	《蚕桑》			《蚕桑》	《蚕事》
连枷 打枷	《杷朳》		《粹精》	《农器》	《收获》
权衡			《佳兵》		
鹤饮					《泰西水法》
桔槔	《灌溉》		《乃粒》	《水利》	《灌溉》
虹吸					《泰西水法》
恒升		《军资乘》		《水利》	《泰西水法》
玉衡		《军资乘》		《水利》	《泰西水法》
石碾 碾	《杵臼》			《农器》	

续表

书名 / 机构名称	《农书》	《武备志》	《天工开物》	《农政全书》	《钦定授时通考》
牛碾			《粹精》		
水碾	《杵臼》		《粹精》	《水利》	《攻治》
辊碾 海青碾	《杵臼》			《农器》	《攻治》
砻 木砻 土砻	《杵臼》		《膏液》 《粹精》	《农器》	《攻治》
面罗			《粹精》		《攻治》
扬扇			《粹精》	《农器》	《攻治》
风箱			《冶铸》 《锤锻》 《五金》		
卧轮式水排	《利用》			《水利》	
水击面罗	《利用》			《水利》	《攻治》
铁碾槽			《丹青》		
榨蔗机			《甘嗜》		
连磨	《杵臼》				
水磨			《粹精》		
连二水磨				《水利》	《攻治》
水转连磨	《利用》			《水利》	《攻治》
水砻	《利用》			《水利》	
驴转筒车	《灌溉》			《水利》	《灌溉》
牛转翻车	《灌溉》		《乃粒》	《水利》	《灌溉》
水转翻车 水车	《灌溉》		《乃粒》	《水利》	《灌溉》
风转翻车 （有文无图）			《乃粒》		
水碓 机碓 连机水碓	《利用》		《粹精》	《水利》	《攻治》
立轮式水排 （有文无图）	《利用》				
筛壳装置			《粹精》		
驴砻	《杵臼》		《粹精》	《农器》	
辘轳	《灌溉》		《乃粒》	《水利》	《灌溉》
手动翻车 拔车			《乃粒》		
脚踏翻车 踏车	《灌溉》		《乃粒》	《水利》	《灌溉》
高转筒车	《灌溉》		《乃粒》	《水利》	《灌溉》

续表

书名 机构名称	《农书》	《武备志》	《天工开物》	《农政全书》	《钦定授时通考》
水转筒车	《灌溉》			《水利》 （无图）	
入水装置 入井装置			《作咸》 《燔石》 《珠玉》		
凿井装置			《作咸》		
磨床装置			《珠玉》		
榨油机			《膏液》		
蟠车	《麻苎》			《蚕桑广类》	《桑余》
絮车	《纩絮》			《蚕桑》	《蚕事》
赶棉车			《乃服》		
弹棉装置			《乃服》		
手摇纺车 纺缕			《乃服》		
纬车 纺纬	《织纴》		《乃服》	《蚕桑》	《蚕事》
经架	《织纴》			《蚕桑》	《蚕事》
木棉軠床	《纩絮》			《蚕桑广类》	《桑余》
标准弩		《军资乘》 《阵练制》	《佳兵》		
楚国弩 （无古文献记载）					
诸葛弩		《军资乘》	《佳兵》		
缫车	《蚕缫》		《乃服》	《蚕桑》	《蚕事》
脚踏纺车 木棉线架 小纺车 木棉纺车	《纩絮》 《麻苎》		《乃服》	《蚕桑广类》	《桑余》
皮带传动纺车 大纺车 水转大纺车	《麻苎》 《利用》			《蚕桑广类》 《水利》	《桑余》
斜织机 腰机 布机 卧机	《麻苎》 《织纴》		《乃服》	《蚕桑广类》	《桑余》
提花机 花机 织机	《织纴》		《乃服》	《蚕桑》	《蚕事》

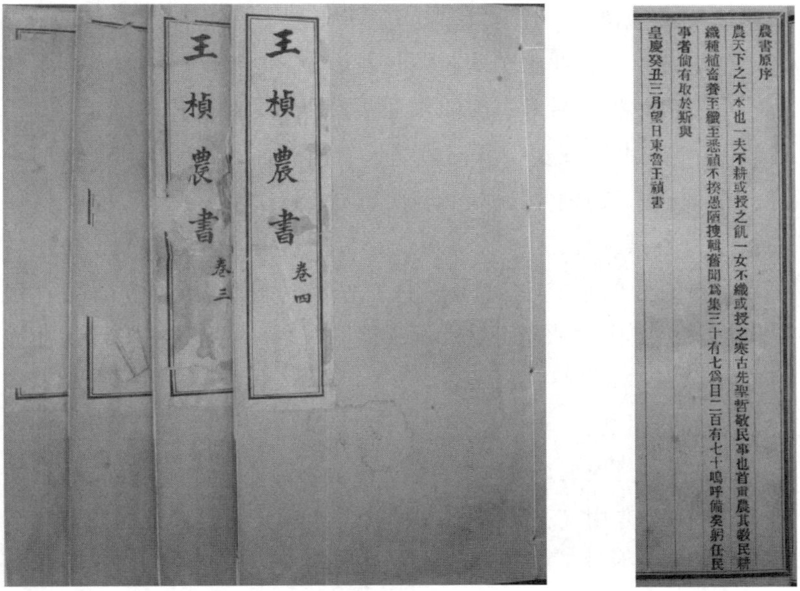

图 2-1　《农书》封面与原序❶

❶〔元〕王祯撰：《农书》，善成印务局，济南，1924 年。

第一节　王祯《农书》

王祯的《农书》于元朝仁宗皇庆二年（1313）刻印发行。《农书》针对元朝时期农业工作进行大规模的系统化研究，是一部总结当时中国农业生产经验与技术的农学巨著，图 2-1 所示为济南善成印务局出版的《农书》❷封面与原序。《农书》共有 51 件插图机构，如表 2-1 所示。以下介绍王祯《农书》的书籍内容与历史背景。

❷同❶

一、书籍内容

王祯的《农书》全书有 37 集共 370 目，分为农桑通诀、百谷谱及农器图谱等三个部分，兹简介如下：

1. 农桑通诀

总论古中国农业生产的起源与发展史，说明发展农桑及储粮备荒的重要性，并介绍古中国的农业生产经验，对农作物的垦耕、播种、中耕、肥水管理及收获储藏等皆有所论，而且对各种植物的种植、家禽与牲畜的饲养技术也有扼要的阐述。

2. 百谷谱

百谷谱分门别类收录 80 多种农作物的栽培要点，包含各种粮食作物与经济作物的起源、品种及栽培方法，并加入植物性状的描述。

3. 农器图谱

此部分是《农书》的一大特色，占全书篇幅的五分之四，收录插图 300 多幅，并用文字详述了各种农用器具及主要设施的构造与用法，堪称古中国最早图文并茂的农具史料。元朝之后的农学著作所述农具，大多转录自王祯的《农书》。

王祯的《农书》兼论南北农业技术，详细叙述土地利用方式与农田水利，并广泛介绍各种农业器械，对古中国农业的相关研究非常有参考价值。这本书附录中记载的活字印书法，对活字印刷有重要贡献。

二、历史背景

王祯的《农书》成书于盛元时期，社会相对稳定，文化、教育等事业发展迅速。元世祖忽必烈即位后，采取一系列恢复与发展农业生产的政策，目的是使房舍、人口增加，并开辟田野。在这样的政策之下，出现许多新的耕作与生产技术。因此《农书》一方面搜罗旧有的农业技术，并广泛参考古代农书与史书中关于农事的记载；另一方面总结当代的经验与新技术，并介绍了作者对农业的知识考察、研究及实践的成果。

《农书》的作者王祯（1271—1368），字伯善，山东东平（今东平县）人。王祯于元成宗元贞元年（1295）任宣州旌德县尹，元成宗大德四年（1300）调任信州永丰县尹，《农书》即在他此两任县官前后，经历 10 余年完成。王祯曾周游各地，阅历丰富，因此能够统整古中国南北农业系统。在任县官期间，善尽劝导作农养蚕职责、传播先进耕作技术、发展农桑棉麻及改革农具，并不断总结经验。除了搜罗与记录各式作物的种植方法及农具的制作与使用情形，还设计出一些创新的农业机具。

王祯的《农书》传递出农本思想，并以教民种艺为目的。因此书中对于多数农器的制作方式、零件组成、尺寸及传动构造等记叙翔实，加上插图的说明，这本书可以说是当代极具价值的农学教本。不像《齐民要术》❶等农业书籍只适用于局部地区，《农书》在当时全中国范围内，对整个农业系统，包含季节、气候、水利、土壤条件等，以及农具、生产技术等诸多方面进行了系统的比较，分析全面且规模宏大，是古中国第一部兼论南北，并作系统化统整与研究的农学专书。

第二节　茅元仪《武备志》

茅元仪的《武备志》于明朝天启元年（1621）刻印发行。《武备志》是古中国规模最大、篇幅最多、内容最全面的兵学巨著，被誉为古典兵学的百科全书，图 2-2 所示为海南出版社发行的《武备志》❷封面与原序。《武备志》共有 16 件插图机构，见表 2-1 所示。以下介绍《武备志》的书籍内容与历史背景。

一、书籍内容

《武备志》的内容可分为兵诀评、战略考、阵练制、军资乘及占

图 2-2　《武备志》封面与原序❸

❶〔北魏〕贾思勰撰：《齐民要术》，台湾“商务印书馆”，台北，1968 年。

❷〔明〕茅元仪撰：《武备志》，海南出版社，海南，2001 年。

❸同❷

度载等五类，共240卷，200多万字，并有738幅附图，内容简要说明如下❶：

❶王兆春：《速读中国古代兵书》，蓝天出版社，北京，2004年。

1. 兵诀评

共有18卷，选录明朝以前著名的兵书如《孙子》《吴子》《司马法》《六韬》《尉缭子》《三略》及《李卫工问对》的全文，另有《神机制敌太白阴经》与《虎钤经》的部分内容，评论这些兵书的要点，以阐述个人兵学的观点与见解。

2. 战略考

共有33卷，按年代收录各朝代的著名战事共613例，从战略角度评论作战方法的得失，兹以历史为镜，作为现今作战的参考。

3. 阵练制

共有41卷，分阵与练两部分。阵下分列94个细目，论述明朝以前历代的阵法内容，并附有多幅阵图；练下分列5个细目，详细说明士兵的选拔、编伍、赏罚、教习及训练等内容。

4. 军资乘

共有55卷，下分营、战、攻、守、水、火、饷以及马等8类，详细记载战争所需的军事技术要点，包含军队所需各种物资的筹备与制作，如各种武器装备、攻守器械、火药、战车战船及粮食等，是古代军用物资与后勤补给的重要著作。

5. 占度载

共有93卷，分占与度两部分。占的内容虽有不少迷信荒诞之说，但也反映当时人们对天文与气象的想法；度则主要记述明朝的地理形势、关塞险要、海陆敌情、卫所部署、将领兵额及军饷财赋等内容。

二、历史背景

《武备志》的作者茅元仪，字止生，号石民，浙江吴兴人士。生于明万历二十二年（1594），卒于崇祯十三年（1640），曾任翰林院待诏。茅元仪自幼勤奋好学，喜读军事与兵书等相关书籍，由于多年的勤奋向学，已能熟谙军事，胸怀韬略，对各地的军事重镇、关隘、险塞等都能了如指掌，并被当时的将领们所称赞❷。

❷同❶。

万历四十四年（1616）东北女真族崛起，建立后金政权，自称金国汗，数年后兴师攻明。明朝由于宦官弄权，军队战斗力薄弱，战败消息纷纷传来。茅元仪焦急愤怒之余，准备著书立说。将多年专研的历代兵法理论、战争器械的技术及治国平天下的方略等相关资料，撰写成《武备志》，并于天启元年（1621）刻印发行。从此，茅元仪声名大噪，跟随大学士孙承宗督师辽东，抵御后金进攻，并收复许多失地。

茅元仪文武双全，著作丰富，并以《武备志》对后世影响最为深远。本书虽有部分内容辑录历代兵学成果，但仍有茅元仪个人军事理论的见解，如主张文武并重、倡导学习军事与研究兵法、强调军事训练、注重边疆与海防的建设及持续制作与改善军事武器等。

第三节 宋应星《天工开物》

宋应星的《天工开物》于明崇祯十年（1637）刻印发行，是古中国综合性的科学技术著作。《天工开物》记载了明朝中叶以前古中国130多项生产技术，并附有100多幅插图，描绘说明各种器械的名称、形状及制作工序，图2-3所示为华通书局出版的《天工开物》❶封面与原序。《天工开物》共有47件插图机构，如表2-1所示。以下介绍《天工开物》的书籍内容与历史背景。

❶〔明〕宋应星：《天工开物》，华通书局，上海，1930年。

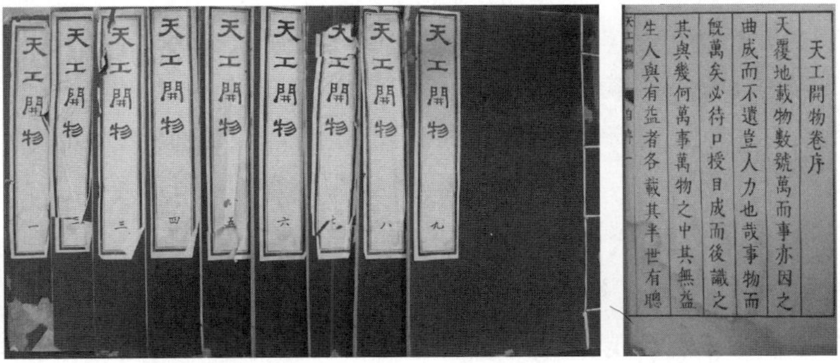

图 2-3 《天工开物》封面与原序❷

❷同❶。

一、书籍内容

《天工开物》分上、中、下三卷共 18 章，从“乃粒”开始，而以“珠玉”垫后，是作者有意安排。前者与民食有关，至为重要，故列于全书之首；后者无关国计民生，故置于书尾。每章都从古代典籍中找出古雅的两个字组成词来命名，详细卷章说明如下：

1. 上卷

第 1 章：乃粒，关于粮食作物的栽培技术。

第 2 章：乃服，衣服原料的来源与加工方法。

第 3 章：彰施，植物染料的染色方法。

第 4 章：粹精，谷物的加工过程。

第 5 章：作咸，介绍六种食盐的生产方法。

第 6 章：甘嗜，种植甘蔗与制糖的方法。

2. 中卷

第 7 章：陶埏，砖、瓦及陶瓷的制作。

第 8 章：冶铸，金属用品的铸造与加工。

第 9 章：舟车，船舶与车辆的结构形式和制作方式。

第 10 章：锤锻，用锤锻方法制作铁器与铜器。

第 11 章：燔石，石灰与煤炭的烧制技术。

第 12 章：膏液，16 种植物油脂的提取方法。

第 13 章：杀青，造纸的 5 个程序。

3. 下卷

第 14 章：五金，金属的开采与冶炼。

第 15 章：佳兵，弓箭、弩、连发弩、火药、火炮、地雷、水雷及鸟铳等武器的制造方法。

第 16 章：丹青，墨与颜料的制作和油烟与银朱（硫化汞）的描述。

第 17 章：曲糵，做酒的方法。

第 18 章：珠玉，珠宝玉石的来源与开采。

二、历史背景

明朝农业与手工业各部门继承前代的技术成果，又从西方引进不少新的产品与技术，在传统基础上进一步扩充与发展，生产技术水平得到全面提高。

《天工开物》的作者宋应星，字长庚，江西省奉新县北乡人。生于万历丁亥十五年（1587），卒年约为康熙初年（1666）。宋应星出身于家道中落的书香世家，年轻时接受传统教育，借由科举制度求取功名。28岁（1615）时，通过江西省举人考试。1616年至1631年期间，虽有五次赴京赶考，但都名落孙山。1632年，宋应星丧母，之后不再参加科举考试。1634年，他转任江西省分宜县教谕。虽然宋应星未能达成科举及第的目标，但赴京考试的长途旅程中，将所见所闻记录下来，并研究各种生产技术。他在教谕任期内，整理资料并从事写作，于1637年完成《天工开物》。

"天工"指的是与人类行为对应的自然界行为，"开物"则是根据人类生存的利益，经由人类加工将自然界的各种资源生产出来。"天工开物"强调人与天相协调，人工与天工相配合，通过技术从自然界中开发出有用之物。

《天工开物》有三个不同于古中国其他技术专书的特征：一是此书几乎涵盖当时所有的生产技术，详细的文字说明并配合100多幅图画表示，有助于后人了解当时的工艺水平；二是此书在描述生产过程时，除了定性的分析，还说明原料与产品的比率、生产所需要的时间与能源消耗、设备装置的尺寸大小等，对各种技术过程的定量描述，是古中国技术类书的一大进步；三是此书破除了古中国传统书籍较少引用参考文献的陋习，进而清楚标示第一手资料的出处。

最早的《天工开物》初刻本，中间曾将插图重新刻版并印刷，文字部分经过多次校对，并译为外文发行，其影响范围遍及全世界。英国学者李约瑟（Joseph Needham）博士认为，《天工开物》具有丰富的内容与精确的插图，是最重要的技术经典著作，在整个古中国的历史文献中具有极高的学术地位[1]。

[1] Needham, J., *Science and Civilisation in China*, Vol. IV: II , Cambridge University Press, Cambridge, 1954.

图 2-4 《农政全书》封面与原序❶

❶〔明〕徐光启撰，〔清〕任树森刻印：《农政全书》，贵州，1837 年。

第四节 徐光启《农政全书》

徐光启的《农政全书》于明崇祯十二年（1639）出版发行。《农政全书》囊括古代农业生产技术及人民生活的各个方面，图 2-4 所示为清朝贵州任树森刻版的《农政全书》❷封面与原序。《农政全书》共有 50 件插图机构，如表 2-1 所示。以下介绍《农政全书》的书籍内容与历史背景。

❷同❶。

一、书籍内容

《农政全书》内容可大致分为农政措施与农业技术两个部分，共有 12 目 60 卷，细目包含农本 3 卷、田制 2 卷、农事 6 卷、水利 9 卷、农器 4 卷、树艺 6 卷、蚕桑 4 卷、蚕桑广类 2 卷、种植 4 卷、牧养 1 卷、制造 1 卷及荒政 18 卷，总结古中国至明朝的农业生产经验与技术，引用文献逾 200 种。书中除了介绍古中国使用的农具器械，还加入了数项西方的机械发明。

第一节介绍的王祯《农书》，其重点在于介绍农业生产的知识与技术，是纯技术性的农书；而徐光启的《农政全书》，则是治国治民的“农政”思想，此为本书不同于其他大型农书的特色所在。书中有关水利与荒政两目所占篇幅最多，前者探讨开垦与水利等农业之本；后者综述历代水旱虫灾、储粮备荒及救灾措施的议论与政策，对后代农政的制定影响深远❸。

❸张秀平、王晓明：《影响中国的一百本书》，广西人民出版社，广西，1992 年。

二、历史背景

《农政全书》的作者徐光启，字子先，号玄扈，上海人。生于明嘉靖四十一年（1562），卒于崇祯六年（1633），曾任礼部侍郎与侍读学士等职。徐光启对农学曾进行过多次大型试验，并针对植物的种植方法与耕作技术写成多部农学著作，与西方来的天主教耶稣会传教士利玛窦（ Matteo Ricci）、熊三拔（Sabatino de Ursis）等人合作翻译《几何原本》、《泰西水法》等外文著作。因此，《农政全书》的机构插图部分，对农用器械的图文介绍，除多数引用王祯《农书》外，也加入《泰西水法》中记载的数项西方农用器械。

明朝嘉靖年间（1521—1566），京师与军队所需的大量粮食必须由长江下游起运，此举不但旷日费时，并且耗费惊人。为了巩固国防、安定人民生活，徐光启主张在北方实行屯垦，开拓西北方弃置未耕的广阔荒地。如此，开垦与水利便成为重要课题，因此《农政全书》中近一半的篇幅记载农政措施，剩余篇幅则记叙农业技术❶。

❶张秀平、王晓明：《影响中国的一百本书》，广西人民出版社，广西，1992 年。

第五节　鄂尔泰等人《钦定授时通考》

《钦定授时通考》成书于清乾隆七年（1742），由大学士鄂尔泰、张廷玉等 40 余人奉命编纂，图 2-5 所示为富文局代印版的《钦定授时通考》❷封面与原序。《钦定授时通考》共有 46 件插图机构，如表 2-1 所示。以下介绍《钦定授时通考》的书籍内容与历史背景。

❷〔清〕鄂尔泰等编：《钦定授时通考》，富文局，1902 年。

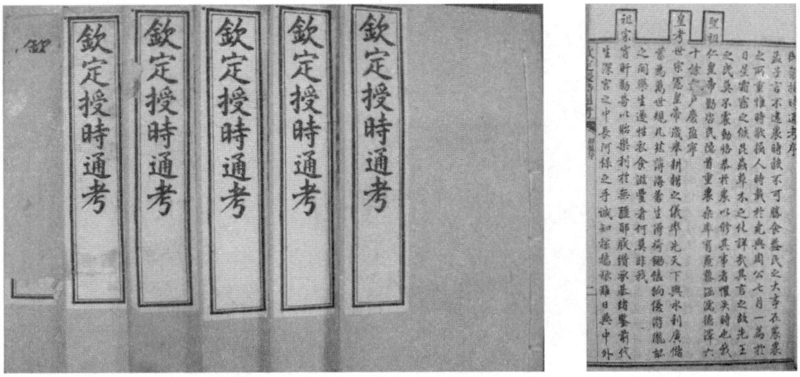

图 2-5　《钦定授时通考》封面与原序❸

❸同❷。

一、书籍内容

《钦定授时通考》搜集古代有关农事的文献400余种，汇整前人的农书著作，并附有插图500余幅，内容以农作物生产为主，林、牧、渔等业为副。全书共78卷，分为天时、土宜、谷种、功作、劝课、蓄聚、农余及蚕桑等8门，兹简述如下：

1. 天时门

天时指农作物生长必须遵循的规律与季节变化，此门总论农家一年四季各节气之中的农事活动。

2. 土宜门

包含辨方、物土、田制及水利等内容，统整水利灌溉与防旱经验。

3. 谷种门

论述各种粮食作物（如稻、谷、麦、豆和粟等）的起源、品种特征、栽培方法等。

4. 功作门

记述从垦耕到收藏各生产环节所需工具与操作方法。

5. 劝课门

记录历代的农业政令。

6. 蓄聚门

论述仓储与积谷的备荒制度和政令等事项。

7. 农余门

记述稻田作业以外的农业生产，如果木、蔬菜、木材、经济作物及畜牧等副业的经营，占此书最多篇幅。

8. 蚕桑门

记载养蚕、缫丝等各项事宜。

全书结构严谨，征引周详，对书中的各门论述，均于开端先汇集与考证历代有关文献，再征引前人的著述，其中多为各地累积的生产经验。本书不但对清朝农、林、牧、渔各业生产的发展有指导与促进作用，对农业生产与农学的研究亦有深远的影响[1]。

[1]伊钦恒：《授时通考辑要》，农业出版社，北京，1981年。

二、历史背景

清朝乾隆皇帝一方面推进各项制度的建设，采取一系列重农政策与措施，以便于强化统治；另一方面大量编纂书籍以实行文治，在位年间共编修120多种图书，为历代帝王之冠。不仅修纂图书，另外也大兴农学、劝农稼桑，并推广农业知识技术，以农本与敬授民时观念和规矩，要求全国农民适应农时进行耕作与从事农业生产。由于是当代王朝发起编纂，图书文献的征集与考证较以往的著述为广，且纂修人员的选用亦与个人写作的农书有所不同。《钦定授时通考》除了作为农学的工具书，还是官员督民生产的重要指导教材❶。

❶伊钦恒：《授时通考辑要》，农业出版社，北京，1981年。

第三章 机构与机器

机构乃是由机件与接头依特定的方式组合而成。机器则包含一个或多个机构、动力源及适当的控制装置，并且可以产生有效的输出功。本章介绍机构与机器的定义❶❷，说明机件与接头的特征，提出一套适用于古籍插图机构的接头表示法，介绍一般化运动链与拘束运动的定义，以为后续章节之用。

❶颜鸿森、吴隆庸：《机构学》，第三版，东华书局，台北，2006 年。

❷ Yan, H.S., *Creative Design of Mechanical Devices*, Springer, Singapore, 1998.

第一节 基本定义

将机件以特定的接头与方式组合，使其中一个或数个机件的运动依照这个组合所形成的限制，强迫其他机件产生确定的拘束运动，这个组合称为机构。此外，机构的拓朴构造或机构构造，是指机构的机件与接头的数量和类型以及机件与接头之间的邻接和附随关系。

机构可根据其运动空间分为平面机构与空间机构。机构中的机件在运动时，若其上每一点与某一特定平面的距离恒定，则这个机构为平面机构。图 3-1 所示为《天工开物》中的兽力驱动的磨❸，由兽力带动轮轴，以皮带或绳索回绕于轮轴，皮带或绳索的另一端则

❸ Song, Y.X., *Chinese Technology in the Seventeen Century* (in Chinese, trans. Sun, E.Z. and Sun, S.C.), Dover Publications, New York, 1966.

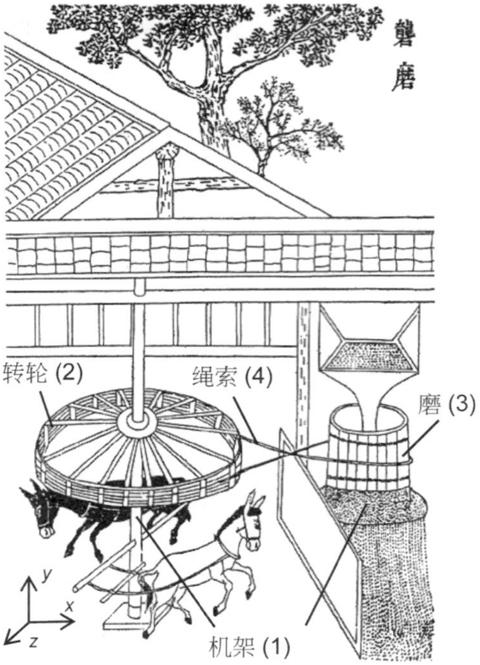

图 3-1　兽力驱动磨❶

❶ Song, Y.X., *Chinese Technology in the Seventeen Century*（in Chinese, trans. Sun, E.Z. and Sun, S.C.）, Dover Publications, New York, 1966.

回绕于磨的上半部，轮轴运动带动磨运动。这个机构包含机架、转轮、皮带或绳索及磨等四个机件，转轮以旋转接头和机架相连接，皮带或绳索以回绕接头与转轮和磨相连接，磨则以旋转接头和机架相连接。由于这个机构的每一机件的运动皆为平面运动，而且这些运动平面皆互相平行，因此属于平面机构。

机构中的机件在运动时，若其上有一点的运动轨迹为空间曲线，则这个机构即为空间机构。图 3-2 所示为一种用于古代战争的木幔车❷，由滚轮装置与盾牌装置所组成。滚轮装置可以移动木幔车，盾牌装置的功能则为阻挡敌人攻击，其组成包含机架、连接杆、绳索及盾牌。绳索直接绑紧连接杆与盾牌，连接杆与机架间的接头可使士兵在 y 轴与 z 轴方向移动盾牌，以防止敌人石块或利箭的攻击。很明显，这个装置为空间机构。

❷〔明〕茅元仪撰：《武备志》，海南出版社，海南，2001 年。

机器则是按照一定的工作目的，由一个或数个机构组合而成，给予能量并配置适当的控制系统，来产生有效的机械功或转换机械

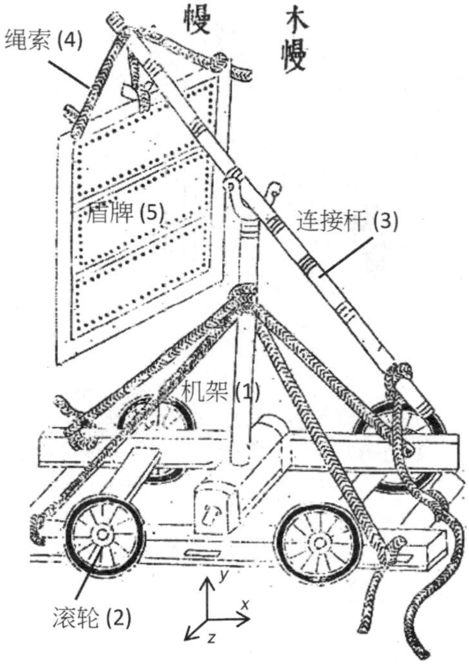

图 3-2　木幔车[1]

[1]〔明〕茅元仪撰：《武备志》，海南出版社，海南，2001 年。

能，以为人所用。每个机构与机器都有一个结构件，称之为机架，用来导引某些机件的运动、传递力量或承受负荷。工具机、起重机、发电机、压缩机等，用来将机械能转换或有效功输出是机器，通称为工作机。内燃机、蒸汽机、涡轮机、电动马达等，用来将其他形式的能量（如风力、热力、水力、电力等）转换为机械能，则是称为原动机的机器，亦是一般机器的动力来源。机器需要适当的控制装置，如人力控制、液压控制、气压控制、电机控制、电子控制、计算机控制等，以有效地产生所需要的运动与做功。

图 3-3 所示为一种名为脚踏翻车的古中国汲水机器[2]，它是以人力为输入动力的机器，由机架（杆 1，K_F）、具长杆与拐木的上链轮（杆 2，K_{K_1}）、下链轮（杆 3，K_{K_2}）及链条（杆 4，K_C）所组成，上链轮以旋转接头与机架相邻接，链条以回绕接头分别与上链轮和下链轮相邻接，而下链轮则以旋转接头与机架相邻接。

[2]〔明〕宋应星撰，潘吉星译注：《天工开物译注》，上海古籍出版社，上海，1993 年。

图 3-3　脚踏翻车❶

❶〔明〕宋应星撰，潘吉星译注：《天工开物译注》，上海古籍出版社，上海，1993 年。

第二节　机件

机件是组成机构与机器的基本要素，是一种具有阻抗性的物体，可以是刚性件、挠性件或者压缩件。在古籍插图机构的复原设计中，较不重要的机件如压缩件（如气体、液体）及用于将两根或多根机件紧固的机件（如轴、键、铆钉），则不加以介绍。本节仅介绍能产生相对运动功能的机件。

机件的类型很多，以下是基本机器之机件的功能说明。

一、连杆

连杆（K_L），是一种具有接头的刚性件，用以传递运动与力量。一般而言，所有刚性机件都可称为连杆。连杆可根据与其附随的接头数目来加以分类：与零个接头相附随的连杆称为独立杆；与一个接头相附随的连杆称为单接头杆；与两个接头相附随的连杆称为双接头杆；与三个接头相附随的连杆称为三接头杆；与 i 个接头相附

随的连杆称为 i 接头杆，在图示上，以一个顶端为小圆、内画阴影的 i 边形表示。图 3-4（a）所示为独立杆、单接头杆、双接头杆及三接头杆的简图符号。

二、滑件

滑件（K_P），是一种做直线或曲线移动的连杆，用于与相邻接机件做相对的滑动接触。古中国用于鼓风冶金的风箱，其中需由人力推动的活塞，就是一种做直线移动的滑件。图 3-4（b）所示为直线滑件与曲线滑件的简图符号。

三、滚子

滚子（K_O），是一种用于与相邻接机件做相对滚动接触的连杆。生活中常见的轮子，基本上就是一种滚子。图 3-4（c）所示为简单滚子的简图符号。

四、凸轮

凸轮（K_A），是一种不规则形状的连杆，一般作为主动件，用以传递特定的运动给从动件（K_{A_f}）。古中国战争武器弩的弩机，大多以青铜铸成，巧妙设计各个机件的几何形状，完成勾住弓弦与释放弓弦的目的，是古中国具代表性的凸轮机构，最早可追溯至公元前 6 世纪❶；此外，用于打击谷物的连机水碓、记录行车里程数的记里鼓车及机械式天文钟的水运仪象台等装置中，皆有使用凸轮产生所需特定运动的设计。图 3-4（d）所示为典型凸轮的简图符号。

❶张春辉、游战洪、吴宗泽、刘元谅：《中国机械工程发明史》，第二编，清华大学出版社，北京，2004 年。

五、齿轮

齿轮（K_G），也是一种连杆，依靠轮齿的连续啮合，将一个轴的旋转运动传递至另一个轴做旋转运动或转变为直线运动。根据不同的用途与尺寸，古中国齿轮材质可分为青铜、铸铁及木材等三类。金属齿轮最早起源可追溯至公元前 19 世纪，木制齿轮或许更早就开始使用，但因年代久远腐坏而无法保存下来。研磨谷物与汲水的器械多为木制齿轮，形状如大车轮，外圈装上数根木销，以达到传递运动的目的。但在较精细的器械中，如记里鼓车与指南车，则是使用青铜或铁制齿轮。金属制齿轮的齿型又可分为棘齿轮、人字齿轮、等边三角形齿轮及圆角齿轮等四类❶❷。图 3-4（e）所示为典型齿轮的简图符号。

❶ Needham, J., *Science and Civilisation in China*, Vol. IV: II, Cambridge University Press, Cambridge, 1954.

❷刘仙洲：《中国机械工程发明史》，第一编，科学出版社，北京，1962 年。

六、螺杆

螺杆（K_H），是一种简单的省力机件，用于传递平稳等速的运动，可以视为将旋转运动转变为直线运动的线性驱动器。明朝以前，古中国文献并无螺杆与螺旋之发明和应用的记载，亦没有相关的出土证物。明确叙述螺杆与螺旋的文献，都是在 1600 年利玛窦（Matteo Ricci）来中国以后，无疑已受到西方科技文明传入的影响。古中国儿童玩具中的竹蜻蜓，是螺旋原理的应用；同样地，早期用来打水的龙尾车（阿基米德螺旋），也是螺杆与螺旋的应用。图 3-4（f）所示为螺杆的简图符号。

七、皮带、绳线和绳索

皮带（K_T）、绳线（K_T）或绳索（K_T），皆是具有张力的机件，用于传递力量与运动。皮带、绳线、绳索的挠性来自材料的变形，并依靠皮带、绳线、绳索与带轮或滑轮（K_U）之间的摩擦力来传递运动。皮带、绳线和绳索广泛使用于古中国各种产业中，如各类的纺织机械、农业的谷物加工器械、手工业的凿井装置与磨床、鼓风冶金装置的水排等。其中，脚踏纺车是典型的挠性传动机构，其结合皮带与绳线的传动，同时完成数组纱线卷绕于锭子的工作。图 3-4（g）所示为皮带、绳线、绳索与带轮、滑轮的简图符号。

八、链条

链条（K_C），也是一种张力件，用于传递力量与运动。链乃是由彼此间允许相对运动的小刚性组件连接而成，并借由链轮（K_K）来传递运动。中国于公元前 10 世纪，已开始使用链条拴住马匹、连接壶与盖及作为容器的提梁等，然而并没有实际传动的功能。真正应用于传递运动的链条，常见于汲水器械的翻车中；而具有代表性的传递动力的链条，则见于苏颂水运仪象台的天梯，用于传递主动轴与浑天仪齿轮箱的动力。图 3-4（h）所示为链条与链轮的简图符号。

九、弹簧

弹簧（K_{Sp}），是一种挠性机件，用来贮存能量、施力及提供弹性连接。根据不同的用途，古中国弹簧材质可分为青铜、铸铁、木材及竹子等四类。古中国挂锁借由金属簧片的弹力及钥匙头的相互配合，产生开锁与闭锁的功能，是古中国应用弹簧的典型设计。古中国的弩弓，由数片不同性质的木材组成，借此产生较佳的弹力，以提高弓箭的射程。再者，竹子的弹力广泛应用于纺织机械中，如织布的斜织机、提花机及弹松棉花的弹棉装置。图 3-4（i）所示为典型弹簧的简图符号。

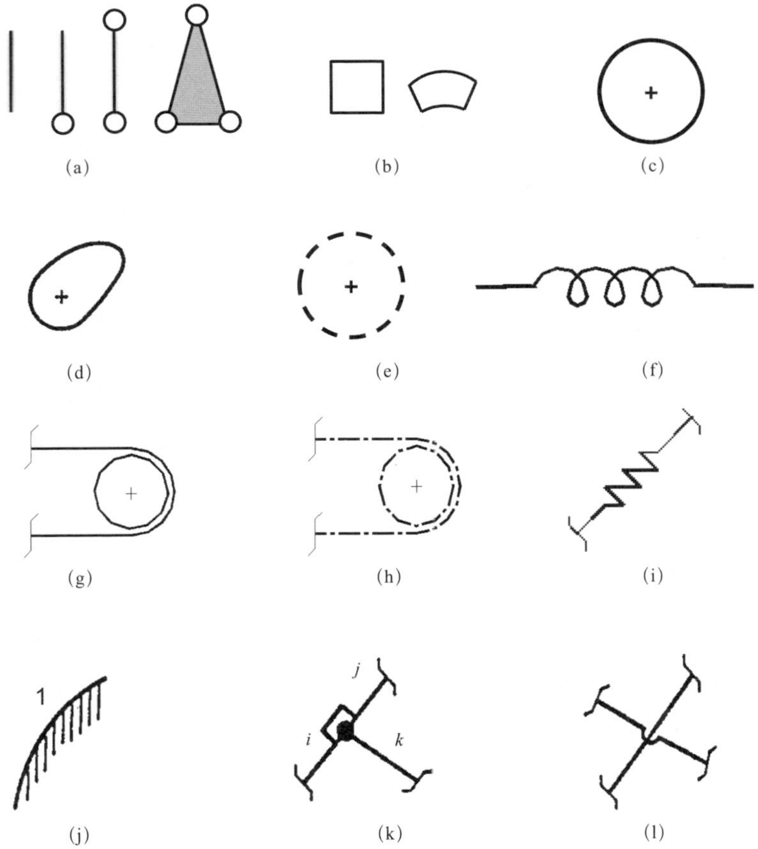

图 3-4 机件简图符号

第三节　接头

为使机件有所作用，机件与机件之间必须以拘束的方式加以连接。一个机件与另一个机件接触的部分，称为成运动对元件。两个元件分属于两个不同的机件，组合在一起形成接头。

接头可根据其自由度、运动方式、接触方式及接头类型来加以分类，这些特性分别说明如下。

一、自由度

自由度是指定义接头中一个成运动对元件与另一个成运动对元件之相对位置所需的独立坐标数。一个不受拘束的成运动对元件，可以有沿三个互相垂直轴的平移自由度及对这三个互相垂直轴的旋转自由度，共六个自由度。它与另一个成运动对元件配成接头后，因受拘束而损失一个或多个自由度。因此，一个接头最多只能有五个自由度，最少也有一个自由度。自由度与拘束运动于本章第七节再作探讨。

二、运动方式

接头中一个成运动对元件上的一点相对于另一个成运动对元件的运动方式，不外乎直线（或曲线）运动、平面（或曲面）运动或空间运动。

三、接触方式

接头中两个成运动对元件互相接触的方式，不外乎点接触、线接触或面接触。

四、接头类型

以下说明一些基本接头的功能与运动特性，并介绍各种接头的图画表示法，部分内容如表 3-1 所示。

(1) **旋转接头**

对于旋转接头（J_R）而言，两个邻接机件之间的相对运动，是相对于旋转轴的转动。它具有一个自由度，是圆弧运动与面接触。

(2) **滑行接头**

对于滑行接头（J_P）而言，两个邻接机件之间的相对运动，是沿轴向的滑动。它具有一个自由度，是直线运动与面接触。

(3) **滚动接头**

对于滚动接头（J_O）而言，两个邻接机件之间的相对运动，是不带滑动的纯滚动。它具有一个自由度，是摆线运动与线接触。

(4) **凸轮接头**

对于凸轮接头（J_A）而言，两个邻接机件之间的相对运动，是滚动与滑动的组合。它具有两个自由度，是曲面运动与线接触。

(5) **齿轮接头**

对于齿轮接头（J_G）而言，两个邻接机件之间的相对运动，是滚动与滑动的组合。它具有两个自由度，是曲面运动与线接触。

(6) **螺旋接头**

对于螺旋接头（J_H）而言，两个邻接机件之间的相对运动，是螺旋运动。它具有一个自由度，是曲线运动与面接触。

(7) **圆柱接头**

对于圆柱接头（J_C）而言，两个邻接机件之间的相对运动，是相对于旋转轴的转动及平行于此轴之移动的组合。它具有两个自由度，是曲面运动与面接触。

(8) **球接头**

对于球接头（J_S）而言，两个邻接机件之间的相对运动，是相对于球心的转动。它具有三个自由度，是球面运动与面接触。

(9) **销接头**

对于销接头（J_J）而言，两个邻接机件之间的相对运动，可以是平面运动或空间运动。若为平面运动，它具有两个自由度，是圆弧运动与线接触；若为空间运动，它具有三个或四个自由度，亦是圆弧运动与线接触。

(10) **回绕接头**

对于回绕接头（J_W）而言，两个邻接机件之间并无相对运动，但其中一个机件（带轮，或滑轮，或链轮）绕其中心转动。回绕接头可视为具有一个自由度的接头。

表 3-1　接头表示法[1]~[4]

接头类型	机构图示	简图符号	表示法一	表示法二
旋转接头	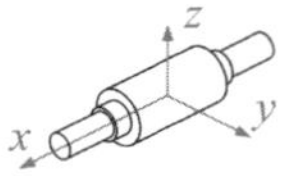		J_R	J_{R_x}
滑行接头	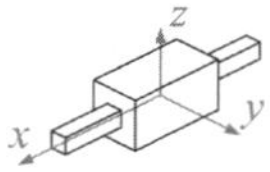	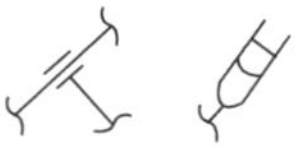	J_P	J^{P_x}
圆柱接头	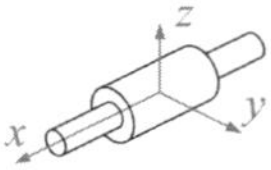		J_C	$J^{P_x}_{R_x}$
回绕接头	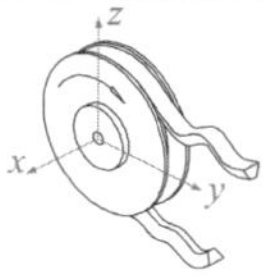	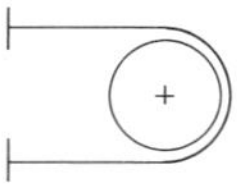	J_W	—
滚动接头	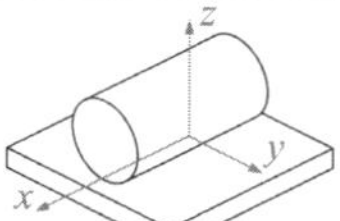		J_O	—
凸轮接头	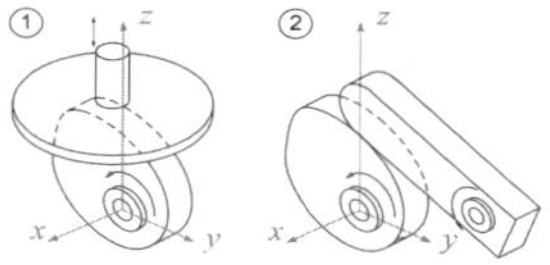		J_A	—
齿轮接头	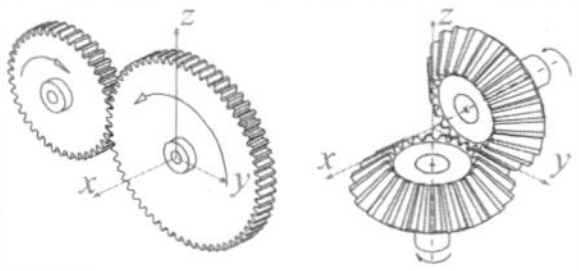	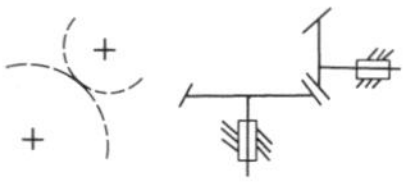	J_G	—
球接头	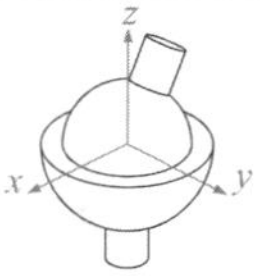	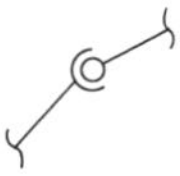	J_S	$J_{R_{xyz}}$

[1] 颜鸿森、吴隆庸：《机构学》，第三版，东华书局，台北，2006 年。

[2] Yan, H.S. and Hsiao, K.H., "Structural Synthesis of the Uncertain Joints in the Drawings of Tian Gong Kai Wu" *Journal of Advanced Mechanical Design, Systems, and Manufacturing*–Japan Society Mechanical Engineering, Vol. 4, No. 4, pp. 773—784, 2010.

[3] 陈羽熏：《三本古中国农业类专书中具图画机构之复原设计》，硕士论文，"国立成功大学"机械工程学系，台南，2010 年。

[4] Hsiao, K.H., Chen, Y.H., Tsai, P.Y., and Yan, H.S., "Structural Synthesis of Ancient Chinese Foot-operated Slanting Loom" *Proceedings of the Institution of Mechanical Engineers*, Part C, *Journal of Mechanical Engineering Science*, Vol. 225, pp. 2685—2699, 2011.

续表

接头类型	机构图示	简图符号	表示法一	表示法二
销接头	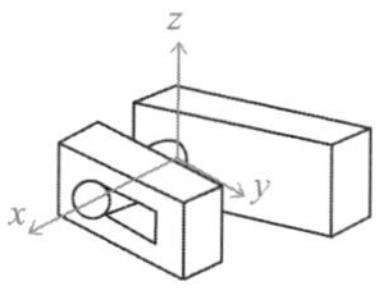	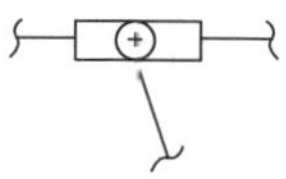	J_J	平面：$J^{P_y}_{R_x}$ 空间：$J^{P_y}_{R_{xz}}$ 或 $J^{P_{xy}}_{R_{xz}}$
竹接头	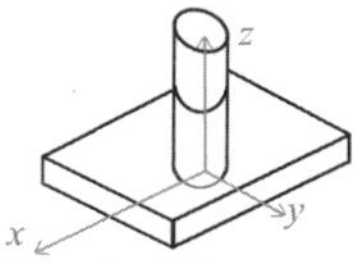	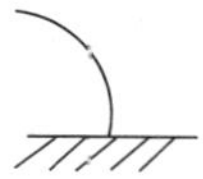	—	J_{BB}
线接头	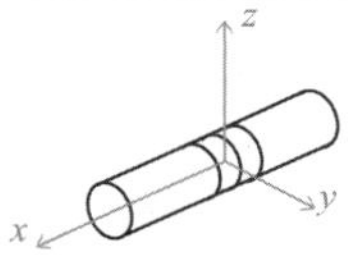	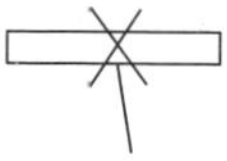	—	J_T
固定旋转接头	—		—	—

第四节　接头表示法

为了便于分析并表达古代机械所应用的机构与有关机件部分，本书沿用机构学所定义的机件表示法❶。通过对古籍插图的研究，可知古机械的接头分为三类：第一类为接头可明确判定其类型者，如凸轮接头、齿轮接头及回绕接头等；第二类为接头类型不明确，有多种可能类型者；第三类为可确定类型的接头，但此接头不常用于现代机构中。由于有些特殊的接头，无法以现代机构学常用的接头符号表示，因此，以下提出一套适用于古籍插图机构的接头表示法❷~❹。

一个完全没有固定的机件拥有六个自由度，其中三个自由度为沿着三个互相垂直轴的平移，另外三个自由度为围绕此三轴的旋

❶颜鸿森、吴隆庸：《机构学》，第三版，东华书局，台北，2006 年。

❷ Yan, H.S. and Hsiao, K.H., "Structural Synthesis of the Uncertain Joints in the Drawings of Tian Gong Kai Wu" *Journal of Advanced Mechanical Design, Systems, and Manufacturing*–Japan Society Mechanical Engineering, Vol. 4, No. 4, pp. 773—784, 2010.

❸陈羽熏：《三本古中国农业类专书中具图画机构之复原设计》，硕士论文，"国立成功大学"机械工程学系，台南，2010 年。

❹ Hsiao, K.H., Chen, Y.H., Tsai, P.Y., and Yan, H.S., "Structural Synthesis of Ancient Chinese Foot-operated Slanting Loom" *Proceedings of the Institution of Mechanical Engineers*, Part C, *Journal of Mechanical Engineering Science*, Vol. 225, pp. 2685—2699, 2011.

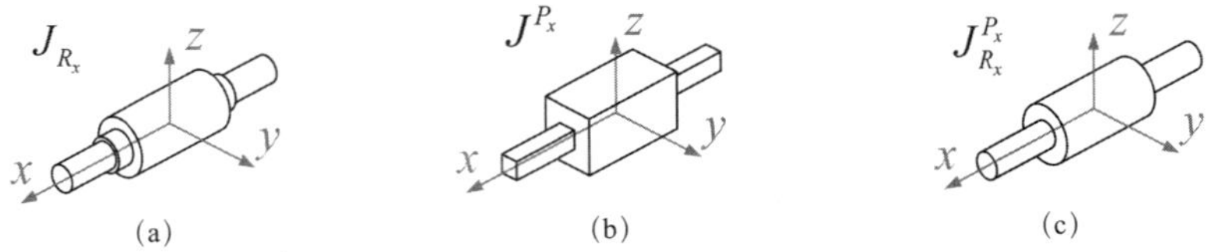

图 3-5 接头表示法范例

转，可表示为$J^{P_{xyz}}_{R_{xyz}}$。其中，上标 P_{xyz} 表示此机件可沿 x 轴、y 轴及 z 轴三个方向滑动，而下标 R_{xyz} 则表示沿此三轴方向的旋转。此外，当一个机件与另一个机件邻接并形成一个接头时，原本的机件便会减少一个或一个以上的自由度。例如，若一个接头表示为 J_{R_x}，意指两个邻接机件之间的相对运动，是围绕 x 轴的转动，如图 3-5（a）所示；若表示为 J^{P_x}，代表两个邻接机件之间的相对运动是沿 x 轴的滑动，如图 3-5（b）所示。同理，如果接头表示为$J^{P_x}_{R_x}$，则代表两个邻接机件之间的相对运动，不仅有 x 轴向的滑动，也有围绕 x 轴的转动，如图 3-5（c）所示。

图 3-6（a）所示为《天工开物》[1]中一个具二杆一接头的机构。由于绘制的插图不明确，连杆（K_L）以不确定接头与机架（K_F）相邻接。考虑连杆运动的类型与方向，不确定接头有三种可能的类型：第一种为连杆只能相对于机架绕 z 轴旋转，表示为 J_{R_z}；第二种为连杆除了绕 z 轴旋转，还沿 x 轴滑动，表示为$J^{P_x}_{R_z}$；第三种为连杆除了绕 y 轴与 z 轴旋转，还沿 x 轴与 z 轴滑动，表示为$J^{P_{xz}}_{R_{yz}}$。其中，x 轴与 y 轴分别定义为图中的水平与垂直方向，z 轴则根据右手定则产生。

竹子与绳线常出现在纺织机械和农业机械的古籍插图中。图 3-6（b）所示为一种以竹子（K_{BB}）与机架（K_F）和绳线（K_T）相邻接的弹棉装置[2]，竹子的一端固定于机架中，另一端直接系紧绳线。由于竹子具有弹性，可以在使用后回到原来的位置，使弹松棉花的工作更有效率，附随于机架与竹子的接头定义为竹接头，表示为 J_{BB}。对于平面机构中的竹接头，其运动特性与旋转接头相同；对于空间机构中的竹接头，其运动特性与球接头相同。

以绳线系紧于一根杆件而形成接头的方式，经常出现在古代机械装置中，附随于绳线与杆件的接头定义为线接头，表示为 J_T。对

[1]〔明〕宋应星撰，潘吉星译注：《天工开物译注》，上海古籍出版社，上海，1993 年。

[2]同[1]。

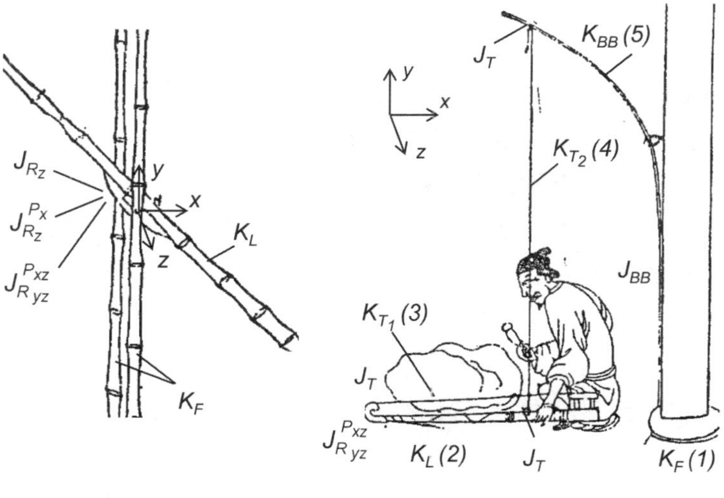

图 3-6　古籍插图中特殊接头❶

❶〔明〕宋应星撰，潘吉星译注：《天工开物译注》，上海古籍出版社，上海，1993 年。

于平面机构中的线接头，其运动特性与旋转接头相同；对于空间机构中的线接头，其运动特性与球接头相同。

第五节　机构简图

机构骨架图或机构简图是以简单的图形来表达机件与接头之间的邻接附随关系。分析机构的拓朴构造与运动状态时，如果使用实体或其组合图来进行，会因实体或图面的复杂性，使分析工作难以有效地进行，因此常使用简图符号来说明机件间的邻接关系与相对位置。根据这种目的所绘制的机构图形，称之为机构骨架图或机构简图。

机构简图的绘制有构造简图与运动简图两种方式。构造简图在于表示机构的拓朴构造，只要清楚地表示机件与接头的附随关系即可，而不在乎各根机件的几何尺寸大小。运动简图乃是根据实体或组合图的尺寸，以一定的比例画出其几何运动的相对位置关系，用来表示各机件的尺寸及各接头的位置。在古籍插图机构的复原设计中，只需清楚表示机件间的邻接关系，然后绘制构造简图即可。

机构简图的绘制，应尽量使用简单的线条与符号来代替实体的机件与接头，与分析机构之拓朴构造无关的资料，如轴、键、销、轴承、剖面线等，则无须表示出来。

简图符号的制定，并无一定的法则，只要清楚地表示出机构的拓朴构造或运动关系即可，常用机件与接头的简图符号分别如图 3-4 与表 3-1 所示。以下介绍常用的制图规则：

1. 机件以阿拉伯数字赋予代号，如 1、2、3 等；亦可加入机件的类型，如固定机件（机架）表示为 K_F，连杆表示为 K_L，滑件表示为 K_P 等。

2. 固定机件（机架）恒以阿拉伯数字 1 为其代号，并在其下作平行斜线，如图 3-4（j）所示。

3. 图 3-4（k）所示代表机件 i 与机件 j 为同一机件，而机件 k 为与其相邻接的另一机件。

4. 若两个不邻接的机件在图面上交叉，则在交叉处将底部机件

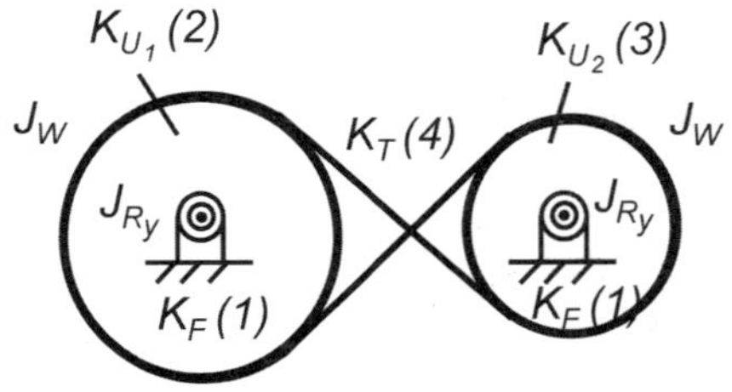

图 3-7　兽力驱动磨构造简图

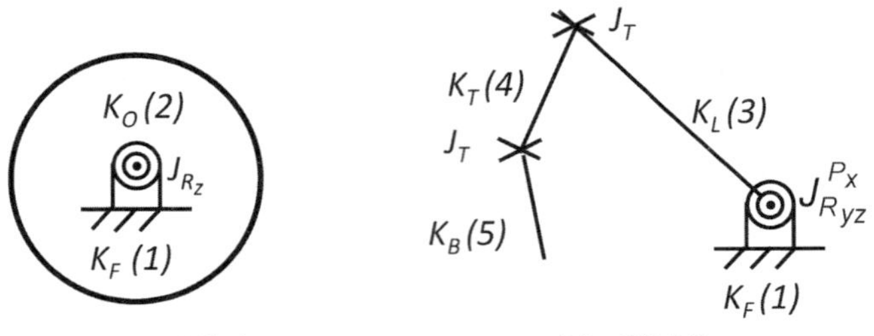

(a) 滚轮装置　　(b) 盾牌装置

图 3-8　木幔车构造简图

画成断线并以半圆连接，如图 3-4（1）所示。

5. 不确定类型的接头，以内部涂黑小圆表示。

图 3-1 所示的兽力驱动磨，其构造简图如图 3-7 所示。图 3-2 所示的木幔车，其构造简图如图 3-8 所示。

第六节　机构与一般化运动链

将数个杆件以接头加以邻接，即组成所谓的杆—链，或简称为链。具有 N_L 根杆与 N_J 个接头的链，称之为（N_L, N_J）链。

对于链而言，其通路是指一组由杆件与接头所组成的交互排列，其首尾皆为杆件，而且每一个接头均与前后紧接的两个杆件相附随。图 3-9（a）所示的（5, 4）链，杆 1—接头 *b*—杆 4—接头 *d*—杆 3—接头 *d*—杆 4 是一条通路。链的路径是指所有杆件皆不相同的通路。如图 3-9（a）所示的（5, 4）链，杆 1—接头 *b*—杆 4—接头 *d*—杆 3 是一条路径。若一个链中的任意两个杆件均能够经由一条路径相邻接，则称该链为连接链；反之，则称该链为不连接链。图 3-9（a）所示的（5, 4）链，有一根独立杆（杆 5），是不连接的；图 3-9（b）所示的（5, 5）链，有一根单接头杆（杆 5），是连接的。若链中的每根杆件均与至少两个其他杆件互相连接，且该链形成一个或数个封闭的回路，则称其为封闭链。不封闭的连接链，则称其为开放链。在一个链中，若移走某根杆件会导致该链成为不连接链，则称该杆件为分离杆。如图 3-9（c）所示的（6, 7）封闭链，有一根分离杆（杆 4）。而图 3-9（b）所示的连接链，同时也是开放链。

运动链，一般是指连接、封闭、无任何分离杆，只含旋转接头，而且可以运动的链。若运动链中的一个杆件被固定作为机架（K_F），则形成一个机构。图 3-9（d）所示为一个（6, 7）运动链，若将该运动链中的杆 1 固定，则可获得其所对应的机构，如图 3-9（e）所示。呆链，是指连接、封闭、无任何分离杆，而且不能运动的链。若图 3-9（f）所有接头皆为一个自由度，则形成一个（5, 6）呆链。

一般化运动链由一般化接头连接一般化杆件所组成，换言之，其杆件与接头的类型没有限制。一般化接头是一个通用的接头，可

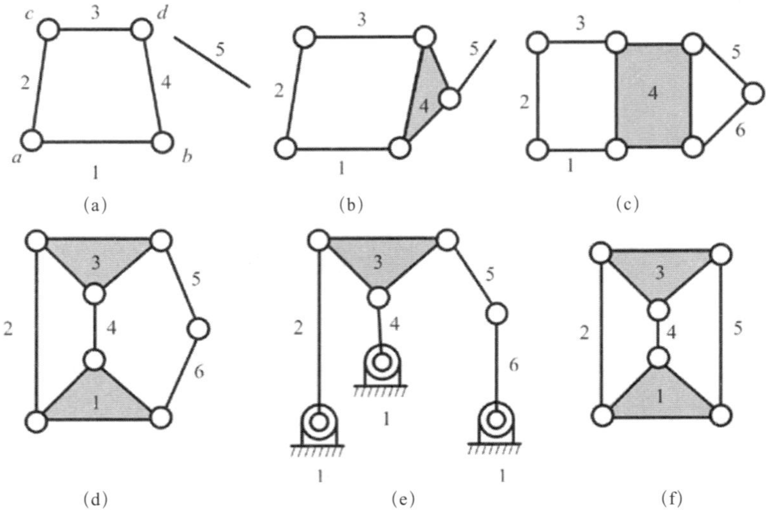

图 3-9 （杆）链与机构

以是一个旋转接头、滑行接头、螺旋接头、球接头或者其他种类的接头❶❷。若有一个（6, 7）的运动链没有任何限制，如图 3-9（d）所示，它就成为一个（6, 7）的一般化运动链。一个具有两个附随机件的接头，称为一般化单接头；一个具有两个以上附随机件的接头，称为一般化复接头。图示中，一个具有 N_L 根机件附随的一般化接头，以 N_L–1 个小同心圆表示。图 3-10（a）(b）分别代表具有两个机件与三个机件附随的一般化接头。此外，图 3-10（a）是一般化单接头，而图 3-10（b）则是一般化复接头。

❶ Yan, H.S., *Creative Design of Mechanical Devices*, Springer, Singapore, 1998.

❷ Yan, H.S., *Reconstruction Designs of Lost Ancient Chinese Machinery*, Springer,Netherlands, 2007.

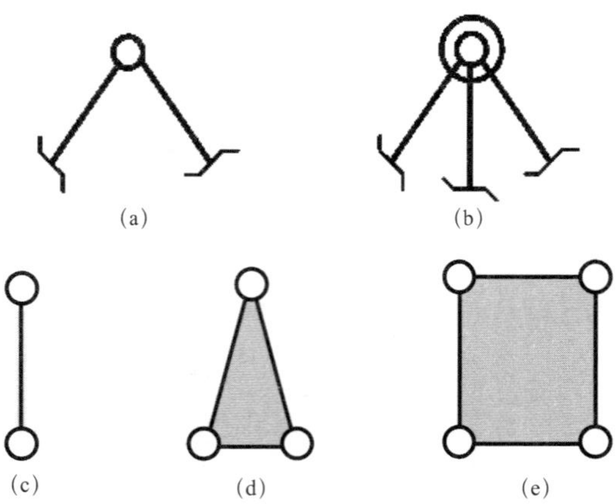

图 3-10 一般化接头与连杆图画表示

一般化连杆是具有一般化接头的杆件，它可以是双接头杆、三接头杆、四接头杆等。一根与 N_J 个接头附随的一般化连杆，可以用端点为小圆且内画阴影的 N_J 多边形表示。图 3-10（c）～（e），分别代表一般化双接头杆、三接头杆及四接头杆。

理论上，不同的（N_L, N_J）一般化运动链图谱是运用机构运动学的数目合成算法产生，但针对本书所介绍古籍插图机构系统化复原设计法的应用，可直接由文献❶~❸中查表获得。图 3-11 到图 3-21 所示为一些重要的一般化运动链图谱。

❶颜鸿森、吴隆庸：《机构学》，第三版，东华书局，台北，2006 年。

❷ Yan, H.S., Creative Design of Mechanical Devices, Springer, Singapore, 1998.

❸ Yan, H.S., Reconstruction Designs of Lost Ancient Chinese Machinery, Netherlands, Springer, 2007.

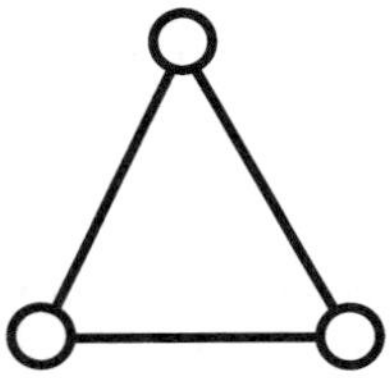

图 3-11 （3, 3）一般化运动链图谱

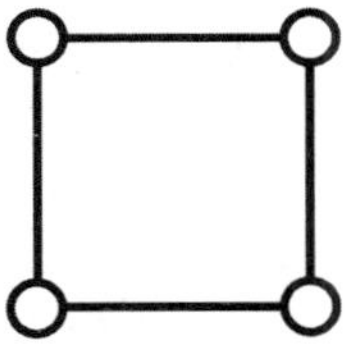

图 3-12 （4, 4）一般化运动链图谱

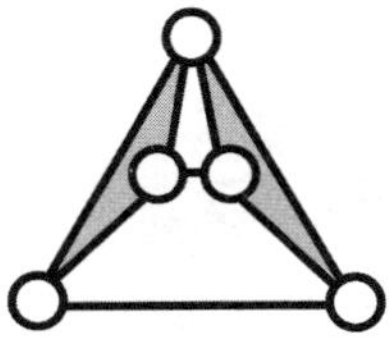

图 3-13 （4, 5）一般化运动链图谱

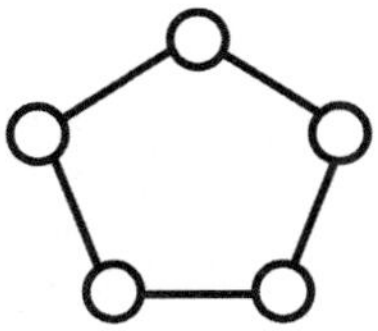

图 3-14 （5, 5）一般化运动链图谱

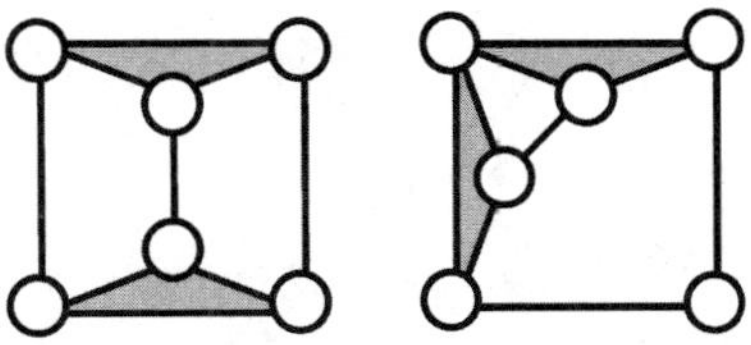

图 3-15 （5, 6）一般化运动链图谱

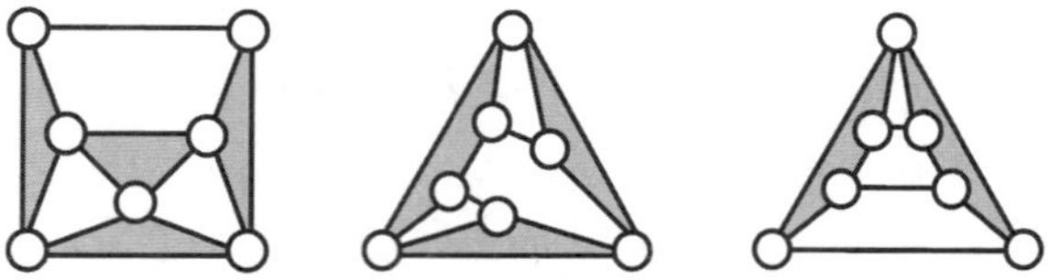

图 3-16 （5, 7）一般化运动链图谱

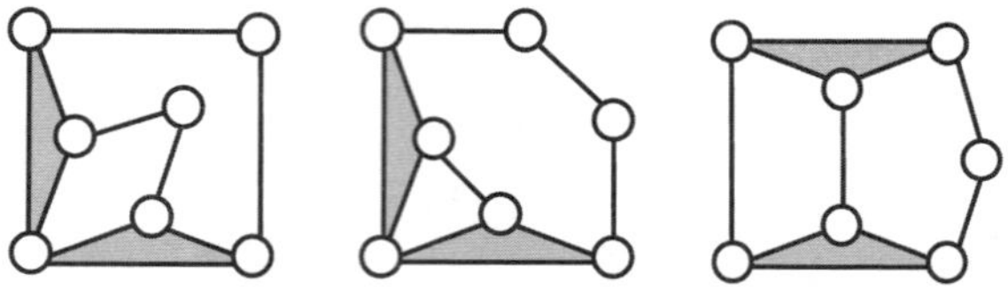

图 3-17 （6, 7）一般化运动链图谱

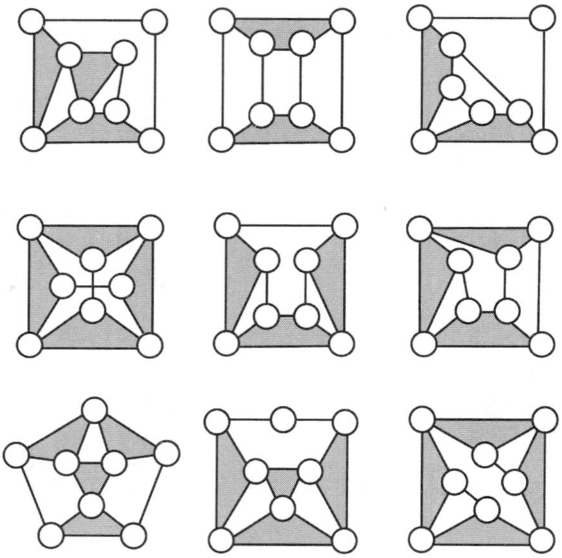

图 3-18 （6, 8）一般化运动链图谱

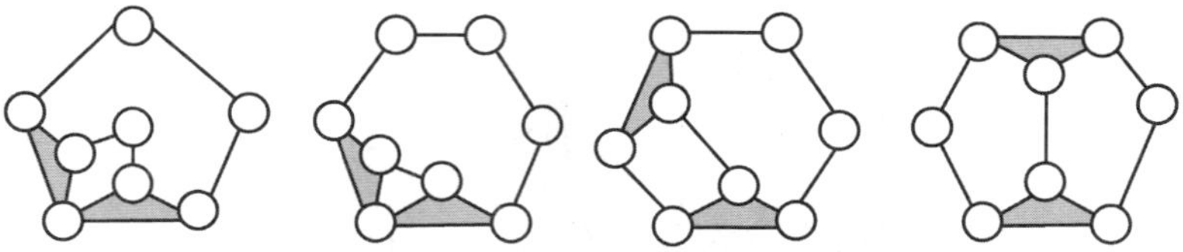

图 3-19 （7, 8）一般化运动链图谱

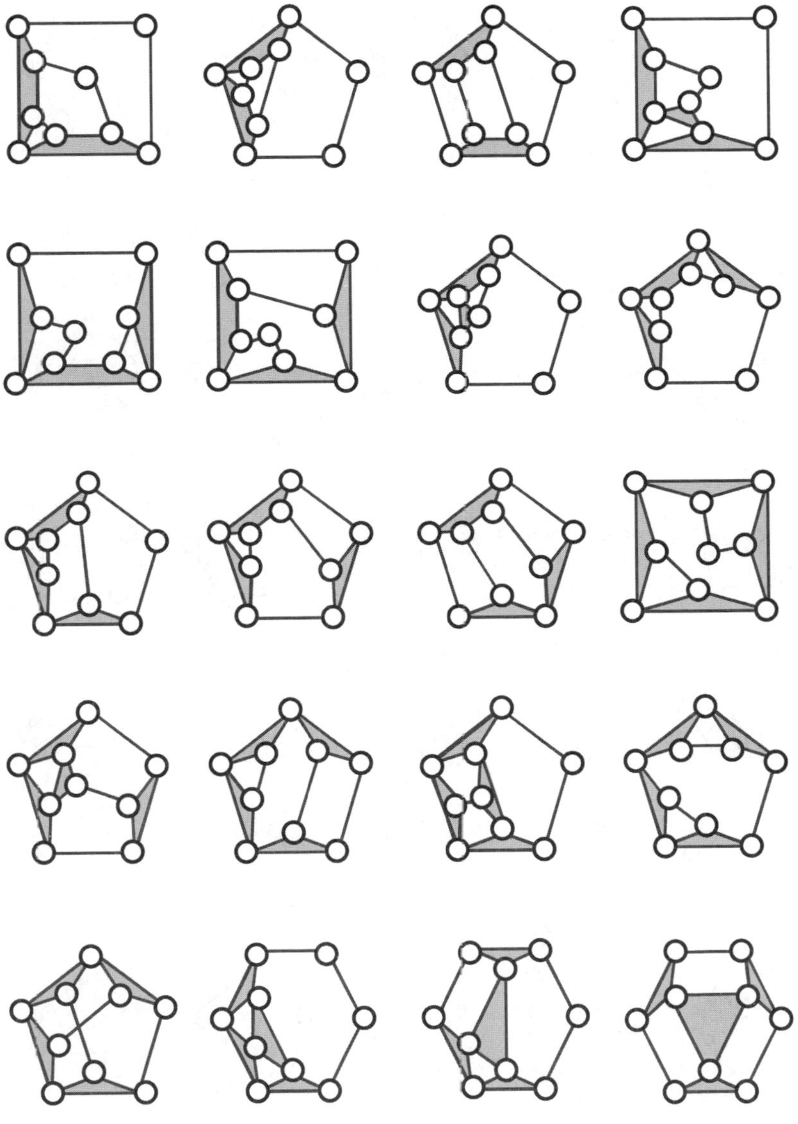

图 3-20 （7，9）一般化运动链图谱

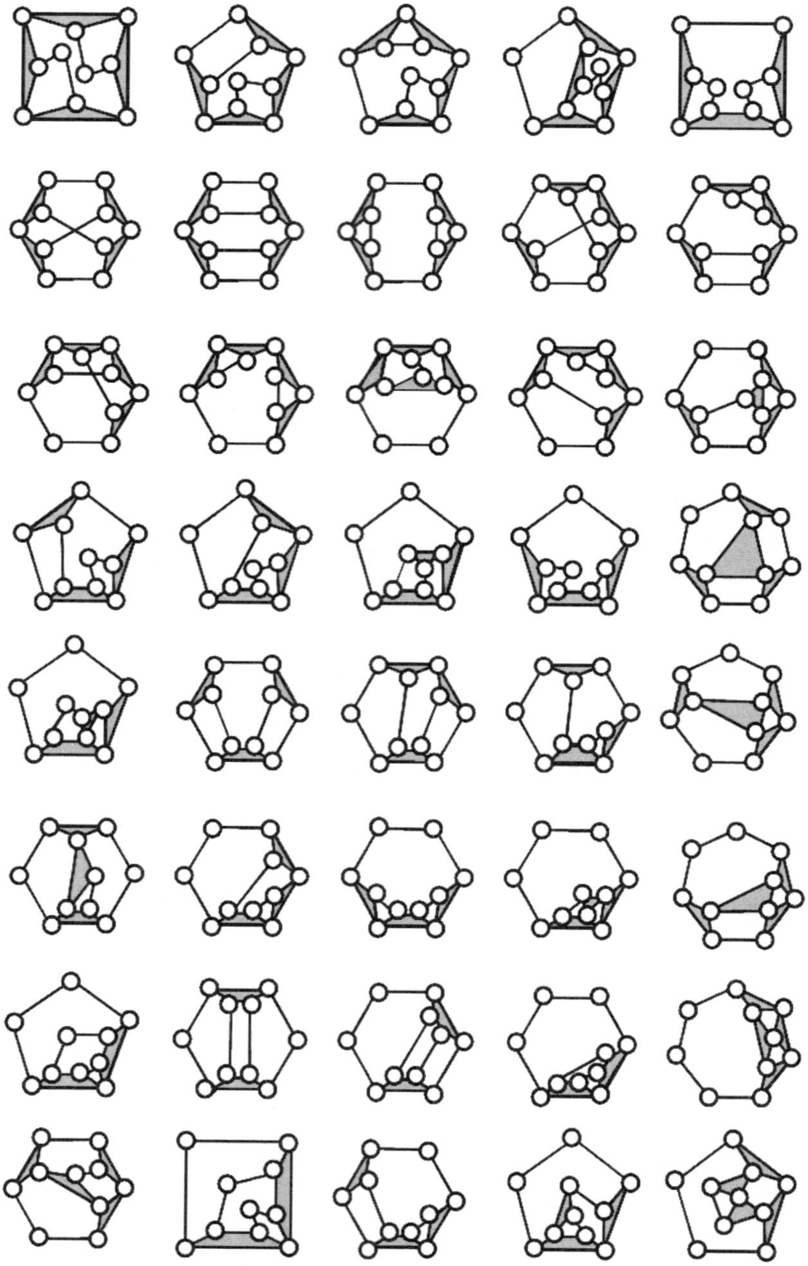

图 3-21 （8, 10）一般化运动链图谱

第七节　拘束运动

机构之自由度的数目，决定要满足一个有用之工程目的所需要的独立输入之数目。若一机构的自由度数目为正，且具有相同数目的独立输入，则称此机构具有拘束运动。所谓拘束运动，是指当机构之输入机件上的任意点以指定方式运动时，该机构上所有点的运动均产生唯一确定的运动。

一、平面机构

对于平面机构而言，每个机件具有三个自由度，其中两个自由度为沿两互相垂直轴的平移，另一个自由度为绕任意点的旋转。一个具有 N_L 根机件与 N_{Ji} 个 i- 型接头之平面机构的自由度数目（F_p），可由下列公式求出：

$$F_p = 3(N_L-1) - \Sigma N_{Ji}C_{pi} \qquad (3.1)$$

其中，C_{pi} 是平面机构中 i- 型接头的拘束度，各种接头的拘束度数目如表 3-2 所示。

表 3-2　接头自由度与拘束度

接头类型	自由度	C_{pi}	C_{si}	接头类型	自由度	C_{pi}	C_{si}
旋转接头	1	2	5	齿轮接头	2	1	4
滑行接头	1	2	5	球接头	3	无	3
圆柱接头	2	1	4	销接头	平面：2	1	无
					空间：3 或 4	无	3 或 2
回绕接头	1	2	5	竹接头	平面：1	2	无
					空间：3	无	3
滚动接头	1	2	无	线接头	平面：1	2	无
凸轮接头	2	1	4		空间：3	无	3

【范例 3.1】试求如图 3-1 所示之兽力驱动磨的自由度。

此装置是平面机构，具有四个机件、两个旋转接头及两个回绕接头。因此，N_L=4，C_{pR_y}= 2，N_{JR_y}=2，C_{pW}=2，N_{JW}=2。根据公式（3.1），这个机构的自由度 F_p 为：

$$F_p = 3(N_L-1)-(N_{JR_y}C_{pR_y})-(N_{JW}C_{pW})$$
$$= 3\times(4-1)-2\times2-2\times2$$
$$= 9-4-4$$
$$= 1$$

因此，此机构的运动是拘束的。

【范例 3.2】试求如图 3-22 所示之兽力驱动筒车[1]的自由度，其中，兽力驱动水平齿轮，借由齿轮系的传动使水轮汲水而上，垂直齿轮与水轮无相对运动，可视为同一杆件。

[1] 刘仙洲：《中国机械工程发明史》，第一编，科学出版社，北京，1962 年。

此装置是平面机构，具有三个机件（杆 1、杆 2、杆 3）与三个接头，包含两个旋转接头（a、c）与一个齿轮接头（b）。因此，$N_L=3$，$C_{pR_y}=2$，$N_{JR_y}=1$，$C_{pR_x}=2$，$N_{JR_x}=1$，$C_{pG}=1$，$N_{JG}=1$。根据公式（3.1），这个机构的自由度 F_p 为：

$$F_p = 3(N_L-1)-(N_{JR_y}C_{pR_y}+N_{JR_x}C_{pR_x}+N_{JG}C_{pG})$$
$$= 3\times(3-1)-(1\times2+1\times2+1\times1)$$
$$= 6-5$$
$$= 1$$

因此，此机构的运动是拘束的。

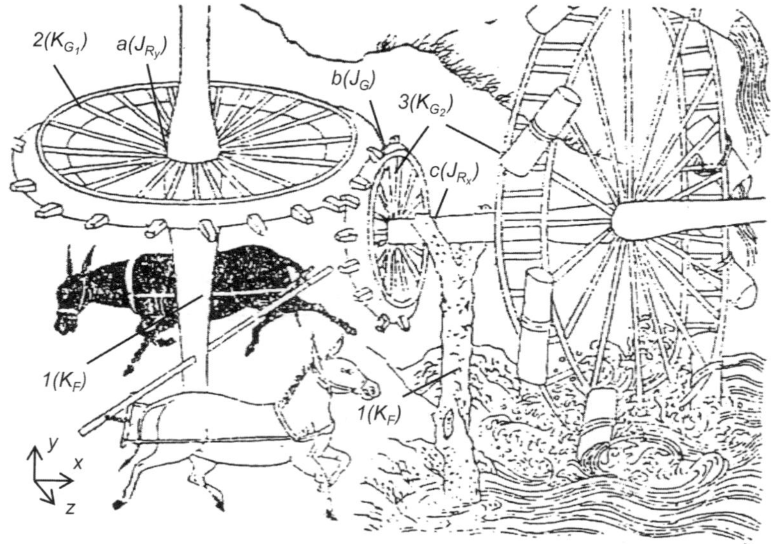

图 3-22　兽力驱动筒车[2]

[2] 同[1]。

【范例 3.3】图 3-23 所示为古中国弩之弩机[1]，用于勾住拉紧的弓弦，提供稳定的射击，射手轻压输入杆（杆 2）带动触发杆（杆 3）释放弓弦，机架（杆 1）未显示于图中。试求此机构的自由度。

此装置是平面机构，具有四个机件（杆 1 ～ 4）与五个接头，包含三个旋转接头（J_{R_z}；a，b，e）及两个凸轮接头（J_A；c，d）。因此，$N_L=4$，$C_{pR_z}=2$，$N_{JR_z}=3$，$C_{pA}=1$，$N_{JA}=2$。根据公式（3.1），这个机构的自由度 F_p 为：

$$F_p = 3(N_L-1) - (N_{JR_z}C_{pR_z}+N_{JA}C_{pA})$$
$$= 3\times(4-1) - (3\times2+2\times1)$$
$$= 9 - 8$$
$$= 1$$

因此，此机构的运动是拘束的。

二、空间机构

对于空间机构而言，每根机件具有六个自由度，其中三个自由度为沿着三个互相垂直轴的平移，另外三个自由度为绕此三轴的旋转。一个具有 N_L 根机件及 N_{Ji} 个 i- 型接头之空间机构的自由度数目 F_s，可由下列公式求出：

$$F_s = 6(N_L-1) - \Sigma N_{Ji}C_{si} \qquad (3.2)$$

其中，C_{si} 是空间机构中 i- 型接头的拘束度，各种接头的拘束度数目如表 3-2 所示。

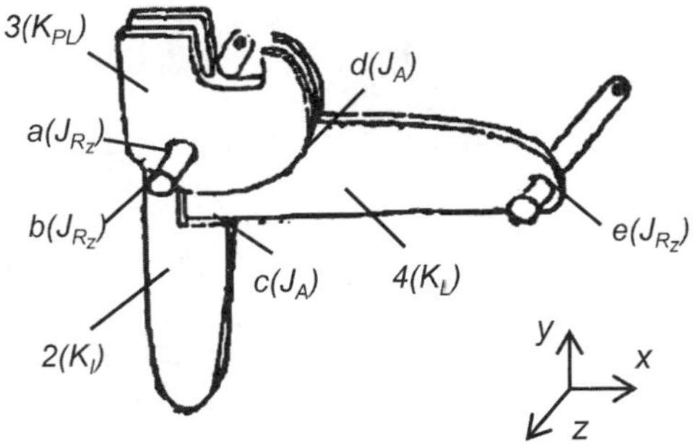

图 3-23　弩机[2]

[1]〔明〕茅元仪撰.《武备志》，海南出版社，海南，2001 年。

[2]同[1]。

【范例 3.4】试求如图 3-2 所示之木幔车盾牌装置的自由度。

此装置是空间机构，具有四个机件、两个线接头及一个空间接头 $J_{R_{yz}}^{P_x}$。由于空间接头 $J_{R_{yz}}^{P_x}$ 可使连接杆相对于机架在 x 轴上滑行及在 y 轴与 z 轴上旋转，此接头拘束度为 3。因此，N_L=4，C_{sT}=3，N_{JT}=2，C_{sS}=3，N_{JS}=1。根据公式（3.2），此机构的自由度 F_s 为：

$$
\begin{aligned}
F_s &= 6(N_L-1)-(N_{JT}C_{sT}+N_{JS}C_{sS}) \\
&= 6\times(4-1)-(2\times3+1\times3) \\
&= 18-9 \\
&= 9
\end{aligned}
$$

此装置的功能是借由操作连接杆，使得盾牌可以阻挡飞石或利箭，虽然自由度大于输入数，此装置仍然是可用的。

【范例 3.5】图 3-24 所示为古中国去谷物外壳的磨。试求此装置的自由度。

由于两条绳索提供人力产生有效的输入而且是对称的，此装置可视为空间机构，具有四个机件（机架 K_F，杆 1；绳索 K_T，杆 2；水平

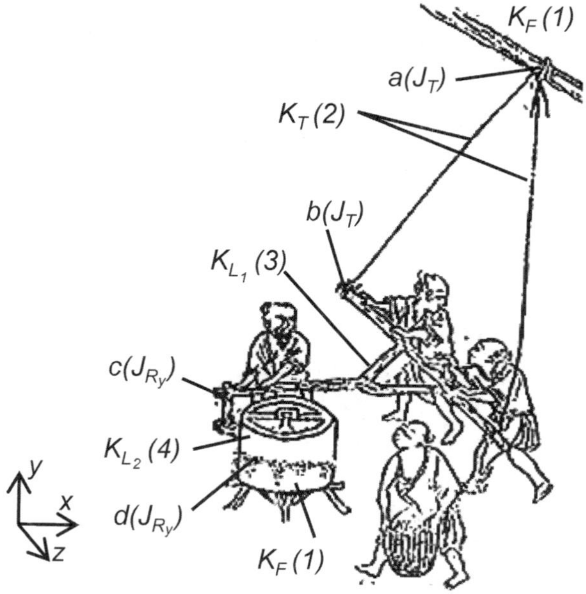

图 3-24　古中国磨❶

❶〔元〕王祯撰：《农书》，台湾“商务印书馆”，台北，1968 年。

杆与连接杆 K_{L_1}，杆 3；曲柄与磨石 K_{L_2}，杆 4）与四个接头，包含两个线接头（J_T；a，b）与两个旋转接头（J_{R_y}；c，d）。因此，N_L=4，C_{sT}=3，N_{JT}=2，C_{sR_y}=5，N_{JR_y}=2。根据公式（3.2），此装置的自由度 F_s 为：

$$F_s = 6(N_L-1)-(N_{JT}C_{sT}+N_{JR_y}C_{sR_y})$$
$$= 6\times(4-1)-(2\times3+2\times5)$$
$$= 18-16$$
$$= 2$$

由于杆 2 绕着通过线接头 a 与 b 中心轴的自转是一个多余的自由度，并不影响系统的输入和输出关系，因此，此装置仍然是可用的。

第八节　小结

机构是由接头连接机件所组成，并且可以产生确定的相对运动。机件为具阻抗性的物体，用来传递运动与力量。为使机件有所作用，机件与机件之间必须以接头加以连接。机构构造是探讨机构之机件与接头的数量和类型，以及相互之间的连接关系。

古机械的接头可分为接头类型明确、接头类型不明确及接头类型不常用于现代机构等三类。借由提出的古籍插图机构接头表示法，可以清楚表示古机械接头的类型与运动方式，有助于后续复原工作的进行。

将数根机件以接头加以连接，即组成所谓的链。根据是否连接与封闭，可分为连接链、不连接链、封闭链及开放链四类。运动链是指连接、封闭、无分离杆，只具有旋转接头，而且可以运动的链。一般化运动链由一般化接头连接一般化杆件所组成，其杆件与接头的类型没有限制。呆链则是指不能运动的链。

机构之自由度数目，决定了要满足一个有用的工程目的所需要的独立输入数目。一般而言，若一机构的自由度数目为正，且具有相同数目的独立输入，则称此机构具有拘束运动。

本章所列出的一般化运动链图谱，提供古籍插图机构复原设计所需的资料库，可应用第五章的不确定插图机构复原设计法来产生所有可能的古机构的拓朴构造。

第四章 古中国机械

古中国有许多机械发明。本章介绍古中国机械发展史，并说明古代常见的机件与机构类型，如连杆机构、凸轮机构、齿轮机构及挠性传动机构（皮带、绳线及链条）。

第一节 历史发展

根据操作原理、材料使用、动力源供给及工艺设计与制造，15世纪前的古中国的机械发展，可分为下列三个时期❶~❸。

一、旧石器时代到新石器时代

这一时期相当于古中国历史上的原始社会，约从40万—50万年以前的旧石器时代至4000—5000年前的新石器时代。

无论哪个民族，机械的发明与发展都是先由几种简单机械开始的。这个阶段的初期机械主要是简单的工具，人们将天然材料如石块、木棒、蚌壳、兽骨等，经敲砸、修整、磨制、钻孔成为如石刀、石斧等粗制工具，并以人力为原动力，利用这些省力或便于用力的工具，来完成人们无法直接用手完成的工作。后来逐渐发展成如原始

❶陆敬严、华觉明主编：《中国科学技术史》，机械卷，科学出版社，北京，2000年。

❷陆敬严：《中国机械史》，中华古机械文教基金会（台南，台湾），越吟出版社，台北，2003年。

❸ Yan, H.S., *Reconstruction Designs of Lost Ancient Chinese Machinery*, Springer, Netherlands, 2007.

织机与制陶转轮等简单机械，用以从事农业、渔猎、纺织、建筑等工作。

当时的人们已能利用杠杆、尖劈、惯性、弹力、热胀冷缩等原理。

二、新石器时期到东周

这一时期相当于古中国历史上的奴隶社会，约从 4000—5000 年前的新石器时代至春秋战国时期（前 770—前 221 ）。

随着需求的提高，人们将简单工具与简单机械结合，制作比较复杂的机械，以便达到较为复杂的目的，例如剪刀是由尖劈与杠杆合并组成的。这个时期的机械材料，除使用木材外，铜与铁也已广泛应用。再者，这个时期的机械，已由简单的辘轳、桔槔、滑轮、绞车、弓箭发展到车辆与兵器等复杂机械。战国时期的《考工记》[1]，总结多种手工业的生产经验，也反映出当时手工业的生产技术水平。

[1]〔汉〕郑玄注，〔唐〕贾公彦疏，〔清〕阮元校勘，周礼注疏：《考工记》，卷四十一，大化出版社，台北，1989 年。

三、东周到明朝

这一时期相当于古中国历史上的封建社会，约从战国时期（前 475—前 221）到明朝（1368—1644）。

大约到秦汉时期（前 221—220），古中国的机械发展已趋于成熟。金属材料的冶炼、铸造及锻造技术都具有很高的水平，尤其是冶铁技术发展迅速，铁的应用更为广泛。连杆、杠杆、齿轮、绳索、皮带及链条传动都已出现，有些机械还装有齿轮系与自动控制系统。农具、纺织机械、车及船的制造技术亦大有改进。由秦始皇陵出土的铜车马可看出，当时的冷热加工技术已十分精湛高超。东汉出现的水排（水力鼓风设备）由水轮、绳带、连杆及鼓风器组成，已具备机器所需的原动机、传动机构及工作机三个基本组成[2]。这一时期还出现了一批杰出的科技人才，如张衡、马钧、祖冲之、燕肃、吴德仁、苏颂及郭守敬等，他们为古中国的机械发展做出了重要贡献。

[2]〔元〕王祯撰：《农书》，台湾“商务印书馆”，台北，1968 年。

从明朝（1368—1644）至鸦片战争（1840）的几百年间，在机械领域内，除了兵器与造船方面的技术有较为可观的进展，其他方面几乎没有出现重要的发明，使得古中国的机械工艺技术逐渐落后于当时的西方国家。

第二节　连杆机构

连杆机构是由连杆组成，主要功能为运动类型与方向的转换、运动状态的对应、刚体位置的导引及运动路径的产生❶。

古中国使用连杆与连杆机构的历史相当久远，但在文献上与文物上均无法查得确切的年代。此外，在古文献中，很少使用“连杆”一词，反倒常见“曲柄”“杠杆”或“滑件”，以现今的观点而言，这些都属于连杆。

从旧石器时代开始，古中国便有了连杆的应用，起初只是单纯的曲柄或杠杆，到后来互相连接成为连杆机构，以提高工作效率。连杆与连杆机构的发展是由简而繁，并应用于各种不同的机械，例如农业机械、手工业机械、天文钟等。

❶颜鸿森、吴隆庸：《机构学》，第三版，东华书局，台北，2006 年。

一、桔槔

桔槔是利用杠杆原理的连杆机构，相传是公元前 1700 年左右由商朝宰相伊尹发明，用以灌溉或扬水。

图 4-1（a）所示为《天工开物》中的桔槔❷，在井边的大树上或者地上立个架子为机架（杆 1，K_F），机架上有一根横杆（杆 2，K_{L_1}），横杆的一端与一根连接杆（杆 3，K_{L_2}）相邻接，横杆的另一端绑住石头以平衡重量，连接杆另一端勾住水桶（杆 4，K_B）垂入井中，图 4-1（b）（c）所示为其对应的构造简图与链。

❷〔明〕宋应星撰，潘吉星译注：《天工开物译注》，上海古籍出版社，上海，1993 年。

有关桔槔最早的文献记载出现在《庄子》❸一书中。

❸[周]庄周撰：《庄子》，锦绣出版社，台北，1993 年。

1.《庄子 · 外篇 · 天地第十二》

子贡南游于楚，反于晋。过汉阴，见一丈人，方将为圃畦。凿隧而入井，抱瓮而出灌。僋然用力甚多而见功寡。子贡曰：“有械于此，一日浸百畦，用力甚寡而见功多，夫子不欲乎？”为圃者仰而视之曰：“奈何？”曰：“凿木为机，后重前轻，挈水若抽，数如佚汤，其名为槔。”

2.《庄子 · 天运篇十四》

颜渊问师金曰：“子独不见桔槔乎？”引之则俯，舍之则仰。

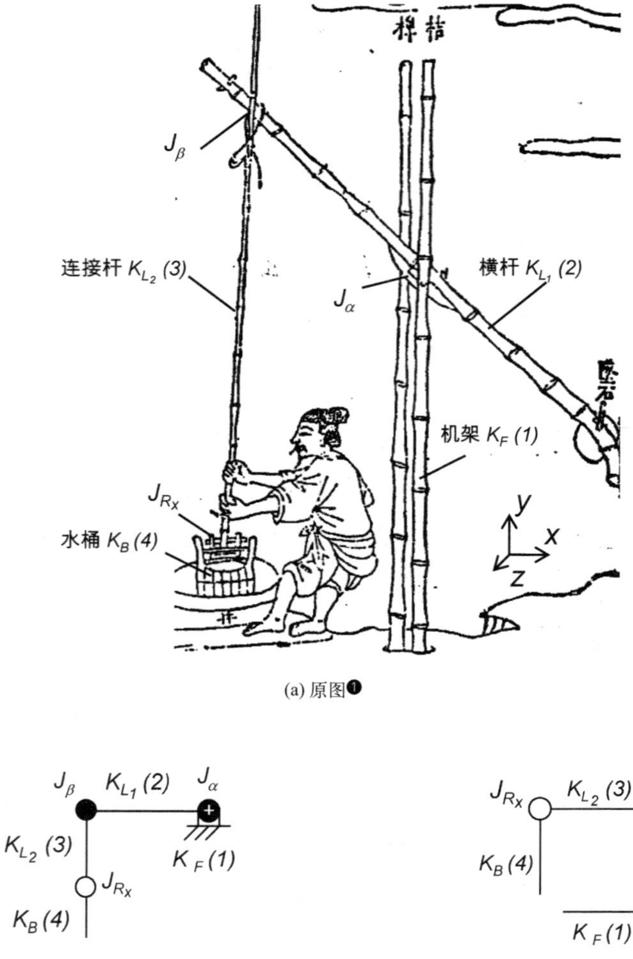

(a) 原图❶

(b) 构造简图

(c) 链

图 4-1 桔槔

❶〔明〕宋应星撰，潘吉星译注：《天工开物译注》，上海古籍出版社，上海，1993 年。

再者，贾思勰的《齐民要术》❷及徐光启的《农政全书》❸，更是将桔槔当作一种主要的灌溉机械。除技术类专书外，各类的画像也都有桔槔图，如汉朝武梁祠的壁画及清康熙三十五年（1696）焦秉贞所画的耕织图。

❷〔后魏〕贾思勰撰：《齐民要术》，台湾"商务印书馆"，台北，1968 年。

❸〔明〕徐光启撰：《农政全书》，台湾"商务印书馆"，台北，1968 年。

二、界尺

界尺是古中国传统的作画工具，用以绘出平行线，如图 4-2（a）

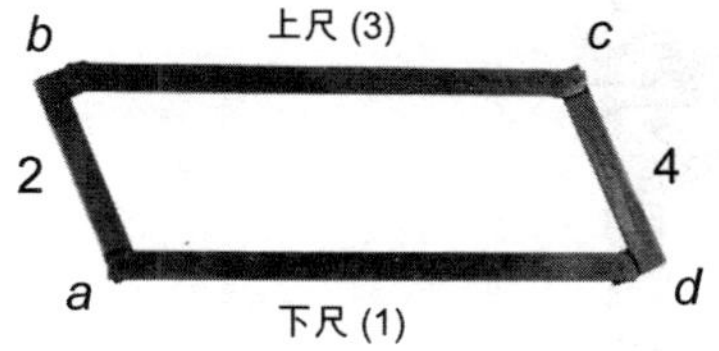

（a） 实物装置

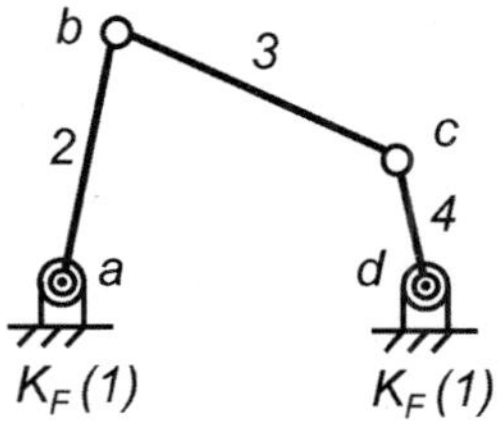

（b） 构造简图

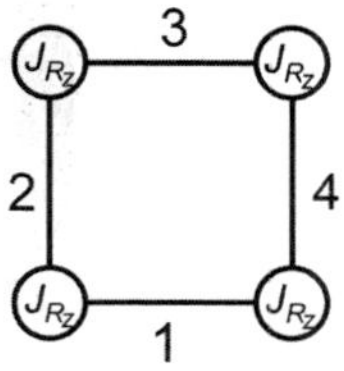

（c） 链

图 4-2　界尺

所示。它由等长的左、右两条铜片杆及相等的上、下两尺铰接而成，当下尺方向确定后，改变左、右铜片杆与直尺（上、下两尺）所夹角度，上尺就形成与下尺平行的直线，图 4-2（b)(c）所示为界尺的构造简图与链。

此装置是平面机构，具有四个机件（1、2、3、4）与四个旋转接头（J_{R_z}；a、b、c、d）。因此，N_L=4，C_{pR_z}=2，N_{JR_z}=4。根据公式（3.1），此机构的自由度 F_p 为：

$$\begin{aligned}F_p &= 3(N_L-1)-(N_{JR_z}C_{pR_z})\\ &= 3\times(4-1)-(4\times2)\\ &= 9-8\\ &= 1\end{aligned}$$

三、钻孔机

钻孔机为古中国用于钻孔的木工工具，图 4-3（a）所示为钻孔机的操作情形[1]，此工具由机架（杆 1，K_F）、输入杆（杆 2，K_{L_1}）、长绳（杆 3，K_{T_1}）、钻头杆（杆 4，K_{L_2}）及短绳（杆 5，K_{T_2}）组成。输入杆与钻头杆由中国黑木制成，两条绳索以麻线制成，钢制钻头置于

[1] Hommel, R.P., *China at Work: An Illustrated Record of the Primitive Industries of China's Masses, Whose Life is Toil, and thus an Account of Chinese Civilization*, John Day Company, New York, 1937.

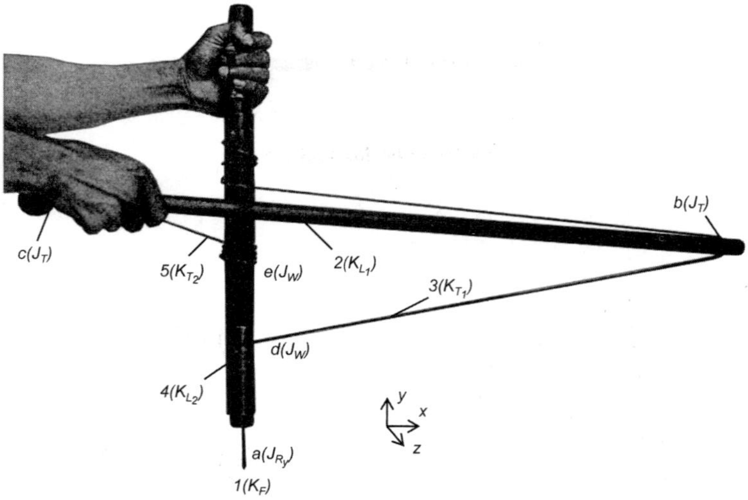

(a) 实物装置[1]

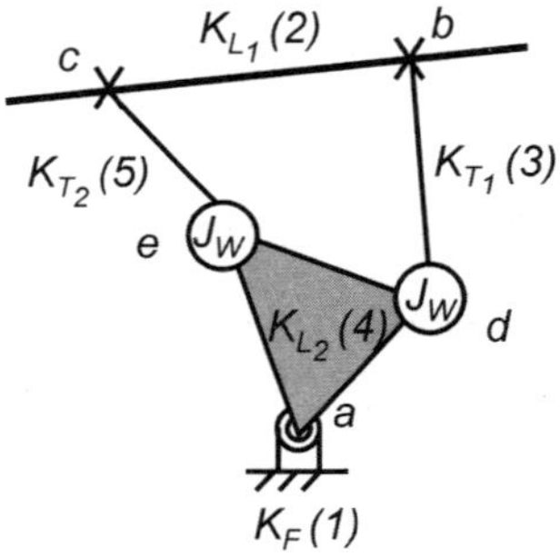

(b) 构造简图

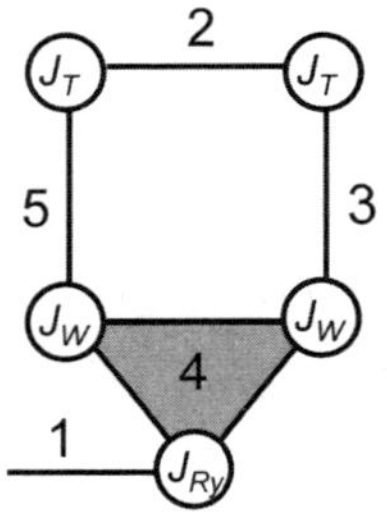

(c) 链

图 4-3 钻孔机

[1] Hommel, R.P., *China at Work: An Illustrated Record of the Primitive Industries of China's Masses, Whose Life is Toil, and thus an Account of Chinese Civilization*, John Day Company, New York, 1937.

钻头杆下方，铜制套筒置于钻头杆上方作握把之用，套筒与钻头杆留有间隙，因此可使钻头杆沿着套筒与钻头的轴线旋转。由于套筒被手紧握，手可视为机架。

当推动输入杆时，卷绕在钻头杆两端的长绳会松开，短绳则卷绕于钻头杆上，因此，推动输入杆前进与后退，借由两条绳索的带动，可使钻头杆进行钻孔作业，图 4-3（b）（c）所示为其对应的构造简图与链。

此装置是空间机构，具有五个机件（1、2、3、4、5）、一个旋转接头（J_{R_y}；a）、两个线接头（J_T；b、c）及两个回绕接头（J_W；d、e）。

因此，N_L=5，C_{sR_y}=5，N_{JR_y}=1，C_{sT}=3，N_{JT}=2，C_{sW}=5，N_{JW}=2。根据公式（3.2），此机构的自由度 F_s 为：

$$
\begin{aligned}
F_s &= 6(N_L-1)-(N_{JR_y}C_{sR_y}+N_{JT}C_{sT}+N_{JW}C_{sW}) \\
&= 6\times(5-1)-(1\times5+2\times3+2\times5) \\
&= 24-21 \\
&= 3
\end{aligned}
$$

由于杆 3 与杆 5 绕着通过线接头中心轴的自转是两个多余的自由度，并不影响系统的输入和输出关系，因此，此装置仍然是可用的。

四、苏颂水运仪象台定时秤漏装置

水运仪象台主要反映古中国 11 世纪在天文与机械两方面的成就。它在机械方面是当时最杰出的机械设计，包括了水车汲水装置、定时秤漏装置、水轮杠杆擒纵机构、凸轮拨击报时装置、传动系统及天文观象校时装置等，并且运用了齿轮机构、链传动机构、杠杆机构、棘轮机构、凸轮机构、铰链机构及滑动轴承等。其中的擒纵调速器是由枢轮、左右天锁、天关、天衡、天权、天条及关舌组成，如图 4-4（a）所示。水运仪象台以水力作为动力源，枢轮的功能如同棘轮一般，已经具有现代机械钟的擒纵调速器的功能与性能。

苏颂于 1088—1096 年撰写的《新仪象法要》一书中[❶]，对水运仪象台的构造、零件尺寸及运动有详尽的记载并附有图标，明白地说明了定时秤漏装置与水轮杠杆擒纵机构如何相互配合起到等时性与间歇性的计时作用，使这种水轮秤漏机构模式的擒纵调速器得以流传，其构造与运动方式在《新仪象法要》中有描述[❷]："天衡，在枢轮之上中为铁关轴于东天柱间横桄上，为驰峰。植两铁颊以贯其轴，常使转动。天权，挂于天衡尾；天关，挂于脑。天条（即铁鹤膝也），缀于权里右垂（长短随枢轮高下）。天衡关舌，末为铁关轴，寄安于平水壶架南北桄上，常使转动，首缀于天条，舌动则关起。左右天锁各一，末皆为关轴，寄安左右天柱横桄上，东西相对以拒枢轮之辐。"

位于水轮杠杆擒纵机构中的天衡机构，是一种应用杠杆原理的连杆机构，由机架（杆 1，K_F）、具天权之天衡（杆 2，K_{L_1}）、天条（杆 3，K_T）及关舌（杆 4，K_{L_2}）组成，图 4-4（b）（c）所示为其对应的构造

❶〔北宋〕苏颂撰：《新仪象法要》，台湾"商务印书馆"，台北，1969 年。

❷同❶。

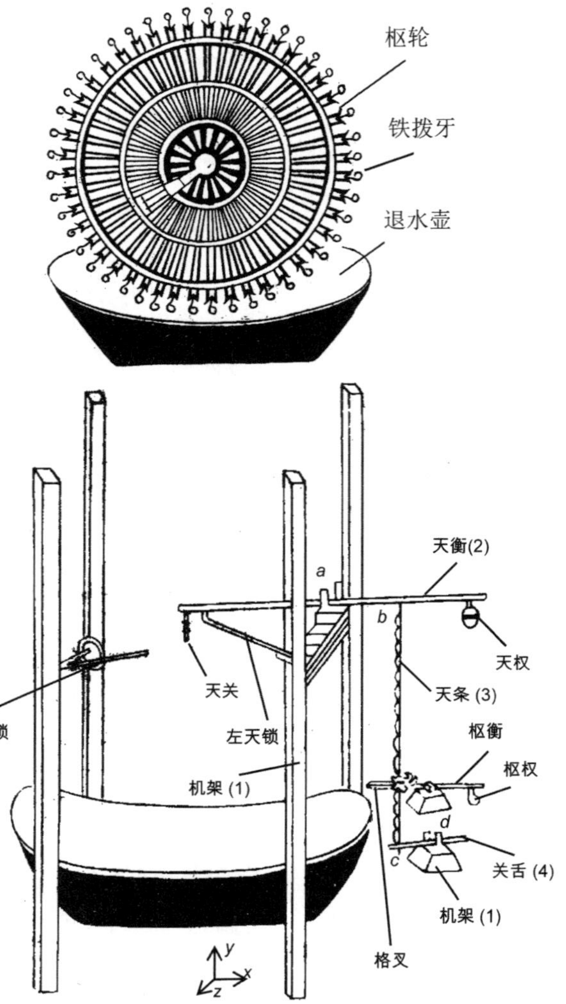

(a) 原图[1]

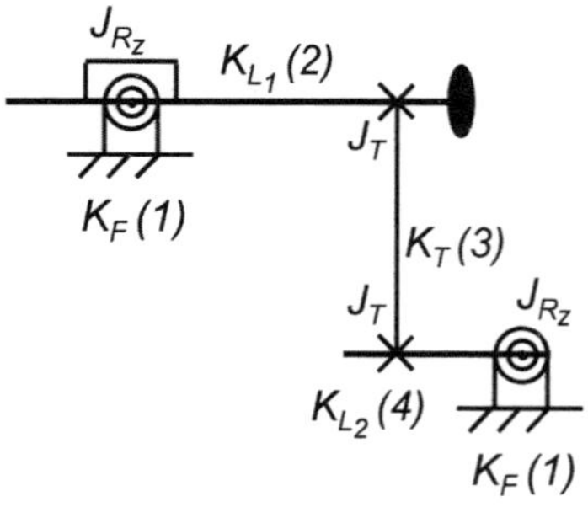

(b) 构造简图

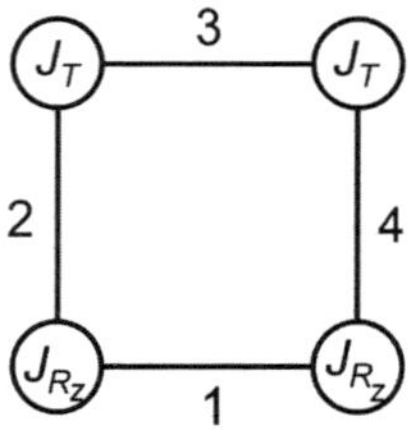

(c) 链

图 4-4 水运仪象台水轮杠杆擒纵机构

[1]〔北宋〕苏颂撰：《新仪象法要》，台湾“商务印书馆”，台北，1969 年。

简图与链。

此装置是平面机构，具有四个机件（1、2、3、4）、两个旋转接头（J_{R_z}；a、d）及两个线接头（J_T；b、c）。因此，N_L=4，C_{pR_z}=2，N_{JR_z}=2，C_{pT}=2，N_{JT}=2。根据公式（3.1），此机构的自由度 F_p 为：

$$F_p = 3(N_L-1)-(N_{JR_z}C_{pR_z}+N_{JT}C_{pT})$$
$$= 3\times(4-1)-(2\times2+2\times2)$$
$$= 9-8$$
$$= 1$$

第二章介绍的五本专书中，共有 22 件插图连杆机构。

第三节　凸轮机构

简单的凸轮机构由凸轮（杆 2，K_A）、从动件（杆 3，K_{Af}）及机架（杆 1，K_F）等三部分组成。凸轮是一种不规则的机件，一般为等转速的输入件，可经由直接接触传递运动到从动件，使其产生预定的运动。凸轮分别以凸轮接头（J_A）与旋转接头（J_R）和从动件与机架相邻接。从动件一般为不等速的输出件，产生间歇性且不规则的运动，以旋转接头或滑行接头（J_P）与机架相邻接。图 4-5（a)(b）所示为一种简单凸轮机构及其对应的链。

凸轮机构在古中国的应用相当早。大约在公元前 600 年，十字弓上的弩机就具有复杂的凸轮状摇臂，因此，凸轮的发明可追溯至春秋战国时期（前 770—前 221 ）。图 4-6（a）所示为陕西省西安市

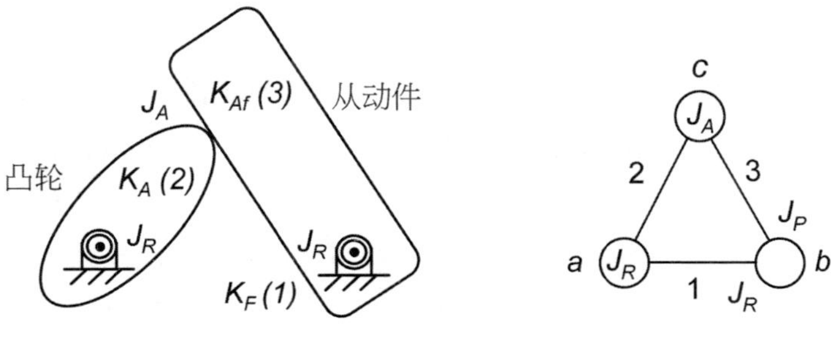

（a）构造简图　　（b）链

图 4-5　简单凸轮机构

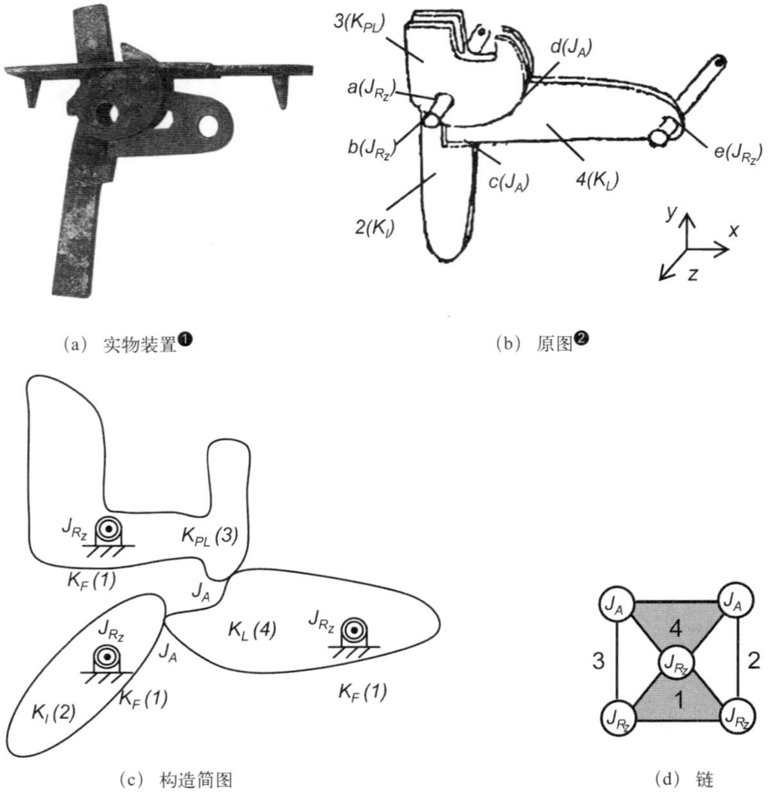

（a） 实物装置❶　（b） 原图❷

（c） 构造简图　（d） 链

图 4-6　铜弩机

❶徐占勇：《弩机》，河北美术出版社，河北，2007 年。

❷〔明〕茅元仪撰：《武备志》，海南出版社，海南，2001 年。

秦朝（前 221—前 206 ）长安城遗址的铜弩机，图 4-6（b）（c）（d）所示为其对应的原图、构造简图及链。

凸轮机构亦出现在利用水力舂米的水碓。西汉末年桓谭所著《桓子新论》记载有“役水而舂……”的水碓❸。

晋朝（265—420）已出现形式复杂的连机水碓，晋傅畅《晋诸公赞》载：杜预、元凯作连机水碓❹。后来的文献中，不断有关于连机水碓的记载。连机水碓为典型的简单凸轮机构，具有三根机件与三个接头，如图 4-7（a）所示❺。水轮连接固定于长轴上，长轴上装有数个拨板（杆 2），当水流带动水轮转动，并经由与水轮为一体之长轴上的拨板起凸轮作用，带动输出的碓击杆（杆 3）做功。长轴（杆 2）以旋转接头（J_{R_x}；a）与机架相连接，拨板（杆 2）以凸轮接头（J_A；

❸〔汉〕桓谭撰：《桓子新论》，艺文出版社，台北，1967 年。

❹〔晋〕晋傅畅撰：《晋诸公赞》，艺文出版社，台北，1972 年。

❺〔明〕宋应星撰，潘吉星译注：《天工开物译注》，上海古籍出版社，上海，1993 年。

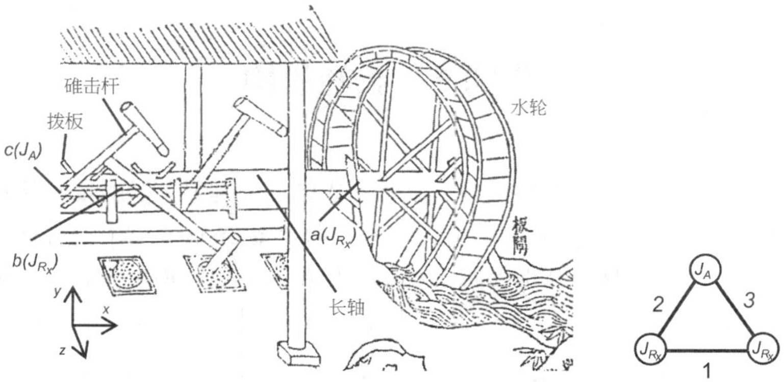

（a） 原图[1]　　（b） 链

图 4-7　连机水碓

[1]〔明〕宋应星撰，潘吉星译注：《天工开物译注》，上海古籍出版社，上海，1993 年。

c）与碓击杆（杆 3）相连接，碓击杆以旋转接头（J_{R_x}；b）与机架相连接，图 4-7（b）所示为其对应的链。

此装置是平面机构，具有三根机件（1、2、3）、两个旋转接头（J_{R_x}；a、b）及一个凸轮接头（J_A；c）。因此，$N_L=3$，$C_{pR_x}=2$，$N_{JR_x}=2$，$C_{pA}=1$，$N_{JA}=1$。根据公式（3.1），此机构的自由度 F_p 为：

$$F_p = 3(N_L-1)-(N_{JR_x}C_{pR_x}+N_{JA}C_{pA})$$
$$=3\times(3-1)-(2\times2+1\times1)$$
$$=6-5$$
$$=1$$

此外，记里鼓车击鼓击镯与击钲的机构，也是一种凸轮机构，《宋史 · 舆服志》[2]描述这一装置时说："外大平轮轴上有铁拨子二，又木横轴上有拨子各一。"王祯《农书》[3]有关于水排的介绍，其中立轮式水排的传动方式与水碓相近，也使用凸轮装置。

其他，如唐朝一行和尚与梁令瓒的水力天文仪器中的报时木人、水运仪象台中的"拨牙"机件、五轮沙漏自动击鼓击钟的装置以及走马灯上的纸人传动等，均有凸轮机构的运用。

第二章介绍的五本专书中，共有连机水碓、立轮式水排及弩等三件凸轮机构，且立轮式水排只有文字记载，无图画表示。

[2]〔元〕脱脱等撰：《宋史》，卷三百四十，鼎文出版社，台北，1983 年。

[3]〔元〕王祯撰：《农书》，台湾"商务印书馆"，台北，1968 年。

第四节　齿轮机构

齿轮是重要的机械元件，由两个齿轮成双运转，借由直接接触来达到等转速比的运动传递。将两个以上齿轮适当组合，可使一轴上的运动与动力传递至另一轴上，称其为齿轮机构或齿轮系。图4-8（a）所示为具有一个自由度的简单齿轮机构，由主动轮（杆 2，K_{G_1}）、从动轮（杆 3，K_{G_2}）及机架（杆 1，K_F）组成。主动轴的运动与动力经由主动齿轮直接驱动从动齿轮带动从动轴，主动齿轮与从动齿轮以齿轮接头（J_G，c）相邻接，两个齿轮分别以旋转接头（J_R，a、b）与机架相邻接，其对应的链如图 4-8（b）所示。

根据出土的文物，古中国金属齿轮的最早起源可追溯至公元前1900 年，可能有更早的木制齿轮，但因年代久远无法保存下来。图4-9 所示为山西省襄汾县陶寺龙山文化遗址的铜齿轮，这个齿轮出自小墓墓主的手臂上，无法判断是否具有传递运动与动力的功能。最晚于汉朝（前 206— 220），已出现复杂的齿轮传动系统[1]。

[1]陆敬严：《中国机械史》，中华古机械文教基金会（台南，台湾），越吟出版社，台北，2003 年。

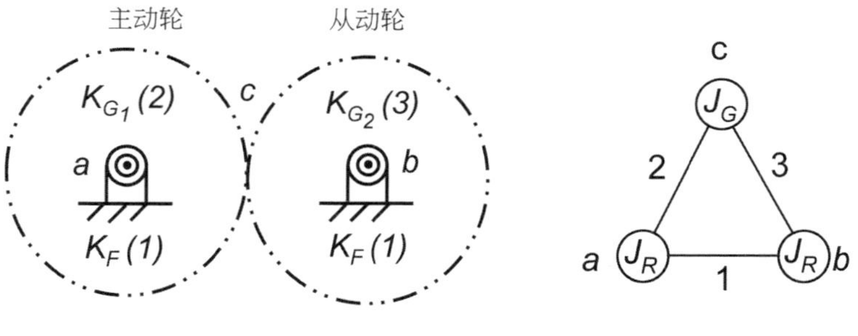

（a）构造简图　　（b）链

图 4-8　简单齿轮机构[2]

[2]颜鸿森、吴隆庸：《机构学》，第三版，东华书局，台北，2006 年。

图 4-9　铜齿轮（摄于北京首都博物馆）

虽然有不少类似金属齿轮的古物出土，但是古籍中却没有关于“齿轮”的出现或发明的记载，大致以“机轮”“轮合几齿”“牙轮”等方式称呼，例如：

1.《宋史 · 卷八十律历志》[1]

“其下为机轮四十有三，钩键交错相持，不假人力。”

2.《元文类 · 卷五十郭守敬行状》[2]

“大小机轮凡二十有五，皆以木刻为冲牙转相援击。”

3.《明史 · 卷二十五天文志》[3]

“明初詹希元以水漏至严寒水冻辄不能行，故以沙代水……其五轮恶三十齿……”

“齿轮”这个名词并非自古便有，清朝（1644—1911）之后的文献才有相关记载，此时中国的机械工程已受西方的影响。

古中国的齿轮机构，可依其主要功能分为运动传递与动力传递两类。传递运动的齿轮机构，主要用于指南车、记里鼓车及天文与计时仪器中，但是这类的应用并无实物流传至今或出土。

传递动力的齿轮机构，主要的目的在于将原动机所产生的动力（人力、畜力、风力和水力），经由齿轮传递，改变转速或方向以达到做功的目的，常见于农田水力机械上。其特点为无须考虑传动机构的精度与转速，只要能够转换为最后所需的动力而做功即可，所以材质大多为木质，亦没有齿形的考虑，类似现今的销齿轮构造。

以下介绍古中国齿轮机构用于动力传递的应用实例。

一、水磨

图 4-10（a）所示为南北朝（420—589）时已广泛应用于研磨谷物的连二水磨，以水力驱动具有长轴的立式水轮，长轴上固定两个立式齿轮，经由齿轮系改变动力方向，以带动两个垂直旋转的输出磨。由于两组齿轮系有相同的排列方式，取一组分析即可，为三杆三接头的机构，包含机架（杆 1，K_F）、具长杆的立式齿轮（杆 2，K_{G_1}）及具输出磨的卧式齿轮（杆 3，K_{G_2}）。立式齿轮以旋转接头 J_{R_x} 和机架相连接，卧式齿轮以旋转接头 J_{R_y} 和机架相连接，两个齿轮以齿轮接头 J_G 相连接，图 4-10（b）（c）所示为其对应的构造简图与链。

此装置是平面机构，具有三根机件（1、2、3）、两个旋转接

[1]〔元〕脱脱等撰：《宋史》，卷三百四十，鼎文出版社，台北，1983 年。

[2]〔元〕苏天爵编：《元文类》，世界书局，台北，1962 年。

[3]〔清〕张廷玉撰：《明史》，锦绣出版社，台北，1993 年。

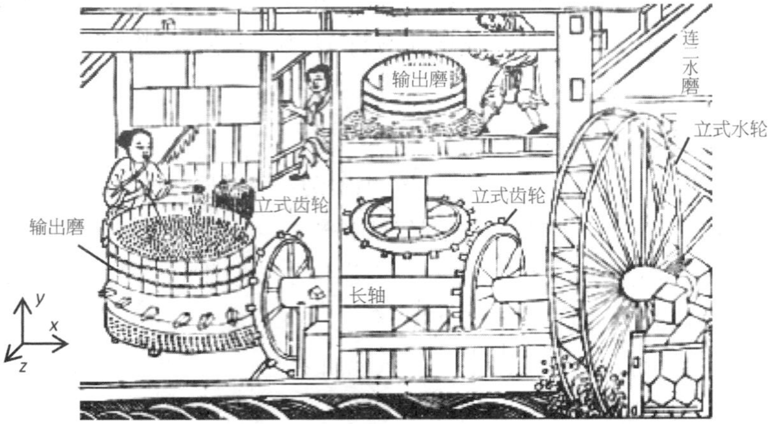

(a) 原图[1]

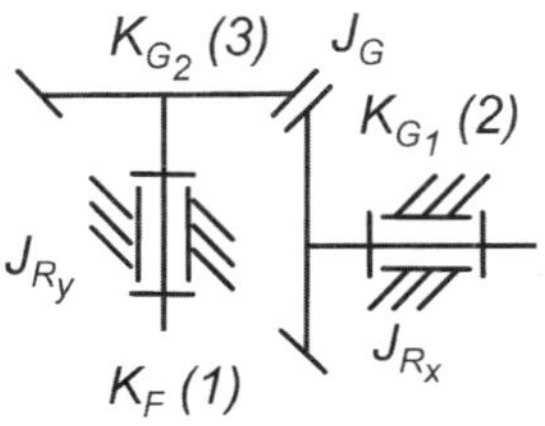

(b) 构造简图

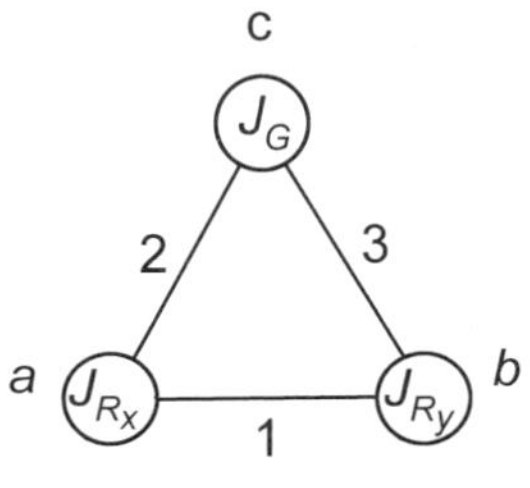

(c) 链

图 4-10 水磨

[1]〔元〕王祯撰：《农书》，台湾"商务印书馆"，台北，1968 年。

头（J_{R_x}、J_{R_y}）及一个齿轮接头（J_G）。因此，$N_L=3$，$C_{pR_x}=2$，$N_{JR_x}=1$，$C_{pR_y}=2$，$N_{JR_y}=1$，$C_{pG}=1$，$N_{JG}=1$。根据公式（3.1），此机构的自由度 F_p 为：

$$
\begin{aligned}
F_p &= 3(N_L-1)-(N_{JR_x}C_{pR_x}+N_{JR_y}C_{pR_y}+N_{JG}C_{pG})\\
&=3\times(3-1)-(1\times2+1\times2+1\times1)\\
&=6-5\\
&=1
\end{aligned}
$$

二、水砻与畜力砻

砻也是一种谷物加工器械，用于去除谷物外壳，根据不同动力来源，需要使用齿轮系转换器械的传动方向，图 4-11（a）所示为水砻，以水力驱动立式水轮，借由水轮上的立式齿轮带动卧式齿轮，

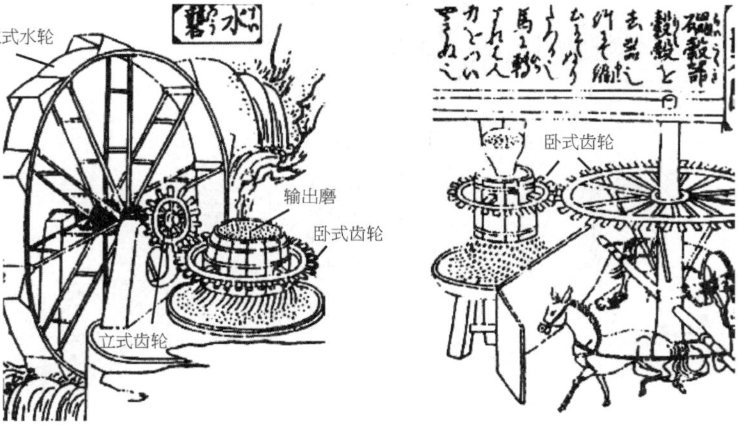

（a）水砻　　　　（b）畜力砻

图 4-11　水砻与畜力砻❶

❶陆敬严、华觉明主编：《中国科学技术史》，机械卷，科学出版社，北京，2000 年。

使得输出磨产生垂直方向的旋转运动；图 4-11（b）所示为畜力砻，以畜力驱动卧式齿轮，经由简单齿轮系产生相同方向的旋转输出。

三、牛转翻车

在《农书》❷中，对应用齿轮机构传递动力的水转翻车与牛转翻车，皆有详细的介绍。再者，牛转翻车可以在唐代绘画中见到，另外在《天工开物》❸与《农政全书》❹中也有论述。图 4-12（a）所示为《农书》❺中的牛转翻车，以牛驱动卧式大齿轮（杆 2，K_{G_1}），并带动与其邻接的立式小齿轮（杆 3，K_{G_2}），产生水平轴向的旋转输出，进而驱动链轮与链条（杆 4，K_C），达到汲水的功能。上链轮与水平轴和小齿轮无相对运动，可视为同一杆件，下链轮（杆 5，K_K）则与机架和链条相连接，图 4-12（b）（c）所示为其对应之构造简图与链。

此装置是平面机构，具有五根机件（1、2、3、4、5）、三个旋转接头（a、c、f）、一个齿轮接头（b）及两个回绕接头（d、e）。因此，N_L=5，C_{pR_y}=2，N_{JR_y}=1，C_{pR_x}=2，N_{JR_x}=2，C_{pG}=1，N_{JG}=1，C_{pW}=2，N_{JW}=2。根据公式（3.1），此机构的自由度 F_p 为：

❷〔元〕王祯撰：《农书》，台湾“商务印书馆”，台北，1968 年。

❸〔明〕宋应星撰，潘吉星译注：《天工开物译注》，上海古籍出版社，上海，1993 年。

❹〔明〕徐光启撰：《农政全书》，台湾“商务印书馆”，台北，1968 年。

❺同❷。

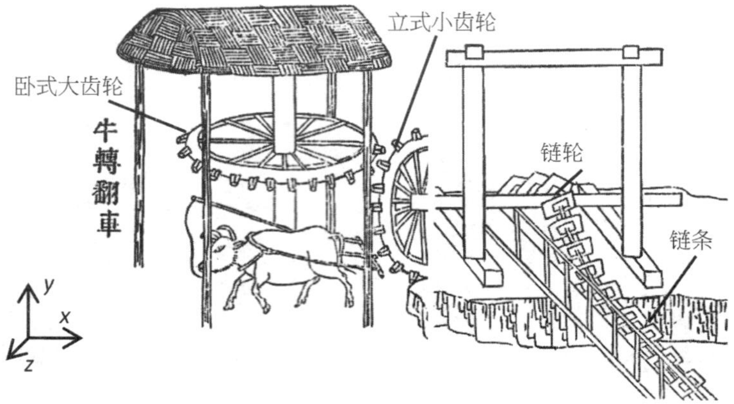

（a） 原图[1]

[1]〔元〕王祯撰：《农书》，台湾"商务印书馆"，台北，1968 年。

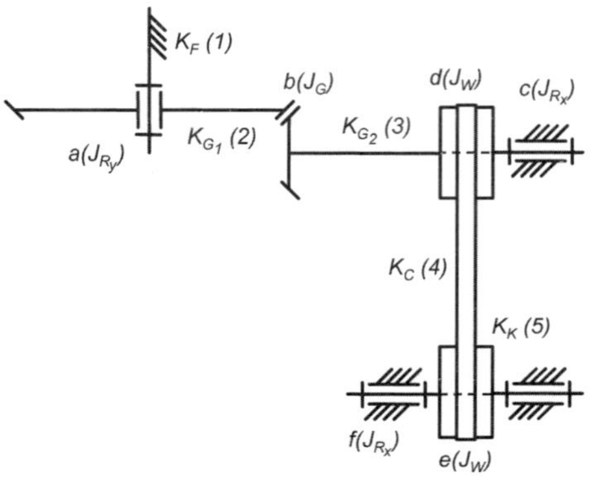

（b） 构造简图

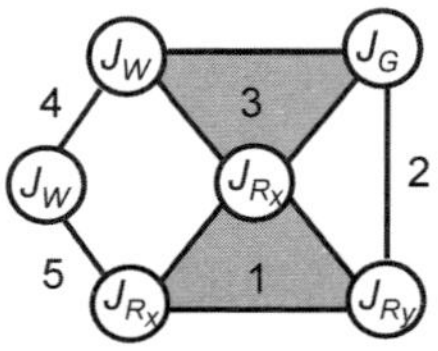

（c） 链

图 4-12 牛转翻车

$$
\begin{aligned}
F_p &= 3(N_L-1)-(N_{JR_y}C_{pR_y}+N_{JR_x}C_{pR_x}+N_{JG}C_{pG}+N_{JW}C_{pW}) \\
&= 3\times(5-1)-(1\times2+2\times2+1\times1+2\times2) \\
&= 12-11 \\
&= 1
\end{aligned}
$$

第二章介绍的五本专书中，共有 10 件插图齿轮机构，其中，风转翻车只有文字记载，无图画表示。

第五节　绳索传动

当主动轴与从动轴之间的距离过远，不宜以连杆、凸轮或齿轮等机构连接传动时，可使用挠性连接件如绳索、皮带及链条连接传动。这种借由挠性连接件的张力，用以起重或传输两轴间运动或动力的装置，称为挠性传动机构。基本上，挠性传动机构由挠性件（皮带、绳索和链条）连接固定在旋转轴上的皮带轮、槽轮或者链轮上而构成。主动轴的运动与动力经由主动轮（皮带轮、槽轮或者链轮），借由挠性件传递给从动轮（皮带轮、槽轮或者链轮）而驱动从动轴。图 4-13 所示为挠性传动机构，主动轮（杆 2）与从动轮（杆 3）皆以旋转接头（J_R）与机架（杆 1，K_F）相邻接，且以回绕接头（J_W）与挠性件（杆 4）相邻接。

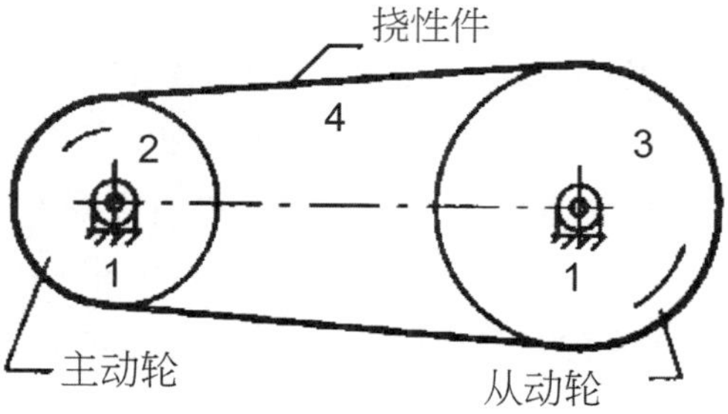

（a）构造简图

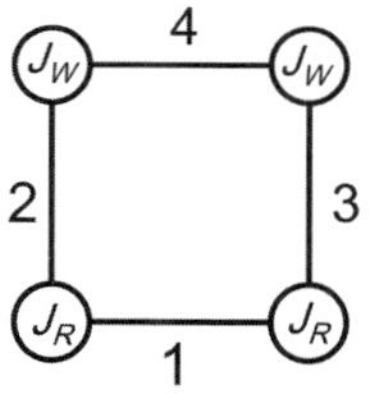

（b）链

图 4-13　挠性传动机构

绳索的质地较皮带柔软，制造较容易，且可以承受相当大的拉力。细线经常用以传动不平行轴线，特别是轴线间的方向关系需经常改变者，常应用于纺织机械中。若槽轮有足够的宽度，则经由细线传动，可做任一方向旋转。钢索适合用于距离远、功率大的传动，或者距离远，且传递路径不规则的运动或力量的传动，如起重机械与飞机的飞行操纵机构。

古中国在不同朝代皆有不少挠性连接机构的应用，尤其是绳索传动与链条传动。以下介绍古中国绳索传动的历史发展与应用。

在英文字典中，绳索定义为以天然或人造纤维揉合做成的一条结实的长绳。绳索这个名称出现在许多古中国文献中，例如，《小尔雅 · 广器》❶："大者谓之索，小者谓之绳。"《易经 · 系辞下》❷："上古结绳而治，后世圣人易之以书契。"《说文》❸："绳，索也。捻之令紧者也。一曰麻丝曰绳，草谓之索。"

❶〔汉〕孔鲋撰：《小尔雅》，艺文出版社，台北，1966 年。

❷佚名：《易经》，考古出版社，台北，1985 年。

❸〔汉〕许慎撰：《说文》，艺文出版社，台北，1959 年。

在 4000 多年前的新石器时代，古中国便有了绳索的使用，但应无传动的功能。约在公元前 13 世纪的商朝，具传动功能的绳索用于汲水的辘轳、农业机械及纺织机械。春秋战国时期的《墨经》❹，已有探讨绳带之结构与应力关系的记载。最晚于西汉（前 206—8）末年，绳索与带轮已开始应用于凿穿盐井的机械装置中。再者，根据出土壁画，汉朝的纺纱、丝织、麻织等相关纺织技术已相当成熟。

❹〔宋〕晁贯之撰：《墨经》，艺文出版社，台北，1966 年。

纺织机构

绳索在机械传动上的演进与古中国的纺织技术发展息息相关，原始纺织技术在新石器时代晚期已经普及，乃由编结工艺发展而来。最初的纺纱方法是搓捻纤维，再一段段接续，后来出现纺坠，可以用来加捻与合股，进而发展为纺车，成为成熟的纺织机构。

绳带传动常见于古中国的纺织机构。最初的纺车为手摇单锭纺车，如图 4-14（a）所示为汉墓壁画上的纺车，主要机件包含机架（杆 1，K_F）、具曲柄的绳轮（杆 2，K_U）、锭子（杆 3，K_S）及绳带（杆 4，K_T）。经由曲柄转动绳轮，带动绳带与锭杆轴，使锭子高速转动达到纺线的目的，图 4-14（b）（c）所示为其对应的构造简图与链。

第二章介绍的五本专书中，共有 15 件绳索传动机构。

第六节　链条传动

将金属制成的小刚性杆，以销接或钩接方式连接而形成的挠性连接件，称为链条，传动时需与链轮配合，此种组合谓之链条传动。当两轴间的距离较远，采用齿轮传动不经济，使用绳索传动又嫌短时，链条常被用来传递确切的速度比。

链条是既坚硬又能挠曲的一种传动机件，根据使用场合的不同，会有不同的设计与形状，一般可分为起重链、运送链及传力链

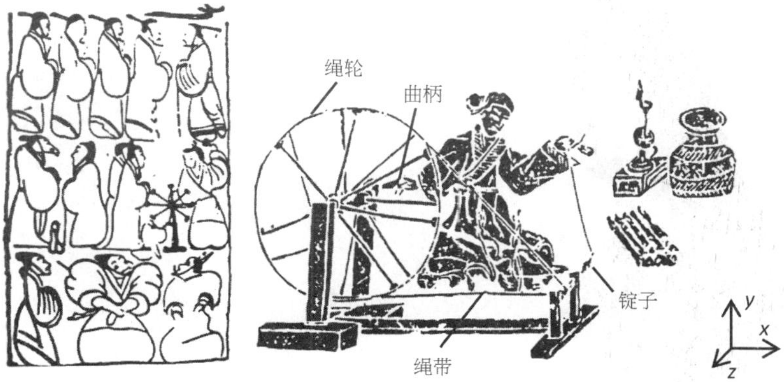

(a) 出土壁画[1]

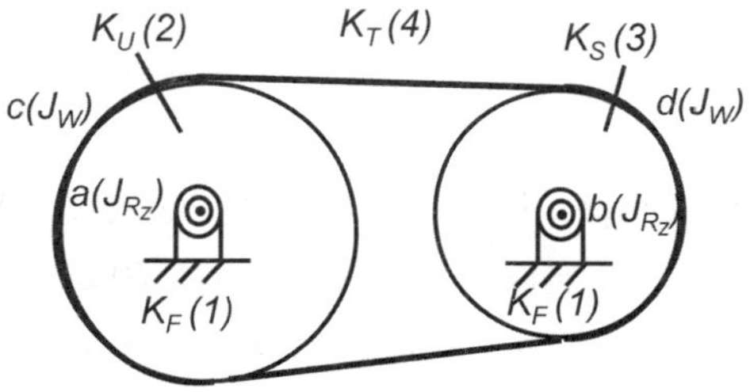

(b) 构造简图

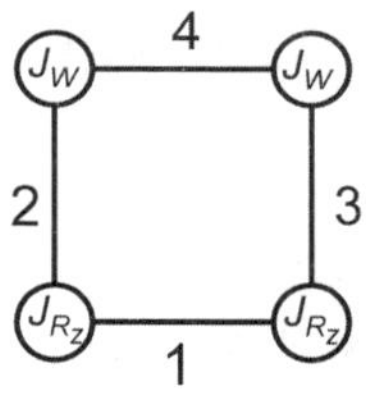

(c) 链

图 4-14　汉墓壁画纺车

[1]陆敬严、华觉明主编：《中国科学技术史》，机械卷，科学出版社，北京，2000 年。

三类。起重链系作吊重或曳引之用，西方国家对起重链的发展应用较多；运送链系借由链条的运动，将附挂或置放于链条上的物品，由某处连续运送至他处的链条，此类链条除了作为传送物品之用，亦经常用于速率较低的动力传输，如东汉的翻车与唐朝的高转筒车；而传力链则用于须在较高转速下传输较大动力之处，如北宋之水运仪象台中的天梯。

最早关于链条的记载，可见于商周时期《商周彝器通考》[2]中的鳞闻瓠壶，如图 4-15 所示，这个装置并没有传递运动与动力的功能。

古中国机械中，有许多具有传递运动与动力之链条的设计，且大多应用于灌溉与汲水机械[3]。以下介绍古中国链条与链条传动的历史发展和应用实例。

[2]容庚：《商周彝器通考》，燕京学报专号，第 17、18 册，东方文化，台北，1973 年。

[3]同[1]。

图 4-15　鳞闻瓠壶[1]

[1]容庚：《商周彝器通考》，燕京学报专号，第17、18册，东方文化，台北，1973年。

一、翻车

翻车为具有运送链性质的机械，它使连续的提水成为可能，其操作与迁移相当方便，是古中国长期以来普遍采用且效果很好的灌溉或扬水机械。依照动力源的不同，可分为人力、畜力、风力及水力四种类型，而且都是由上、下两个链轮与运送链条作为主要组件。翻车的木链条称为龙骨，其主要零件在《农政全书》中称作鹤膝，而将鹤膝用木销连接就成为链条。

翻车有多种名称，如龙骨车、水龙、水车、踏车、水蜈蚣等，早期的文献多称其为翻车。根据文献记载，翻车的发明年代不晚于东汉，《后汉书 · 张让传》[2]称："中平三年（186）又使掖庭令毕岚铸铜人四……又作翻车渴乌，施于桥西，用洒南北郊路，以省百姓洒道之费。"再者，《三国志 · 魏书 · 方技传》[3]亦有三国时期马钧研制翻车的记载："时有扶风马钧，巧思绝世。……居京都，城内有地，可以为园，患无水以灌之。乃作翻车，令儿童转之，而灌水自覆，更入更出，其巧百倍于常。"

[2]〔东晋〕范晔撰：《后汉书》，鼎文出版社，台北，1977年。

[3]〔晋〕陈寿撰：《三国志》，艺文出版社，台北，1958年。

王祯的《农书》[4]对翻车有如下详细记载："翻车，今人谓之'龙骨车'也。……今农家用之溉田。其车之制，除压栏木及列槛桩外，车身用板作槽，长可二丈，阔则不等，或四寸至七寸，高约一尺。槽中架行道板一条，随槽阔狭，比槽板两头俱短一尺，用置大小轮轴，同行道板上下通周以龙骨、板叶。其在上大轴两端，各带拐木四茎，

[4]〔元〕王祯撰：《农书》，台湾"商务印书馆"，台北，1968年。

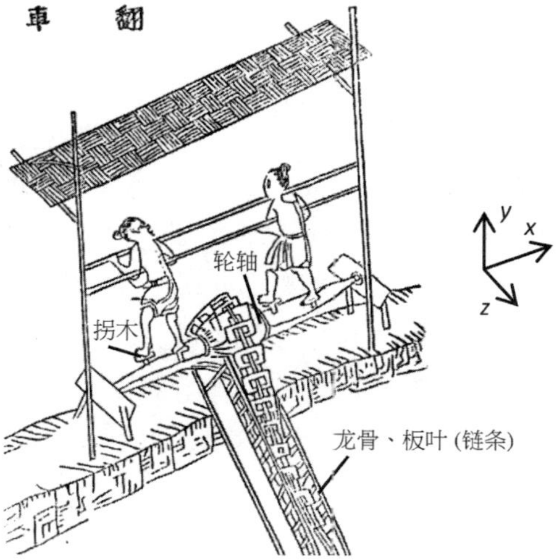

(a) 原图❶

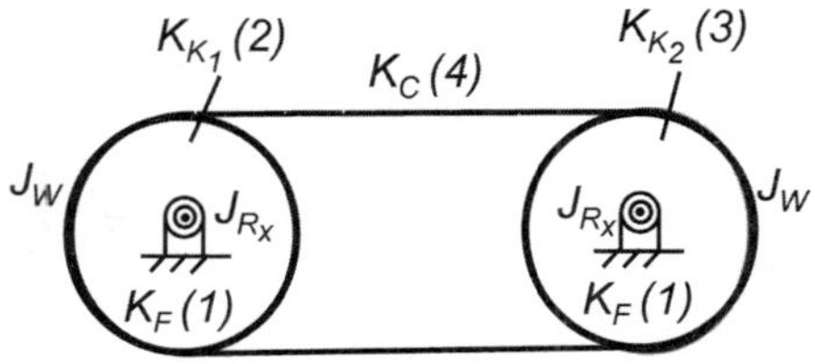

(b) 构造简图

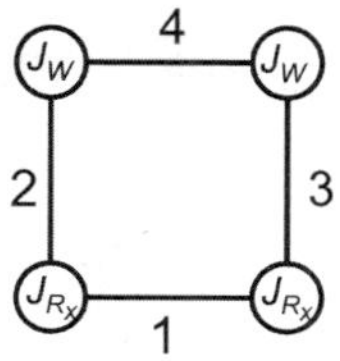

(c) 链

图 4-16　脚踏翻车

置于岸上木架之间。人凭架上踏动拐木，则龙骨、板随转，循环行道板刮水上岸。此车关键颇少，必用木匠，可易成造。其起水之法，若岸高三丈有余，可用三车，中间小池倒水上之，足救三丈以上高旱之田。凡临水地段，皆可置用。”

《天工开物》❷《农政全书》❸及《绘图鲁班经》❹等书均有对翻车的记述。《天工开物》称：“其湖池不流水，或以牛力转盘，或聚数人踏转。车身长者二丈，短者半之，其内用龙骨拴串板，关水逆流而上。大抵一人竟日之力，灌田五亩，而牛则倍之。”

人力翻车因操作方式的不同，可分为手摇式的拔车和脚踏式的翻车两种，图 4-16（a）所示为脚踏式的翻车❺，其组成包含机架（杆 1，K_F）、具长轴与拐木的上链轮（杆 2，K_{K_1}）、下链轮（杆 3，K_{K_2}）及链条（杆 4，K_C），图 4-16（b)(c）所示为其对应的构造简图与链。

❶〔元〕王祯撰：《农书》，台湾“商务印书馆”，台北，1968 年。

❷〔明〕宋应星撰，潘吉星译注：《天工开物译注》，上海古籍出版社，上海，1993 年。

❸〔明〕徐光启撰：《农政全书》，台湾“商务印书馆”，台北，1968 年。

❹〔明〕午荣汇编：《绘图鲁班经》，竹林书局，新竹，1995 年。

❺同❶。

二、井车

井车是一种从井中汲水的装置，又称木斗水车，它用木斗代替刮水板，使一串木斗互连成链，套在井边的立轮上，当立轮转动时，木斗连续上升提水，实现运送的功能。井车与翻车的运送链最大的不同之处在于井车下端没有设置链轮，图 4-17（a）所示为井车的设计构造[1]。在立井中，不能像翻车那样用木板向上刮水，所以另制一串如链的木斗，套在井口的大轮上，大轮轴上装有垂直齿轮（杆 3，K_{G_2}），与另一水平齿轮（杆 2，K_{G_1}）相邻接。若以畜力驱动水平齿轮，则垂直齿轮随着转动，使得套着水斗（杆 4，K_C）的大轮也同时

[1] 刘仙洲：《中国机械工程发明史》，第一编，科学出版社，北京，1962 年。

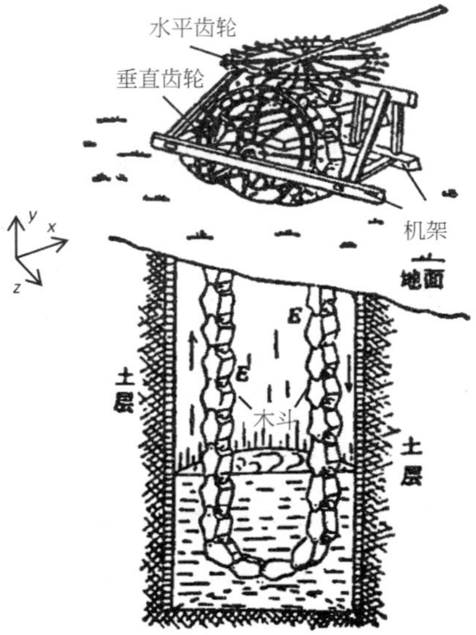

（a）原图[2]

[2] 同[1]。

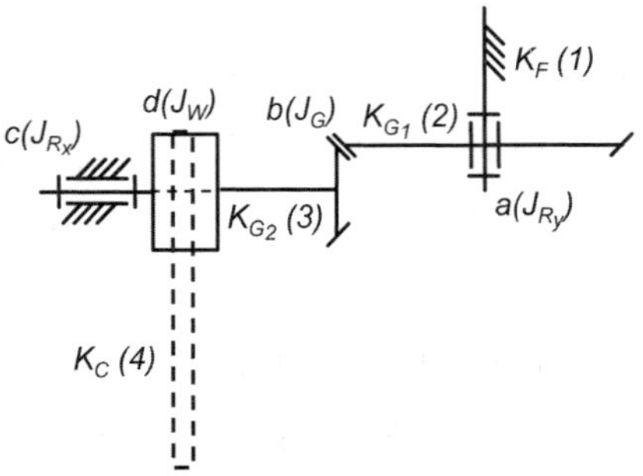

（b）构造简图

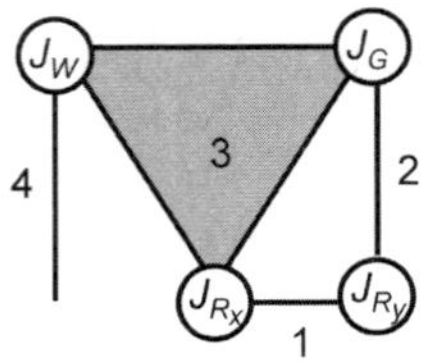

（c）链

图 4-17　井车

转动，水斗就这样连续提水上升，注入位于大轮旁边的容器中，流入田里，图 4-17（b）（c）所示为其对应的构造简图与链。

此装置是平面机构，具有四根机件（1、2、3、4）、两个旋转接头（a、c）、一个齿轮接头（b）及一个回绕接头（d）。因此，$N_L=4$，$C_{pR_y}=2$，$N_{JR_y}=1$，$C_{pR_x}=2$，$N_{JR_x}=1$，$C_{pG}=1$，$N_{JG}=1$，$C_{pW}=2$，$N_{JW}=1$。根据公式（3.1），此机构的自由度 F_p 为：

$$
\begin{aligned}
F_p &= 3(N_L-1)-(N_{JR_y}C_{pR_y}+N_{JR_x}C_{pR_x}+N_{JG}C_{pG}+N_{JW}C_{pW}) \\
&= 3\times(4-1)-(1\times2+1\times2+1\times1+1\times2) \\
&= 9-7 \\
&= 2
\end{aligned}
$$

由于杆 4 绕着中心轴的自转是一个多余的自由度，并不影响系统的输入和输出关系，因此，此装置仍然是可用的。

《太平广记》引《启颜录》[1]称："邓玄挺入寺行香，与诸僧诣圆观植蔬，见水车，以木桶相连，汲于井中。"又按《旧唐书》[2]：邓玄挺"永昌元年（689）得罪，下狱死"。由此推断，这种水车在唐初已有相关的应用。

[1]〔宋〕李昉编：《太平广记》，台湾"商务印书馆"，台北，1983 年。

[2]〔东晋〕刘昫撰：《旧唐书》，鼎文出版社，台北，1976 年。

三、天梯

历史上有些使用链条用于动力传递的记录，例如张思训制作水银操作钟（987），使用链条传送动力；北宋元佑初（1086—1092），苏颂与韩公廉研制的天文钟塔内，因其直立型主轴过长，改用链条传动，以提供天文钟所需的动力，当时称之为天梯。它是一种用来传递动力与运动的铁制链条，是典型的链条传动装置。

图 4-18（a）所示为《新仪象法要》[3]中的天梯。在此装置中，主动轴的转动经由天梯与两个小链轮传递到上面的横轴上，再经过三个齿轮带动浑天仪的天运环，使三辰仪随之转动。原文载："天梯，长一丈九尺五寸。其法以铁括联周匝上，以鳌云中天梯上毂挂之。下贯枢轴中天梯下毂。每运一括则动天运环一距，以转三辰仪，随天运动。"文中的"铁括"就是组成链条（杆 4，K_C）的零件，天梯的上、下毂则指上、下轴的小链轮（杆 2，K_{K_1}；杆 3，K_{K_2}）。利用天梯与链轮可以准确地传递运动，它们的作用与现代机械的链条传动完全相同，是古中国最早出现真正链条传动的应用实例，图 4-18（b）（c）

[3]〔北宋〕苏颂撰：《新仪象法要》，台湾"商务印书馆"，台北，1969 年。

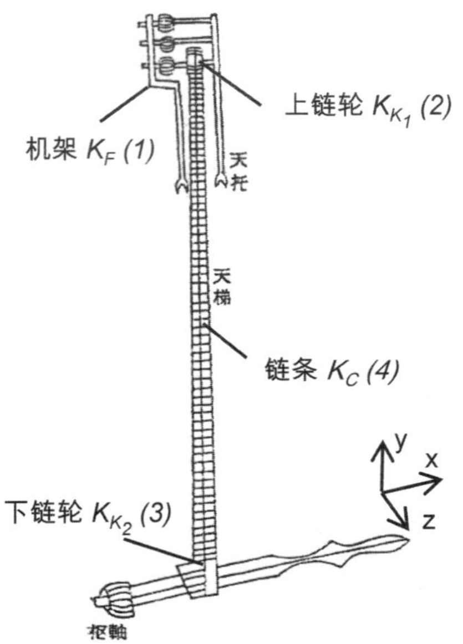

（a） 原图[1]

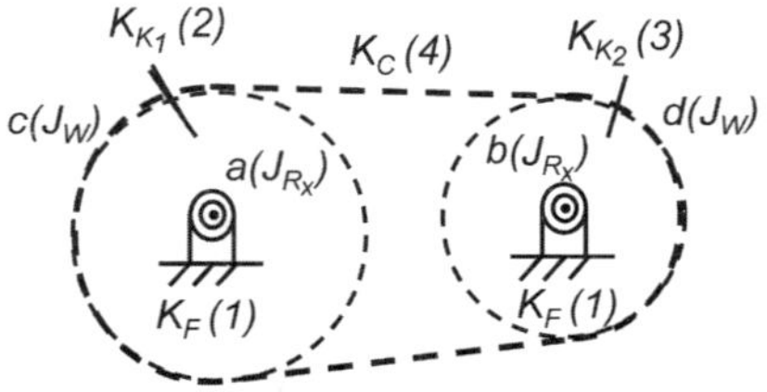

（b） 构造简图

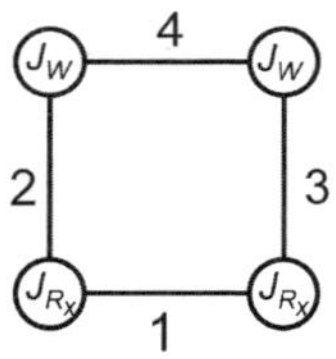

（c） 链

图 4-18　天梯

[1]〔北宋〕苏颂撰：《新仪象法要》，台湾“商务印书馆”，台北，1969 年。

所示为其对应的构造简图与链。

此装置是平面机构，具有四个机件（1、2、3、4）、两个旋转接头（a、b）及两个回绕接头（c、d）。因此，N_L=4，C_{pR_x}=2，N_{JR_x}=2，C_{pW}=2，N_{JW}=2。根据公式（3.1），此机构的自由度 F_p 为：

$$F_p = 3(N_L-1)-(N_{JR_x}C_{pR_x}+N_{JW}C_{pW})$$
$$=3\times(4-1)-(2\times2+2\times2)$$
$$=9-8$$
$$=1$$

第二章介绍的五本专书中，共有 4 件链条传动机构。

第七节　小结

秦汉时期，古中国的机械发展已趋于成熟，不少精巧的机械装置被发明，有些已具备现代机器所需的原动机、传动机构及工作机等三个基本组成。连杆、凸轮、齿轮、绳索及链条传动等机构已广泛应用于各种产业，如农业机械、纺织机械、战争机械、手工业机械等。桔槔是一种应用杠杆原理的连杆机构，大约在公元前 1700 年就已用于汲水与灌溉；弩机巧妙结合几何曲线设计与运动学原理，实现拉弦与释弦的功能，是一种凸轮机构的应用，可追溯至公元前 600 年。公元前 1900 年，金属齿轮已开始被制造；西汉时期，不少机械装置已具有传递运动或动力的齿轮系。公元前 1300 年，具传动功能的绳索已应用于汲水器械、农业机械及纺织机械中。古中国链条传动主要用于灌溉与汲水器械，如各类翻车与井车。此外，宋朝苏颂水运仪象台的天梯，用于完成主动轴与浑天仪的动力传输，是真正链条传动的应用实例。

第二章介绍的五本专书共有 96 件可动装置，依机件可分为七种机构类型，如表 4-1 所示。

表 4-1　古书机构类型

书名 机构类型	《农书》	《武备志》	《天工开物》	《农政全书》	《钦定授时通考》
滚轮器械	16	12	10	13	11
连杆机构	12	2	11	15	16
凸轮机构	2	0	1	1	1
齿轮机构	6	0	5	6	5
挠性传动机构	10	0	14	10	8
弩	0	2	2	0	0
复杂纺织机械	5	0	4	5	5

第五章 复原设计法

本章首先依据插图清晰程度，介绍古籍插图机构的分类方式，接着说明具不确定构造之插图机构复原设计法，最后以三个不同类型的插图机构为例，说明所提之方法。

第一节　古籍插图机构分类判定

机构由数根机件以特定的接头组合而成，借由机件间的相对运动来传递拘束运动。以机构构造的观点而言，古文献插图机构可依绘制的清晰程度分为以下三大类型[1]：

类型 I：构造明确机构

若机构的插图配合文字叙述，可直观确定所有杆件与接头的数量和类型，则该机构归类为构造明确。

第二章介绍的五本专书中共有 72 件为类型 I 的机构，如表 5-1 所示。

[1] 陈羽熏：《三本古中国农业类专书中具图画机构之复原设计》，硕士论文，“国立成功大学”机械工程学系，台南，2010 年。

类型Ⅱ：仅接头类型不确定机构

若插图中的机构，其杆件的数量明确，但彼此之间的邻接关系具有无法判定或模棱两可的情况，且文字叙述亦无确切说明杆件的连接方式，则该机构归为此类。

第二章介绍的五本专书中共有 14 件为类型Ⅱ的机构，如表 5-1 所示。

类型Ⅲ：杆件与接头的数量和类型皆不确定机构

若插图仅描绘器械的外形，内部构造并未绘出，或是有省略部分机件的情形，配合文字叙述亦无法确定机构的杆件与接头的数量和类型，则该机构归于此类。

第二章介绍的五本专书中共有 10 件为类型Ⅲ的机构，如表 5-1 所示。

表 5-1　古书机构分类

书名 分类	《农书》	《武备志》	《天工开物》	《农政全书》	《钦定授时通考》
类型 I 构造明确机构	36	12	33	33	31
类型 II 仅接头类型不确定机构	9	2	7	11	9
类型 III 杆件与接头的数量和类型皆不确定机构	6	2	7	6	6

古籍插图机构的分类判定流程，如图 5-1 所示，此流程首先判别机构是否明确，若明确则归于类型 I，直接进行机构构造的分析并绘制构造简图；若判定为构造不明确，则以是否已知杆件的数目为第二判别准则；若可知杆件的数目，则归为类型Ⅱ，进行机构构造分析与机构特性整理，厘清杆件与不确定接头的数量，并根据所得之特性，进行构造简图绘制。

根据古籍插图中的机构功能，在能达到相同功能的前提下，考虑不确定接头运动的类型与方向，列出所有可能的接头类型。经由指定所有可能接头类型至构造简图中，得到具指定接头构造简图。公式（3.1）与公式（3.2）可用于判定机构之拘束运动，并考虑当代的工艺技术水准，获得最后的可行设计。

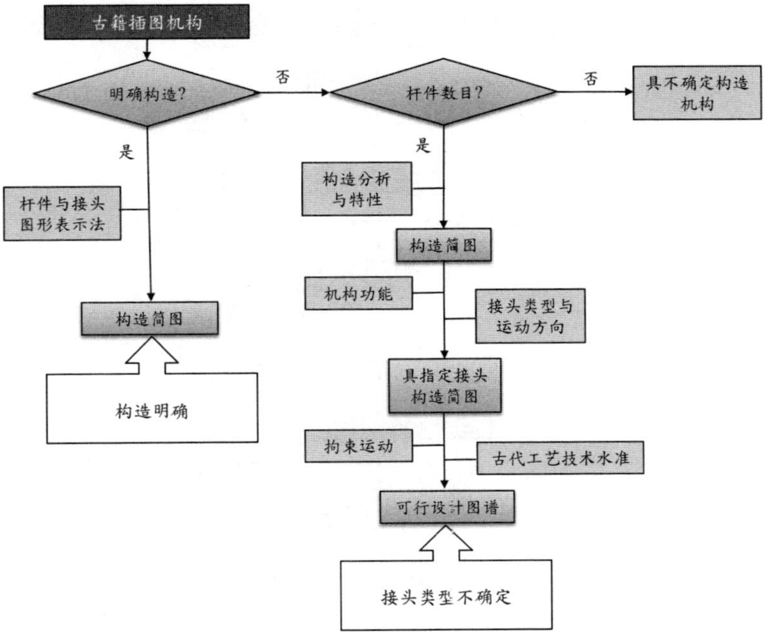

图 5-1　古籍插图机构分类判定

若机构的杆件与接头的数量和类型皆不确定，则归于类型Ⅲ，利用本章第二节介绍的复原设计法，以获得所有可能的设计。

第二节　不确定构造之插图机构复原设计法

不确定构造之插图机构复原设计法是基于机构概念的设计法[1,2]，将研究史料的文字说明与图画表示所得到的特定知识与发散构想、收敛转化为现代机构设计的构造特性与设计限制，据此合成出完整的一般化运动链与特殊化链图谱，产生所有符合史料记载与当代工艺水平的可行设计，其程序如图 5-2 所示，包含史料研究与机构构造分析、一般化运动链、特殊化链、具指定接头特殊化链及可行设计图谱等要项，兹分别说明如下[3]~[6]。

❶ Yan, H.S., *Creative Design of Mechanical Devices*, Springer, Singapore, 1998.

❷ Yan, H.S., *Reconstruction Designs of Lost Ancient Chinese Machinery*, Springer, Netherlands, 2007.

❸ Yan, H.S. and Hsiao, K.H., "Structural Synthesis of the Uncertain Joints in the Drawings of Tian Gong Kai Wu" *Journal of Advanced Mechanical Design, Systems, and Manufacturing* - Japan Society Mechanical Engineering, Vol. 4, No. 4, pp. 773—784, 2010.

❹ Hsiao, K.H., Chen, Y.H., and Yan, H.S., "Structural Synthesis of Ancient Chinese Foot-operated Silk-reeling Mechanism" *Frontiers of Mechanical Engineering in China*, Vol. 5, No. 3, pp. 279—288, 2010.

❺ Hsiao, K.H. and Yan, H.S., "Structural Identification of the Uncertain Joints in the Drawings of Tian Gong Kai Wu" *Journal of the Chinese Society of Mechanical Engineers*, Taipei, Vol. 31, No. 5, pp. 383—392, 2010.

❻ Hsiao, K.H., Chen, Y.H., Tsai, P.Y., and Yan, H.S., "Structural Synthesis of Ancient Chinese Foot-operated Slanting Loom" *Proceedings of the Institution of Mechanical Engineers*, Part C, *Journal of Mechanical Engineering Science*, Vol. 225, pp. 2685—2699, 2011.

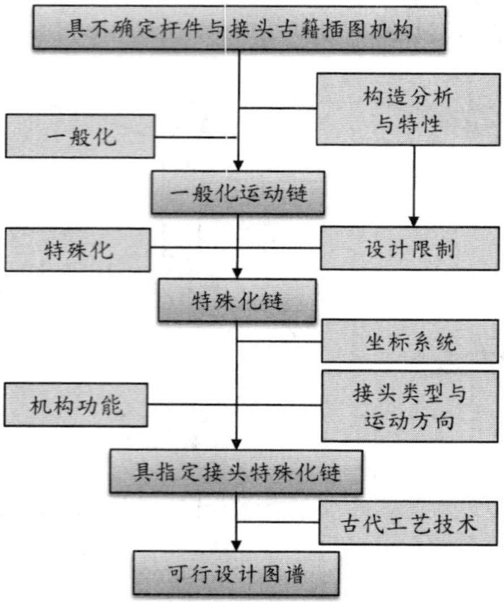

图 5-2 不确定插图机构复原设计法[1]~[4]

步骤 1：史料研究与机构构造分析

借由研究具不确定杆件与接头之机构的相关古籍文献与插图，归纳此机构的构造特性，包含机件与接头的可能数目和类型，并且判定插图机构中哪些接头具有不确定性。

图 5-3（a）所示为古中国用于汲水的桔槔[5]，是一种应用杠杆原理的连杆机构。根据相关古籍资料研究与构造分析，桔槔之机件包含竖立的机架（杆 1，K_F）、横杆（杆 2，K_{L_1}）、连接杆（杆 3，K_{L_2}）及水桶（杆 4，K_B）。在接头方面，连接杆以旋转接头（J_{R_x}）与水桶相邻接，横杆以接头（J_α）与接头（J_β）分别和机架与连接杆相邻接。由于接头（J_α）与接头（J_β）的图画绘制和文字说明不清楚，因此具有不确定性，需进一步探讨可能的接头类型。

步骤 2：一般化运动链

复原设计的步骤 2 是根据所归纳出的机构构造特性，获得具有相同机件与接头数目的一般化运动链图谱。机构的一般化是将所有不同类型的机件转化为一般化连杆、所有不同类型的接头转化为一

[1] Yan, H.S. and Hsiao, K.H., "Structural Synthesis of the Uncertain Joints in the Drawings of Tian Gong Kai Wu" *Journal of Advanced Mechanical Design, Systems, and Manufacturing* - Japan Society Mechanical Engineering, Vol. 4, No. 4, pp. 773—784, 2010.

[2] Hsiao, K.H., Chen, Y.H., and Yan, H.S., "Structural Synthesis of Ancient Chinese Foot-operated Silk-reeling Mechanism" *Frontiers of Mechanical Engineering in China*, Vol. 5, No. 3, pp. 279—288, 2010.

[3] Hsiao, K.H. and Yan, H.S., "Structural Identification of the Uncertain Joints in the Drawings of Tian Gong Kai Wu" *Journal of the Chinese Society of Mechanical Engineers*, Taipei, Vol. 31, No. 5, pp. 383—392, 2010.

[4] Hsiao, K.H., Chen, Y.H., Tsai, P.Y., and Yan, H.S., "Structural Synthesis of Ancient Chinese Foot-operated Slanting Loom" *Proceedings of the Institution of Mechanical Engineers*, Part C, *Journal of Mechanical Engineering Science*, Vol. 225, pp. 2685—2699, 2011.

[5]〔明〕宋应星撰，潘吉星译注：《天工开物译注》，上海古籍出版社，上海，1998 年。

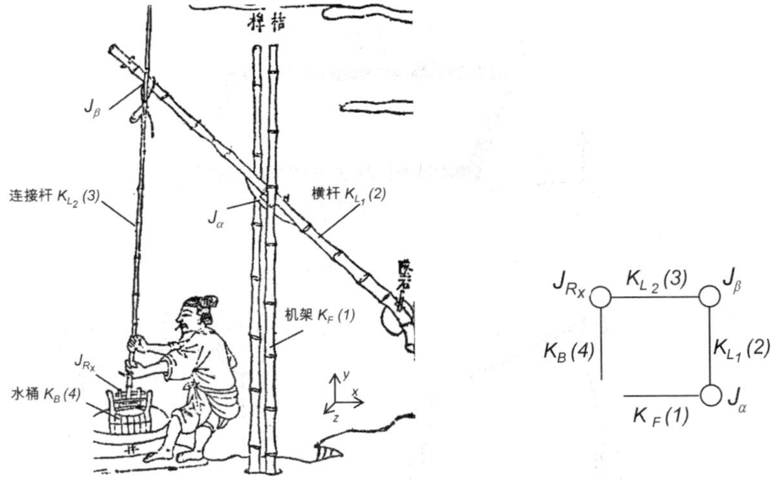

(a) 原图　　　　(b) 特殊化链

图 5-3　桔槔及其特殊化链[1]

般化接头[2][3]。例如，具四杆（1、2、3 和 4）与四接头（*a*、*b*、*c* 和 *d*）一般化运动链的图谱仅有一个，如图 5-4 所示。大部分的一般化运动链图谱可直接在文献[4]~[6]或第三章第六节中查表获得。

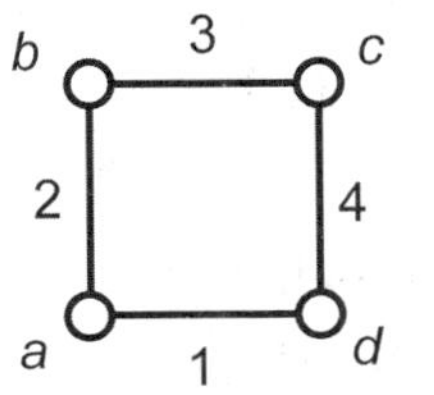

图 5-4　具四杆与四接头一般化运动链图谱

图 5-5（a）所示为古中国的作画工具界尺，用以绘出并行线。界尺是一种连杆机构，包含四根连杆（1、2、3 和 4）与四个旋转接头（J_{R_z}；*a*、*b*、*c* 和 *d*）。界尺所对应的构造简图如图 5-5（b）所示，所对应的一般化运动链则如图 5-5（c）所示。

步骤 3：特殊化链

复原设计的步骤 3 是根据特殊化程序，指定所需的机件与接头类型至步骤 2 所产出的一般化运动链，以获得合乎由机构构造特性所归纳出的设计限制的特殊化链图谱[7][8]。

根据设计限制，在既有的一般化运动链图谱中指定机件与接头之类型的过程，称为特殊化；而特殊化后的一般化运动链即称为特

[1]〔明〕宋应星撰，潘吉星译注：《天工开物译注》，上海古籍出版社，上海，1998 年。

[2] Yan, H.S., *Creative Design of Mechanical Devices*, Springer, Singapore, 1998.

[3] Yan, H.S., *Reconstruction Designs of Lost Ancient Chinese Machinery*, Springer, Netherlands, 2007.

[4]同[2]。

[5]同[3]。

[6]颜鸿森、吴隆庸：《机构学》，第三版，东华书局，台北，2006 年。

[7]同[2]。

[8]同[3]。

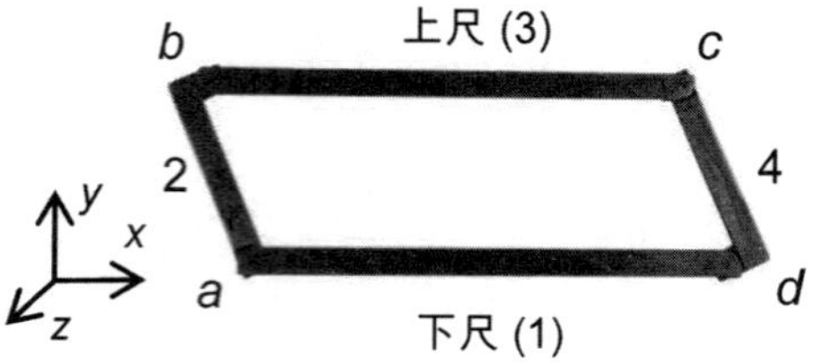

(a) 实物装置

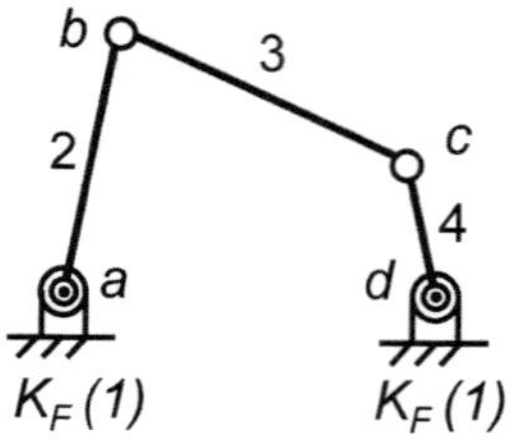

(b) 构造简图

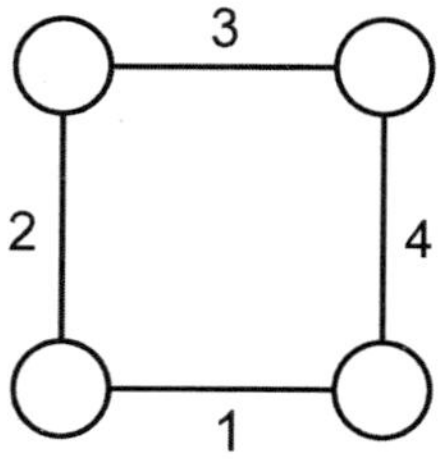

(c) 一般化运动链

图 5-5 界尺连杆机构及其一般化运动链

殊化链。特殊化是一般化的逆程序，亦是不确定插图机构复原设计的核心概念。

以下以图 5-4 所示具四杆与四接头的一般化运动链为例，说明特殊化的概念。若指定接头 a 与接头 d 是旋转接头 J_{R_z}、接头 b 与接头 c 是线接头 J_T，如图 5-6（a）所示，则它便特殊化成为苏颂水运仪象台定时秤漏装置的天衡机构[1]，如图 5-6（b）（c）所示。若接头 a 与接头 d 是旋转接头 J_{R_x}，接头 b 与接头 c 是回绕接头 J_W，则它便特殊化成为脚踏翻车的链条传动机构[2]，如图 5-7（b）（c）所示。

[1]〔北宋〕苏颂撰：《新仪象法要》，台湾"商务印书馆"，台北，1969 年。

[2]〔明〕宋应星撰，潘吉星译注：《天工开物译注》，上海古籍出版社，上海，1998 年。

步骤 4：具指定接头特殊化链

为了表示图画中的机构构造，定义一组笛卡尔右手直角坐标系统，用以描述机件的运作。通常以器械中特定机件的转轴方向作为一轴，再依描述与说明的需要，定义出垂直于该轴向的其他两轴。根据古文图画中的机构功能，在能达到相同机构功能的前提之下，考虑不确定接头运动的类型与方向，列出所有可能的接头类型。经由指定所有可能接头类型至步骤 3 所得的特殊化链，得到具指定接头特殊化链。

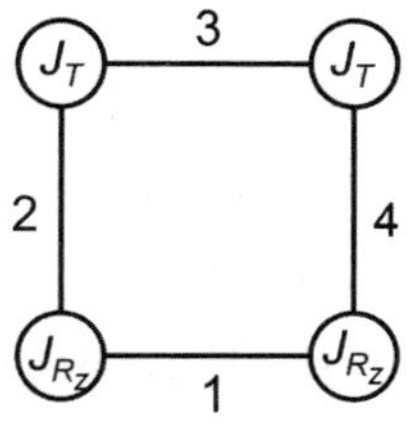

（a） 特殊化链

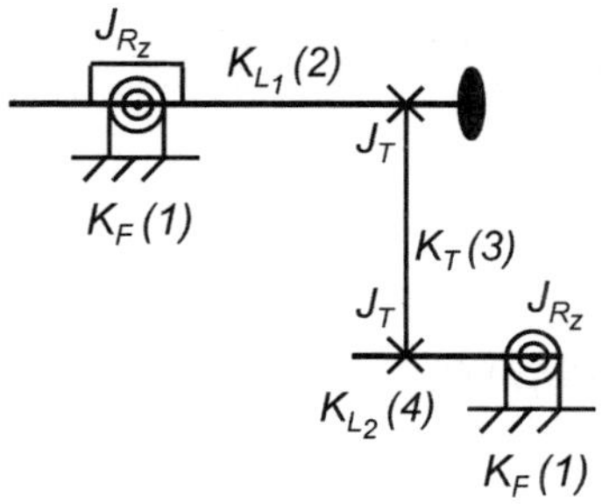

（b） 构造简图

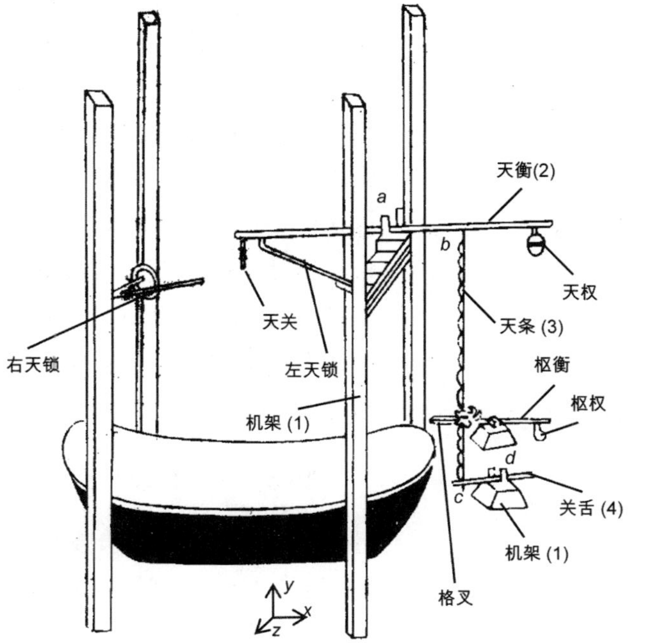

（c） 原图❶

❶〔北宋〕苏颂撰：《新仪象法要》，台湾“商务印书馆”，台北，1969 年。

图 5-6　特殊化链及其天衡机构

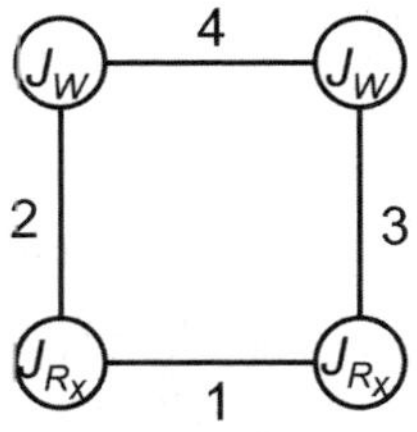

（a） 特殊化链

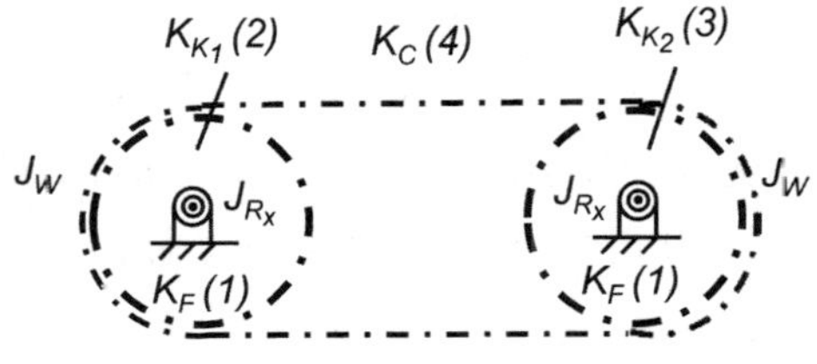

（b） 构造简图

（c） 原图❷

❷〔明〕宋应星撰，潘吉星译注：《天工开物译注》，上海古籍出版社，上海，1998 年。

图 5-7　特殊化链及其脚踏翻车

图 5-3 所示的桔槔，不确定接头 J_α 与 J_β 有多种可能类型，皆能实现汲水的功能。考虑横杆（杆 2）运动的类型与方向，接头 J_α 有三种可能类型：第一为横杆只能相对于机架绕 z 轴旋转，表示为 J_{Rz}；第二为横杆除绕 z 轴旋转外，还沿 x 轴滑动，表示为 $J_{R_z}^{P_x}$；第三为横杆除绕 y 轴与 z 轴旋转外，还沿 x 轴与 z 轴滑动，表示为 $J_{R_{yz}}^{P_{xz}}$。考虑连接杆（杆 3）运动的类型与方向，J_β 则有两种可能类型：第一为连接杆相对于横杆，沿 z 轴旋转，以符号 J_{R_z} 表示；第二为连接杆相对于横杆，除沿 z 轴旋转外，还沿 x 轴旋转，以符号 $J_{R_{xz}}$ 表示。指定接头 J_α 与 J_β 可能类型至图 5-3（b）所示的特殊化链，可得到对应的具指定接头特殊化链。

步骤 5：可行设计图谱

复原设计的最后步骤是将步骤 4 所产生的具指定接头特殊化链，转换成对应的等效构造简图。公式（3.1）与式（3.2）可用于判定机构之拘束运动，并考虑当代的工艺技术水准，最后获得所有可行设计。

第三节　复原设计实例

本节介绍古机构分类程序与复原设计方法，以下分别针对构造明确（类型 I）、仅接头类型不确定（类型Ⅱ）及杆件与接头的类型和数量皆不确定（类型Ⅲ）三种不同类别的机构，举例说明插图机构分类判定与复原设计流程。

一、实例 1：水砻

水砻是透过齿轮驱动砻磨的器械，如图 5-8（a）所示[1]，其组成包含立式水轮、横轴、立式齿轮及磨盘齿轮。横轴以水平方向横贯立式水轮与立式齿轮，彼此间没有相对运动，可视为同一杆件。以水力驱动立式水轮，当水轮转动时，横轴与立式齿轮也随之运转，透过磨盘齿轮之间的相互啮合，驱动砻磨研磨谷物。

根据文字叙述与图画表示，此水砻所有的杆件与接头均可直

[1] 陆敬严、华觉明主编：《中国科学技术史》，机械卷，科学出版社，北京，2000 年。

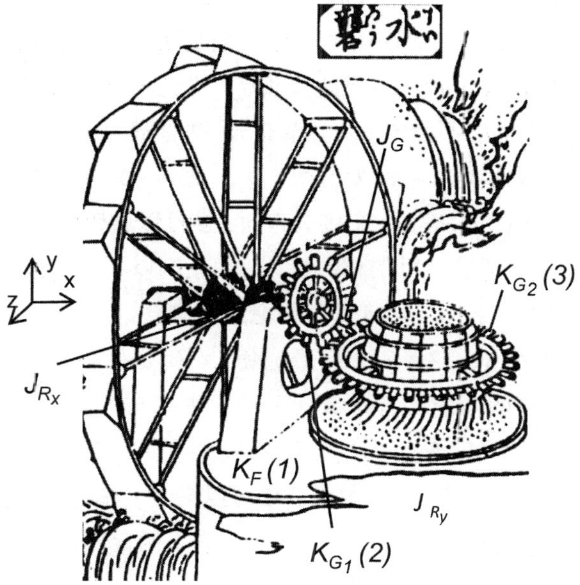

(a) 原图[1]

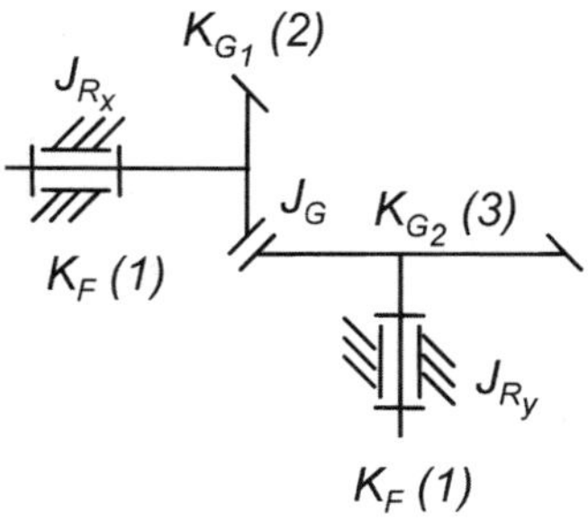

(b) 构造简图

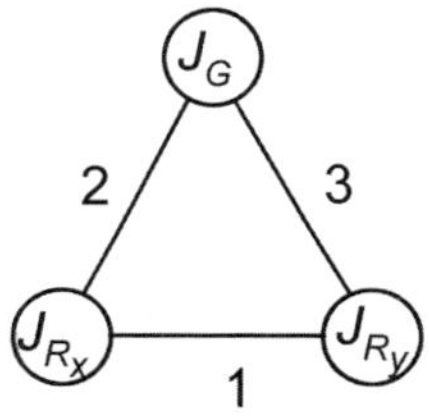

(c) 链

图 5-8 水砻

[1]陆敬严，华觉明主编：《中国科学技术史》，机械卷，科学出版社，北京，2000 年。

观地确定其数量和类型，因此归类为构造明确型（类型 I），为一种三杆三接头的齿轮机构，包含机架（杆 1，K_F）、具水轮的立式齿轮（杆 2，K_{G_1}）及磨盘齿轮（杆 3，K_{G_2}）。在接头方面，具水轮的立式齿轮以旋转接头与机架相邻接，转轴方向为水平方向，表示为 J_{R_x}；磨盘齿轮亦以旋转接头与机架相邻接，转轴方向为垂直方向，表示为 J_{R_y}；而齿轮之间的啮合则为齿轮接头（J_G）。图 5-8（b）（c）所示为其构造简图与链。

二、实例 2：铁碾槽

《天工开物》[2]中的铁碾槽主要用于研磨朱砂矿石，用以制作红色染剂的原料。制作染剂时，将矿石放入碾槽中，借由人力驱动推杆，带动滚轮将矿石碾成细粉，再将细粉入缸，注清水澄浸，如图 5-9（a）所示[3]，其组成包含推杆、立杆、滚轮及碾槽。推杆与立杆之间没有相对运动，可视为同一杆件。由于矿石须研磨至细粉状态，

[2]〔明〕宋应星撰，潘吉星译注：《天工开物译注》，上海古籍出版社，上海，1998 年。

[3]同[2]。

碾槽内一般制成近似“V”字形状，以利于滚轮碾磨。

根据文字叙述与图画表示，铁碾槽的杆件数量明确，但是附随于推杆与机架的接头 J_α 及滚轮与碾槽的接头 J_β，皆无法明确判定其类形，因此属于仅接头类型不确定类（类型Ⅱ）。铁碾槽为三杆三接头的平面机构，包含以木架与碾槽为机架（杆 1，K_F）、具立杆的推杆（杆 2，K_L）及滚轮（杆 3，K_O）。在接头方面，推杆以旋转接头 J_{R_z} 与不确定接头 J_α 分别和滚轮与机架相邻接，而滚轮则以不确定接头 J_β 与机架相邻接，图 5-9（b）(c）所示为其构造简图与链。

铁碾槽的作用是借由滚轮将矿石研磨成粉，不确定接头有多种可能，皆能实现铁碾槽的功能。考虑推杆运动的类型与方向，不确定接头 J_α 有两种可能类型：第一为推杆绕着机架旋转，以符号 J_{R_z} 表示；第二为推杆除绕着机架 z 轴旋转外，还可以沿着 y 轴滑动，以符号 $J_{R_z}^{P_y}$ 表示。再考虑滚轮运动的类型与方向，则不确定接头 J_β 亦有两种可能类型：第一为滚轮与碾槽之间的相对运动，是不带滑动的纯滚动，以符号 J_O 表示；第二为滚轮与碾槽之间的相对运动，是滚动加滑动的组合，以符号 $J_O^{P_x}$ 表示。经由指定不确定接头 J_α（J_{R_z} 与 $J_{R_z}^{P_y}$）与 J_β（J_O 与 $J_O^{P_x}$）的可能类型至图 5-9（b）的构造简图，产生四个结果，如图 5-9（d_1）～（d_4）所示。根据式（3.1），图 5-9（d_2）所示者自由度为零，具有机件之间无法传动的问题，因此去除此结果，最后得到三个可行设计，如图 5-9（d_1）(d$_3$）及（d_4）所示。

三、实例 3：扬扇

扬扇或称风车扇，用以去除谷物中的糠粞及尘土。古中国出现过手摇式与脚踏式两种，脚踏式扬扇是在手摇的风车扇上加置连杆机构，以便用脚踏驱动。手摇式需两人合力操作，脚踏式扬扇则可由一人手脚并用，节省人力并提升效率，图 5-10 所示为《天工开物》[1]中扬扇的原图。

扬扇是以踏板的往复运动作为动力输入，经由连杆带动曲柄旋转，由于曲柄与扇叶之间没有相对运动，因此扇叶随之转动，其构造组成包含机架（杆 1，K_F）、踏板（杆 2，K_{T_r}）、具曲柄的扇叶（杆 3，K_W）以及一个或两个连杆（杆 4，K_{L_1} 与杆 5，K_{L_2}）[2]。由于古籍的文字叙述与图画表示，无法得知踏板的往复运动如何经由连杆传动转

[1] Song, Y.X., *Chinese Technology in the Seventeen Century* （in Chinese, trans. Sun, E.Z. and Sun, S.C.）, Dover Publications, New York, 1966.

[2] Yan, H.S. and Hsiao, K.H., “Structural Synthesis of the Uncertain Joints in the Drawings of Tian Gong Kai Wu” *Journal of Advanced Mechanical Design, Systems, and Manufacturing* - Japan Society Mechanical Engineering, Vol. 4, No. 4, pp. 773—784, 2010.

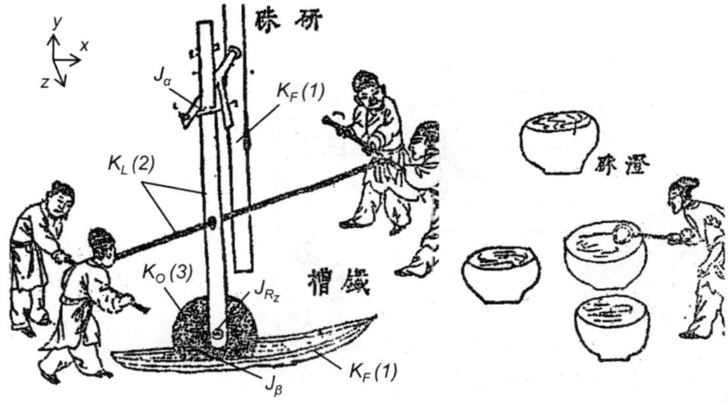

(a) 原图[❶]

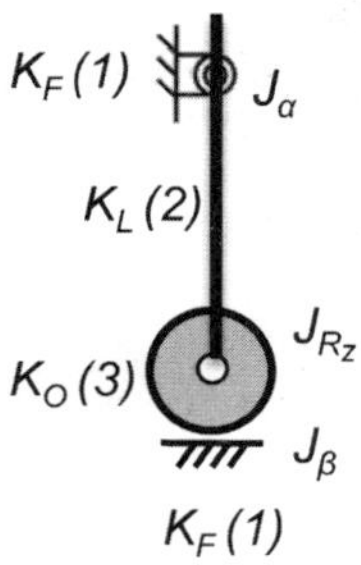

(b) 构造简图

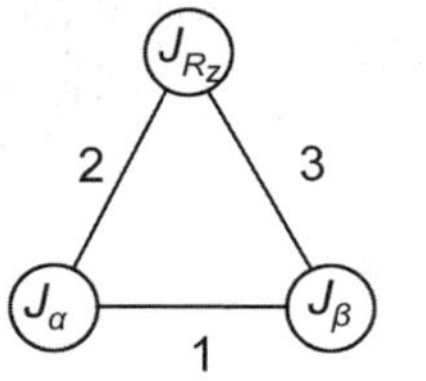

(c) 链

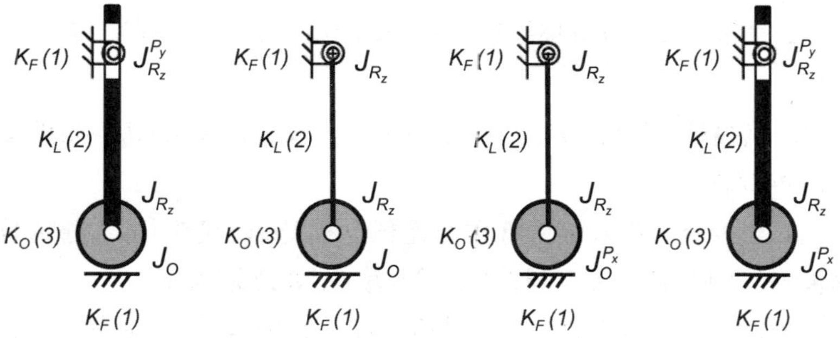

(d_1) (d_2) (d_3) (d_4)

(d) 可能设计图谱

图 5-9 铁碾槽

❶〔明〕宋应星撰，潘吉星译注：《天工开物译注》，上海古籍出版社，上海，1998 年。

换为扇叶的旋转运动，因此，扬扇归类为杆件与接头的数量和类型皆不确定的机构（类型Ⅲ）。以下根据不确定插图机构复原设计方法，进行机构构造的复原设计。

步骤（一）：研究史料并归纳其构造特性如下：

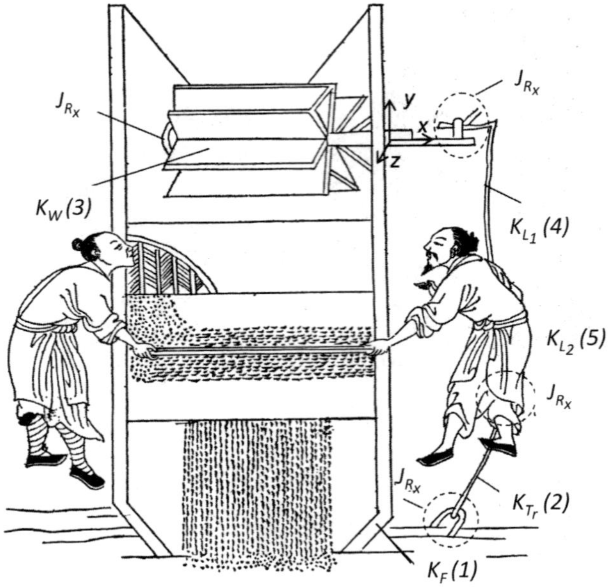

图 5-10　扬扇[1]

[1] Song, Y.X., *Chinese Technology in the Seventeen Century* （in Chinese, trans. Sun, E.Z. and Sun, S.C.）, Dover Publications, New York, 1966.

1. 此机构为平面四杆（杆 1 ～杆 4）或五杆（杆 1 ～ 5）的机构。

2. 踏板（K_{Tr}）为双接头杆，并以旋转接头（J_{R_x}）与机架（K_F）相邻接。

3. 具曲柄的扇叶（K_W）为双接头杆，并以旋转接头（J_{R_x}）与机架（K_F）相邻接。

4. 至少有一根双接头杆作为连杆，并以旋转接头（J_{R_x}）分别与踏板（K_{Tr}）和扇叶（K_W）相邻接，或与扇叶（K_W）相邻接。

步骤（二）：由步骤（一）的归纳，此器械为四杆或五杆机构，故从图 3-12 ～图 3-16 中，找出四杆与五杆的一般化运动链图谱，重现于图 5-11。

步骤（三）：必须有一对相邻的双接头杆，分别作为踏板与连杆或连杆与扇叶，故步骤（二）得到的图谱中，仅图 5-11（a）(d）及（f）符合需求。所有可行的特殊化链可经由以下步骤获得：

1. 固定杆（K_F）

由于必须有一根固定杆作为机架，且必须有一对相邻的双接头

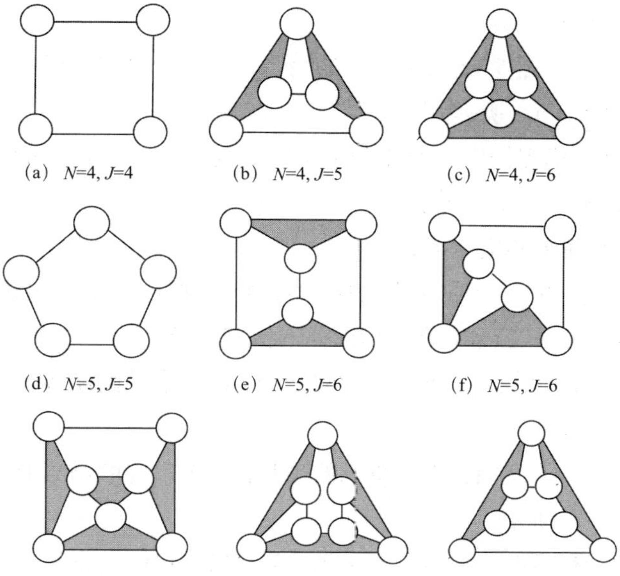

图 5-11 四杆与五杆一般化运动链图谱

杆与固定杆相邻接，所以可如下指定固定杆：

（1）对于图 5-11（a）所示的一般化运动链，指定固定杆的结果有一个，如图 5-12（a_1）所示。

（2）对于图 5-11（d）所示的一般化运动链，指定固定杆的结果有一个，如图 5-12（a_2）所示。

（3）对于图 5-11（f）所示的一般化运动链，指定固定杆的结果有一个，如图 5-12（a_3）所示。

因此，指定固定杆后的特殊化链有三个可行的结果，如图 5-12（a_1）～（a_3）所示。

2. 踏板（K_{Tr}）

由于必须有一根双接头杆作为踏板，且踏板必须以旋转接头（J_{R_x}）与机架（K_F）相邻接，所以如下指定出踏板：

（1）对于图 5-12（a_1）所示的情形，指定踏板的结果有一个，如图 5-12（b_1）所示。

（2）对于图 5-12（a_2）所示的情形，指定踏板的结果有一个，如

图 5-12（b_2）所示。

（3）对于图 5-12（a_3）所示的情形，指定踏板的结果有两个，如图 5-12（b_3）（b_4）所示。

因此，指定固定杆与踏板后的特殊化链有四个可行的结果，如图 5-12（b_1）～（b_4）所示。

3. 具曲柄的扇叶（K_W）

由于必须有一根双接头杆作为扇叶，且扇叶必须以旋转接头（J_{R_x}）与机架（K_F）相邻接，所以如下指定出扇叶：

（1）对于图 5-12（b_1）所示的情形，指定扇叶的结果有一个，如图 5-12（c_1）所示。

（2）对于图 5-12（b_2）所示的情形，指定扇叶的结果有一个，如图 5-12（c_2）所示。

（3）对于图 5-12（b_3）所示的情形，指定扇叶的结果有一个，如图 5-12（c_3）所示。

（4）对于图 5-12（b_4）所示的情形，指定扇叶的结果有一个，如图 5-12（c_4）所示。

因此，指定固定杆、踏板及扇叶后的特殊化链有四个可行的结果，如图 5-12（c_1）～（c_4）所示。

4. 连杆 1 与连杆 2（K_{L_1} 与 K_{L_2}）

由于必须有一个双接头杆作为连杆 1，且连杆 1 必须以旋转接头（J_{R_x}）与踏板（K_{Tr}）相邻接，并且以旋转接头（J_{R_x}）与扇叶（K_W）相邻接；再者，尚未指定的杆件为连杆 2。所以如下指定出连杆：

（1）对于图 5-12（c_1）所示的情形，指定连杆 1 的结果有一个，如图 5-12（d_1）所示。图 5-12（d_1）中所有的杆件与接头皆已定义，完成特殊化流程。

（2）对于图 5-12（c_2）所示的情形，指定连杆 1、连杆 2 及不确定接头 J_1 的结果有一个，如图 5-12（d_2）所示。

（3）对于图 5-12（c_3）所示的情形，指定连杆 1、连杆 2 及不确定接头 J_2、J_3、J_4 的结果有一个，如图 5-12（d_3）所示。

（4）对于图 5-12（c_4）所示的情形，指定连杆 1、连杆 2 及不确定接头 J_5、J_6、J_7 的结果有一个，如图 5-12（d_4）所示。

因此，指定固定杆、踏板、扇叶、连杆 1 及连杆 2 后的特殊化链

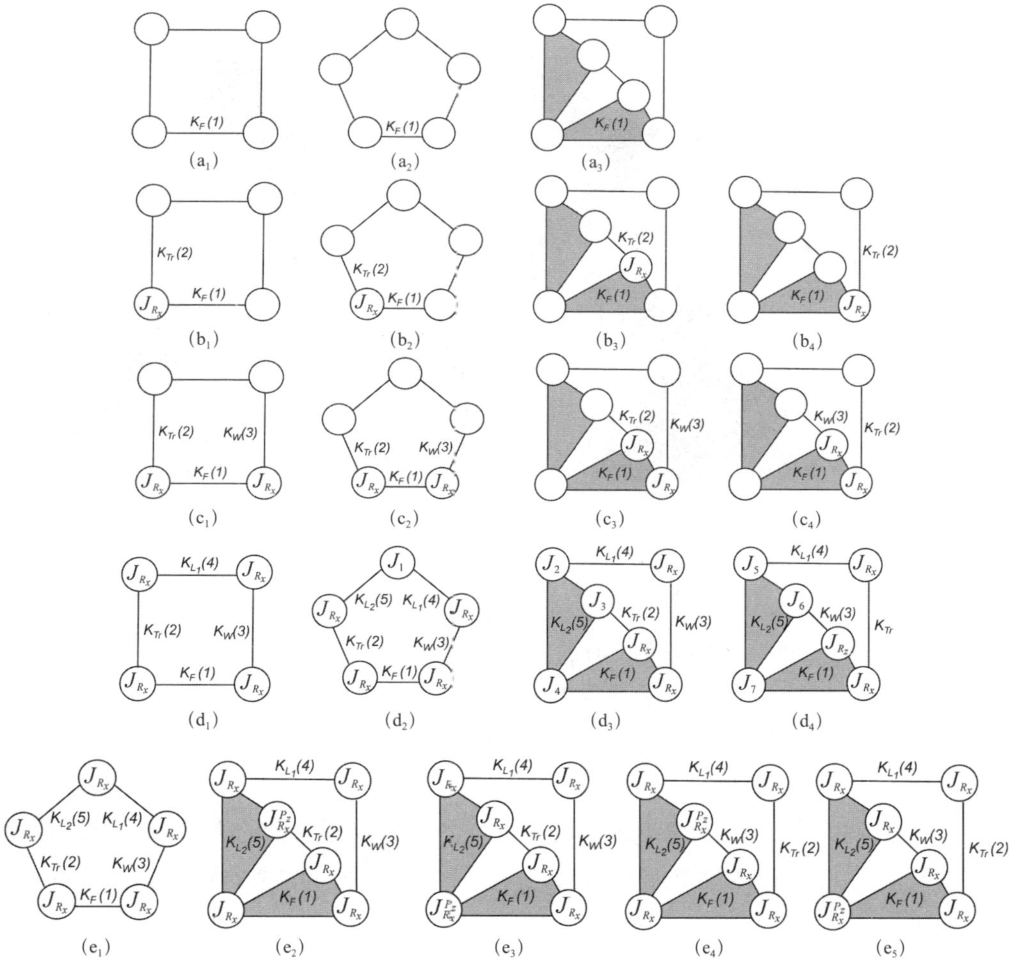

图 5-12　扬扇特殊化

有四个可行的结果，如图 5-12（d_1）～（d_4）所示。

步骤（四）：定义一组直角坐标系统，如图 5-10 所示。x 轴定为曲柄扇叶的轴向方向，y 轴定为曲柄扇叶的径向方向，z 轴根据右手定则而定。扬扇的运动方式是将踏板的往复运动，经连杆机构转换为曲柄扇叶的旋转运动。不确定的接头具有多种可能性，皆可达到文献中描述的功能；由于该机构为平面机构，故不确定接头的类型亦为平面接头。

1. 考虑不确定接头 J_1、J_2 及 J_5 各有一种可能的类型，即连杆 1

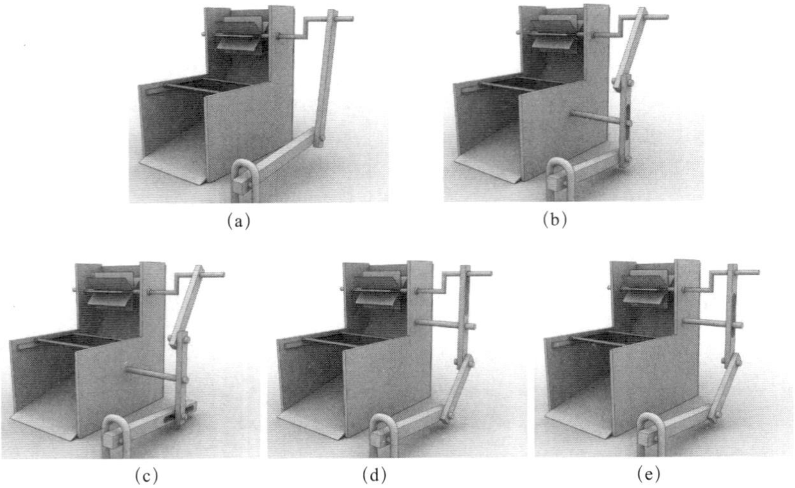

图 5-13　扬扇模型图谱

以旋转接头 J_{R_x} 与连杆 2 相邻接。

2. 考虑不确定接头 J_3 与 J_4 各有两种可能的类型，且不可相同。当一接头为旋转接头 J_{R_x} 时，另一接头除旋转外也可滑动，是为销接头（$J_{R_x}^{P_z}$）。

3. 考虑不确定接头 J_6 与 J_7 各有两种可能的类型，且不可相同。当一接头为旋转接头 J_{R_x} 时，另一接头除旋转外也可滑动，是为销接头（$J_{R_x}^{P_z}$）。

经由指定不确定接头 J_1（J_{R_x}）、J_2（J_{R_x}）、J_3（J_{R_x} 与 $J_{R_x}^{P_z}$）、J_4（J_{R_x} 与 $J_{R_x}^{P_z}$）、J_5（J_{R_x}）、J_6（J_{R_x} 与 $J_{R_x}^{P_z}$）及 J_7（J_{R_x} 与 $J_{R_x}^{P_z}$）的可能类型至图 5-12（d_2）～（d_4）的特殊化链，产生五个结果，如图 5-12（e_1）～（e_5）所示。

步骤（五）：根据公式（3.1），图 5-12（e_1）所示自由度为 2，具有传动不确定的问题，亦即无法产生拘束运动。去除后，包含图 5-12（d_1）与图 5-12（e_2）～（e_5）共有五个可行的具指定接头特殊化链。考虑机构之运动与功能的要求，将每一个具指定接头特殊化链具体化，获得满足古代工艺技术水准的可行设计图谱，并绘制其模型图画，如图 5-13（a）～（e）所示。图 5-14 所示为《天工开物》[1]中扬扇原图的仿制图。

[1] Song, Y.X., *Chinese Technology in the Seventeen Century* （in Chinese, trans. Sun, E.Z. and Sun, S.C.）, Dover Publications,New York, 1966.

图 5-14 扬扇仿制图[1]

[1] Yan, H.S. and Hsiao, K.H., "Structural Synthesis of the Uncertain Joints in the Drawings of Tian Gong Kai Wu" *Journal of Advanced Mechanical Design, Systems, and Manufacturing* - Japan Society Mechanical Engineering, Vol. 4, No. 4, pp. 773—784, 2010.

第四节 小结

古文献的插图机构可依绘制的清晰程度，分为构造明确机构（类型 I）、仅接头类型不确定机构（类型 II）及杆件与接头的类型和数量皆不确定机构（类型 III）三大类型。本章提出古籍插图机构分类判定与复原设计方法，是研究古籍插图机构的新颖方法；对于不确定构造的插图机构，可应用所提的复原设计方法，有系统地设计出符合古代工艺与技术的可行设计。此外，第二章介绍的五本专书中，共有 72 件类型 I 的机构、14 件类型 II 的机构及 10 件类型 III 的机构。

第六章 滚轮器械

古中国应用滚轮元件的机械装置，可根据功能分为农田整地器械、收获与运输器械、谷物加工器械、汲水器械、战争武器及其他器械等六类。本章分别简述各类器械的用途与组成，并绘出其构造简图。

第一节　农田整地器械

应用滚轮的农田整地器械包含砺碎、碌碡、辊轴、砘车及石陀等五项，分别如图 6-1（a）～（e）所示[1][2]，其组成是以木制或石制的中空圆柱加上凹洞或尖刺套于木框上。使用时以兽力挽行，使木圆柱或石圆柱在田地里滚动，用以破除泥块与平整田地，并使各种干湿程度不同的泥土相混和。其中，石制的整地农器适用于旱地，而木制的农器则适用于水田。

❶〔元〕王祯撰：《农书》，中华书局，第 1 版，北京，1991 年。

❷〔明〕宋应星撰，潘吉星译注：《天工开物译注》，上海古籍出版社，上海，1998 年。

上述五项整地农器皆为二杆一接头构造明确的机构（类型 I），包含以木框为机架（杆 1，K_F）及套于木框上的滚轮机件（杆 2，K_O），滚轮机件以旋转接头（J_{R_y}）与机架相邻接，图 6-1（f）所示为其构造简图。

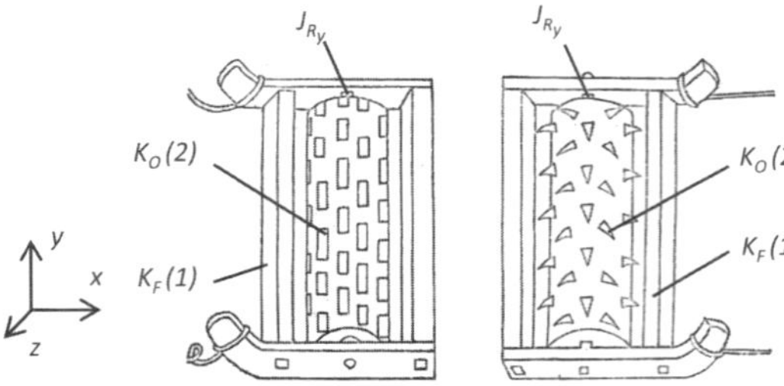

（a） 木砺础与石砺础[1]

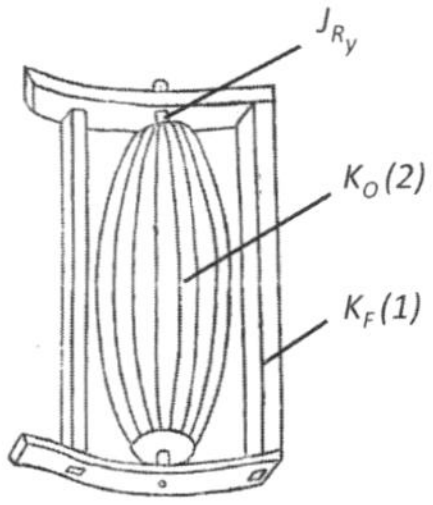

（b） 碌碡[2]

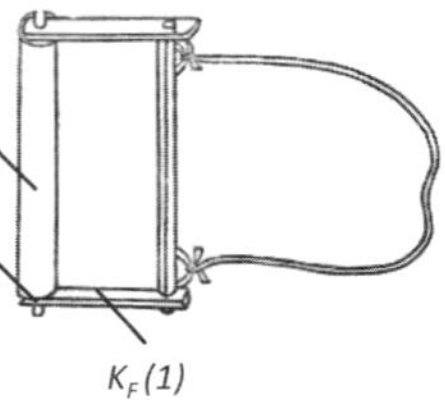

（c） 辊轴[3]

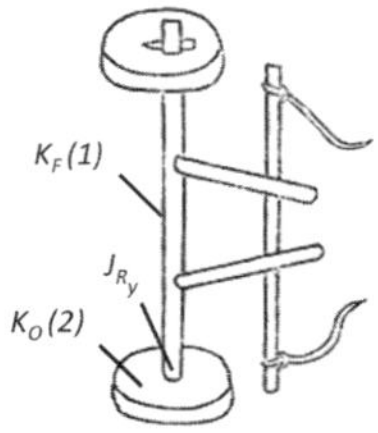

（d） 砘车[4]

（e） 石陀[5]

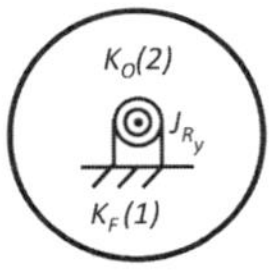

（f） 构造简图

图 6-1 农田整地器械

第二节 收获与运输器械

收获与运输的器械有下泽车、大车、推镰、麦笼、合挂大车、南方独推车及双遣独轮车等七项，分别如图 6-2（a）～（g）所示[6][7]。下泽车与大车用于装载运送，推镰与麦笼用于收割和乘载，合挂大车、南方独推车及双遣独轮车则除了可以装运谷物，还可以载人乘物。

上述七项器械皆为构造明确的机构（类型 I），组成均为车架上装设车轮，前三者装置两轮，第四与第五者架设四轮，而后两者则

[1]〔元〕王祯撰：《农书》，中华书局，第 1 版，北京，1991 年。

[2]同[1]。

[3]同[1]。

[4]同[1]。

[5]〔明〕宋应星撰，潘吉星译注：《天工开物译注》，上海古籍出版社，上海，1998 年。

[6]同[1]。

[7]同[5]。

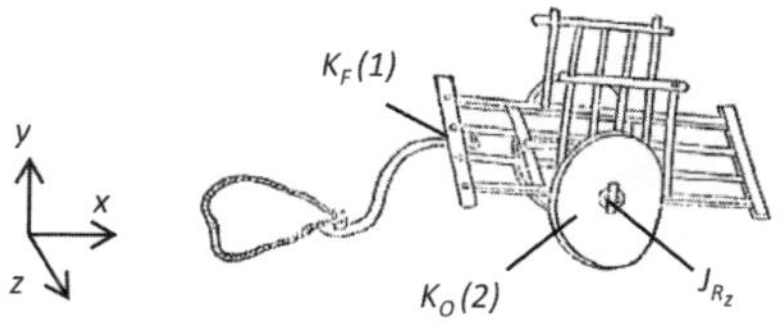

（a） 下泽车❶

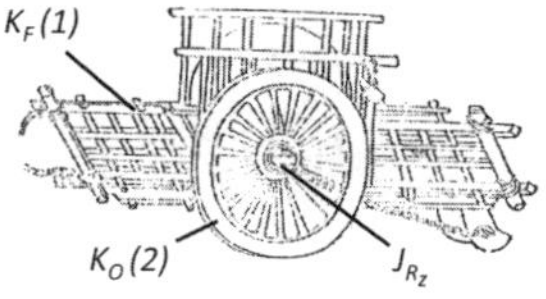

（b） 大车❷

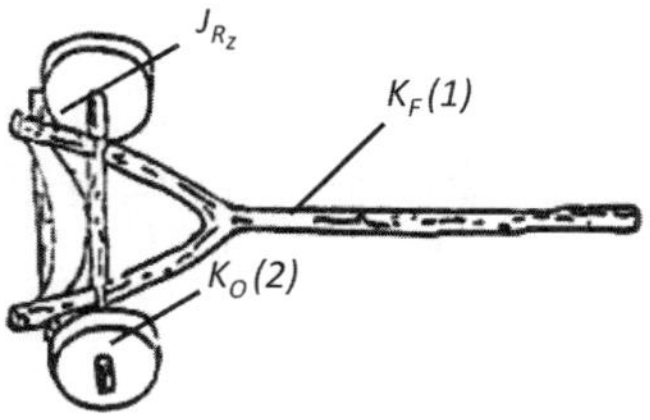

（c） 推镰❸

（d） 麦笼❹

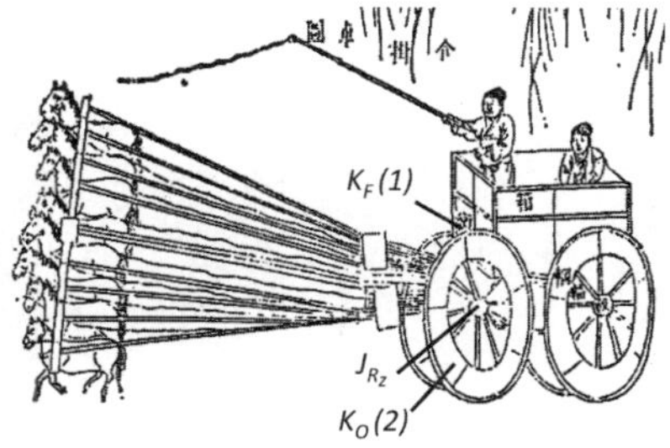

（e） 合挂大车❺

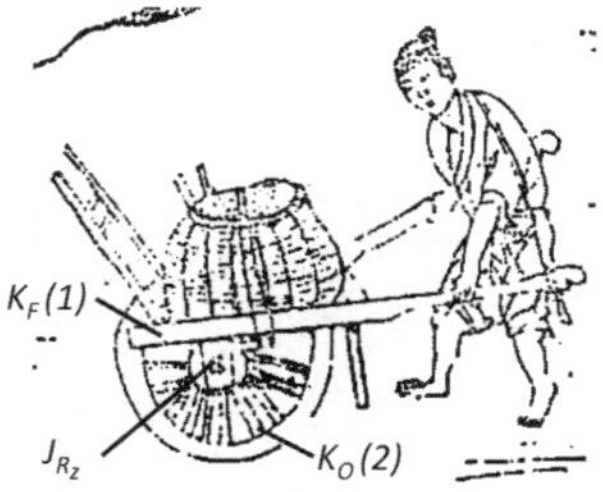

（f） 南方独推车❻

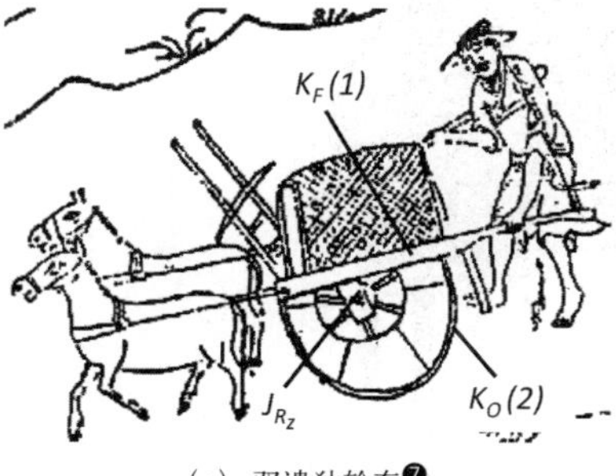

（g） 双遣独轮车❼

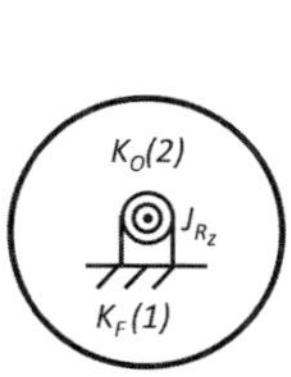

（h） 构造简图

图 6-2 收获与运输器械

❶〔元〕王祯撰：《农书》，中华书局，第 1 版，北京，1991 年。

❷同❶。

❸同❶。

❹同❶。

❺〔明〕宋应星撰，潘吉星译注：《天工开物译注》，上海古籍出版社，上海，1998 年。

❻同❺。

❼同❺。

装置单一轮子。由于机构分析时，对于构造上对称的器械只取一组讨论，因此这七项器械都判别为二杆一接头的机构，以车架为机架（杆 1，K_F），套于机架的车轮为滚轮机件（杆 2，K_O），车轮以旋转接头（J_{R_z}）与机架相邻接，图 6-2（h）所示为其构造简图。

第三节　谷物加工器械

应用滚轮的谷物加工器械包含风车扇、礳、水磨、小碾及滚石等五项农器，上述农器皆为构造明确的机构（类型 I），兹分别叙述如下：

一、风车扇

风车扇或称扬扇，用以去除稻米中的糠粞与尘土，如图 6-3（a）所示[1]，有手摇式与脚踏式两种。脚踏式风车扇的复原设计见于第

[1]〔元〕王祯撰：《农书》，中华书局，第 1 版，北京，1991 年。

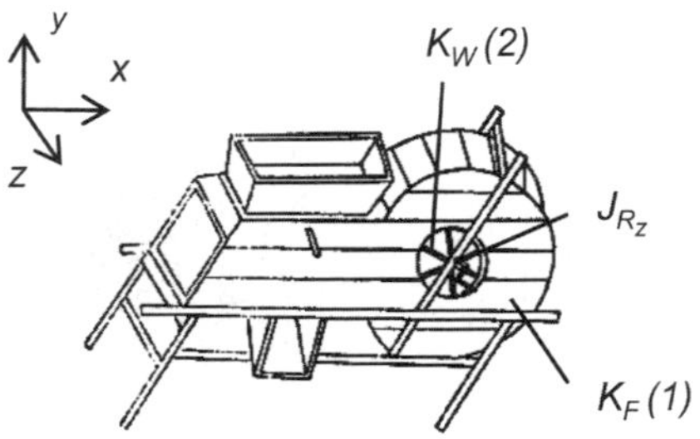

（a）原图[2]

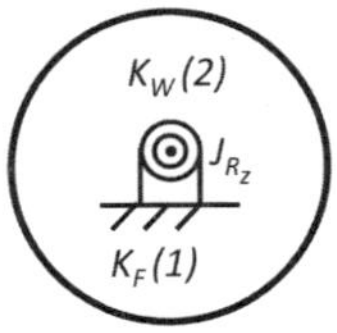

（b）构造简图

[2]同[1]。

（c）实物装置（台湾“国立科学工艺博物馆”藏品）

图 6-3　风车扇

五章第三节。手摇式风车扇的组成包含箱体、曲柄及转轴，并于转轴上嵌四页或六页薄板作为扇面。使用时将糠米置于箱体上方的木槛内，槛底开有缝隙，可使稻米均匀地漏下；此时转动扇叶，扇出的风力可将较轻的糠粞吹去，落到箱体底部的即是净米。

手摇式风车扇为二杆一接头的机构，包含以箱体为机架（杆 1，K_F），外部的曲柄与内部的转轴扇叶没有相对运动，可视为同一杆件（杆 2，K_W），转轴扇叶以旋转接头（J_{R_z}）与机架相邻接，图 6-3（b）（c）分别为其构造简图与实物装置。

二、礳与水磨

礳与水磨皆是磨的一种形态，用于粉碎谷物，分别如图 6-4（a）（b）所示[1]。其基本构造有上、下两层，下层固定，上层旋转；上层磨

[1]〔元〕王祯撰：《农书》，中华书局，第 1 版，北京，1991 年。

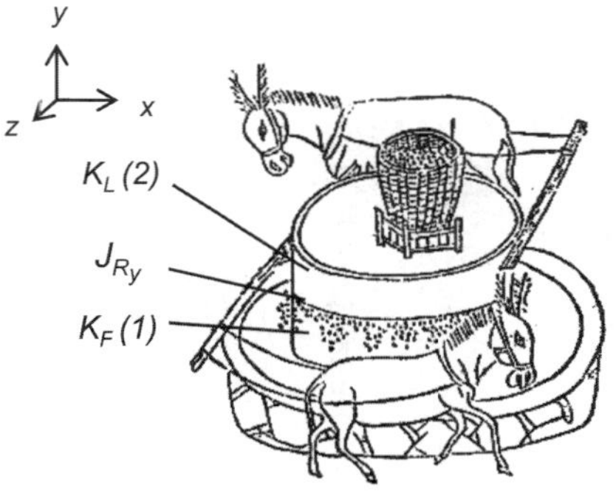

（a） 礳[2]

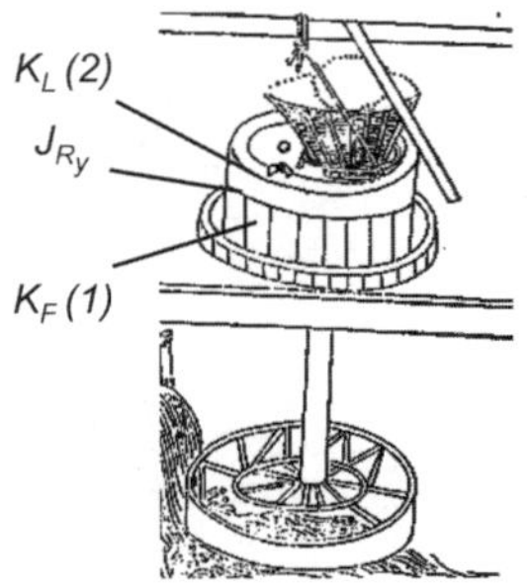

（b） 水磨[3]

[2]同[1]。

[3]同[1]。

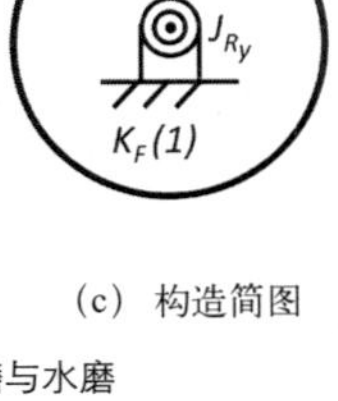

（c） 构造简图

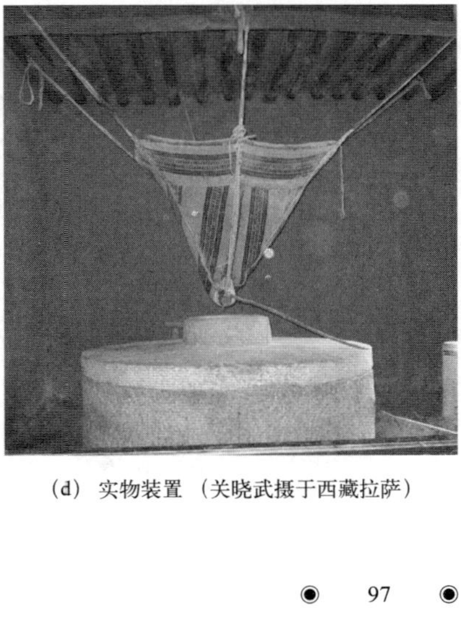

（d） 实物装置（关晓武摄于西藏拉萨）

图 6-4 礳与水磨

盘底部刻有磨槽，形状以平行等分的多道斜纹为主，使得磨面均匀。中心以贯穿的轴连接，以便使上、下层之间产生滑动摩擦。礳以兽力驱动，使其绕基座行走，并拖动上层磨盘转动。水磨则是在磨盘上装置一根长轴，并在长轴的另一端装置卧式水轮，当流水推动水轮，即可带动石磨转动，达到研磨谷物的目的[1]。

礳与水磨均为二杆一接头的机构。礳的下层为固定机架（杆 1，K_F），上层的磨盘为运动杆件（杆 2，K_L），磨盘以旋转接头（J_{R_y}）与机架相邻接。水磨的机构组成包含机架（杆 1，K_F）及具有水轮的磨盘（杆 2，K_L），磨盘以旋转接头（J_{R_y}）与机架相邻接。二者的构造简图如图 6-4（c）所示，而图 6-4（d）所示为水磨实物装置。

[1]张春辉、游战洪、吴宗泽、刘元谅：《中国机械工程发明史》，第二编，清华大学出版社，北京，2004 年。

三、小碾与滚石

小碾与滚石常用来脱除稻壳或去除麦麸，如图 6-5（a)(b）所

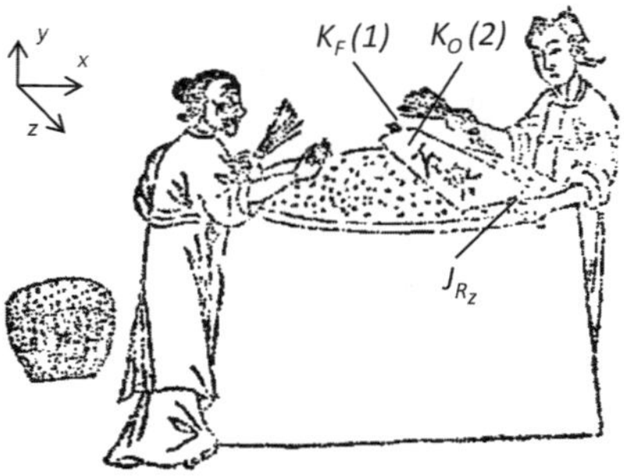

（a） 小碾[2]

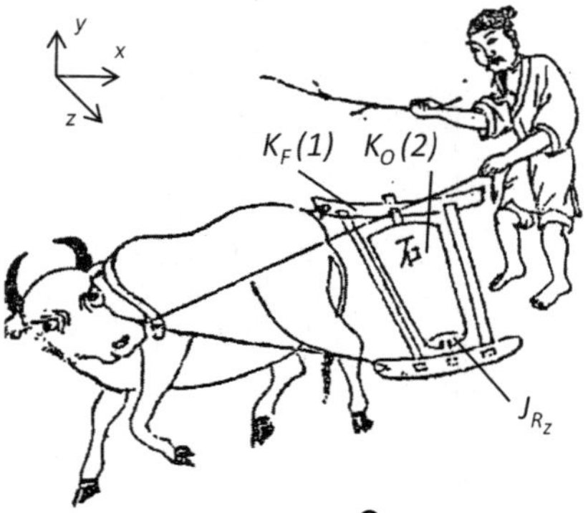

（b） 滚石[3]

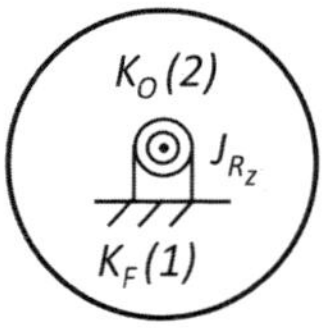

（c） 构造简图

图 6-5 小碾与滚石

[2]〔明〕宋应星撰，潘吉星译注：《天工开物译注》，上海古籍出版社，上海，1998 年。

[3]同[2]。

示[1]。小碾与滚石分别以双手和兽力为动力来源，其组成包含中轴与中空圆柱。使用时，推动中轴，使圆柱辗过谷物，借由碾压脱去谷物外壳。两装置皆为二杆一接头的机构，以中轴为机架（杆 1，K_F），中空圆柱为滚轮机件（杆 2，K_O），滚轮机件以旋转接头（J_{R_z}）与机架相邻接，图 6-5（c）所示为其构造简图。

[1]〔明〕宋应星撰，潘吉星译注：《天工开物译注》，上海古籍出版社，上海，1998 年。

第四节　汲水器械

应用滚轮的汲水器械包含刮车、筒车及龙尾等三项器械，上述器械皆为构造明确的机构（类型 I），兹分别叙述如下：

一、刮车

刮车的组成包含支架与水轮，如图 6-6（a）所示[2]。限用于高度一米以下的矮岸，于渠塘之侧掘成与车辐同宽的槽；刮车装置于槽内，使用时转动与水轮相连的木拐（曲柄），水轮外围的薄板即刮水上岸。刮车为二杆一接头的机构，以支架为机架（杆 1，K_F），水轮为运动连杆（杆 2，K_L），具木拐的水轮以旋转接头（J_{R_z}）与机架相邻接，图 6-6（b）所示为其构造简图。

[2]〔元〕王祯撰：《农书》，中华书局，第 1 版，北京，1991 年。

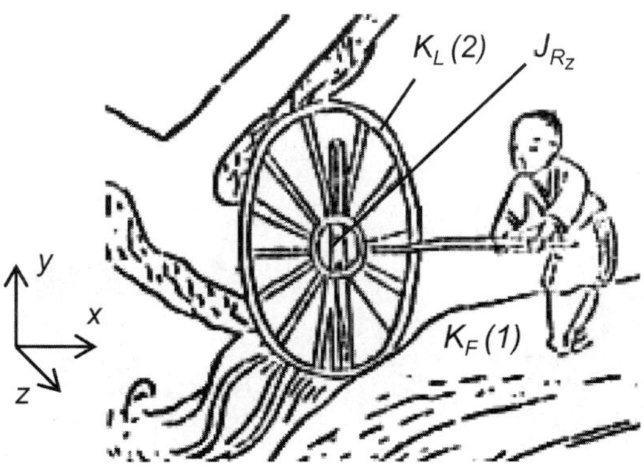

（a）原图[3]

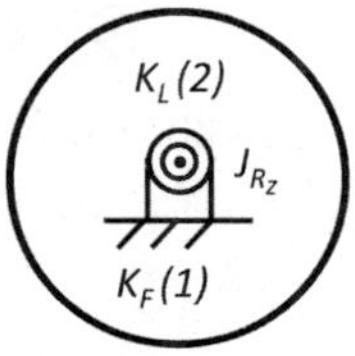

（b）构造简图

[3]同[2]。

图 6-6　刮车

二、筒车

筒车亦称为水轮、竹车，用于舀水上岸，如图 6-7（a）所示❶。筒车由支架与水轮组成，水轮直径视岸高而定，架设后须使轮高于岸；轮辐之间夹有受水板与竹筒，限用于激流险滩之处，以水流推动受水板，使水轮转动。

❶〔明〕宋应星撰，潘吉星译注：《天工开物译注》，上海古籍出版社，上海，1998 年。

筒车为二杆一接头机构，以支架为机架（杆 1，K_F），水轮为运动连杆（杆 2，K_L），水轮以旋转接头（J_{R_x}）与机架相邻接。图 6-7（b）所示为其构造简图，而图 6-7（c）(d) 分别为《天工开物》❷中筒车的仿制图与实物装置。

❷同❶。

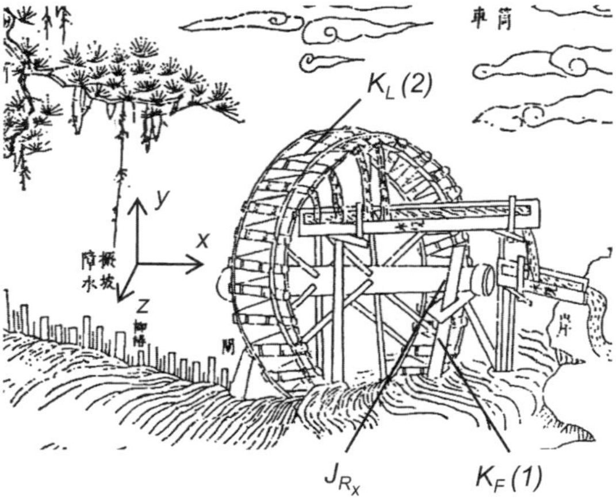

（a） 原图❸

❸同❶。

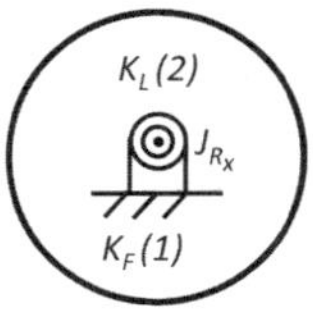

（b） 构造简图

（c） 仿制图

（d） 实物装置（关晓武摄于甘肃兰州）

图 6-7　筒车

三、龙尾

龙尾是明朝徐光启（1562—1633）与传教士熊三拔合译《泰西水法》一书后，由西方引进中国的灌溉器械，其组成包含倾斜的中空外筒及设有螺纹的中轴，中轴转动时可借由螺纹刮水上岸。图 6-8（a_1）～（a_4）所示为局部零件的几何外形描绘，图 6-8（a_5）则为架设后的完成图❶。

龙尾为二杆一接头机构，以外筒为机架（杆 1，K_F），中轴螺杆为运动连杆（杆 2，K_L），中轴螺杆以旋转接头（J_{R_z}）与机架相邻接，图 6-8（b）所示为其构造简图。

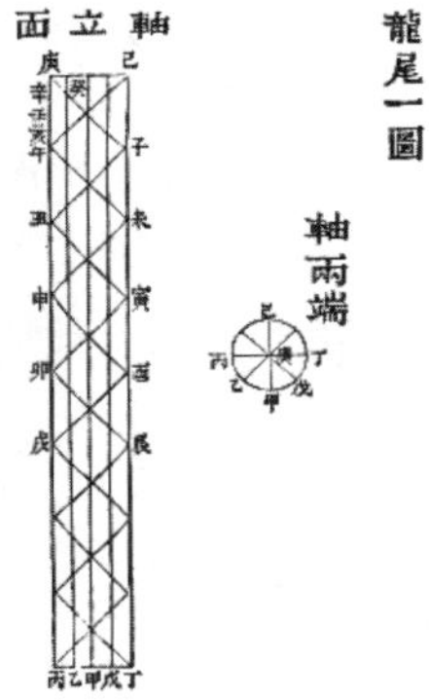

（a_1）

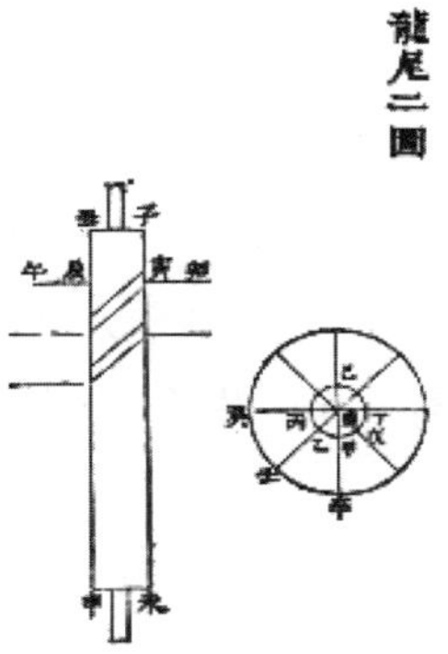

（a_2）

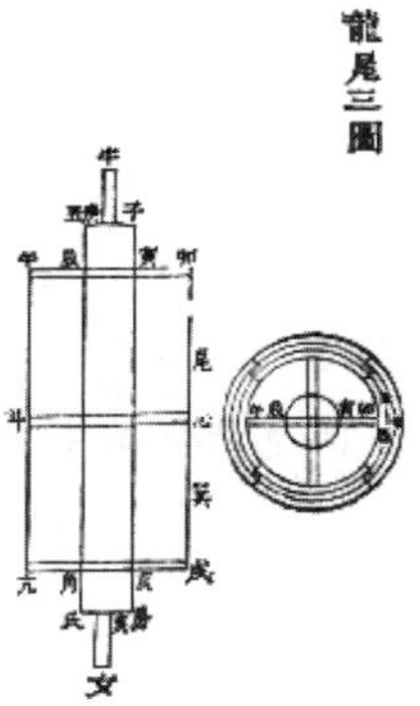

（a_3）

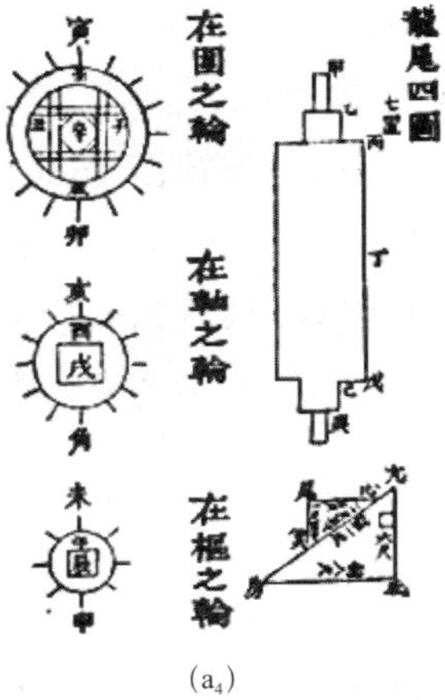

（a_4）

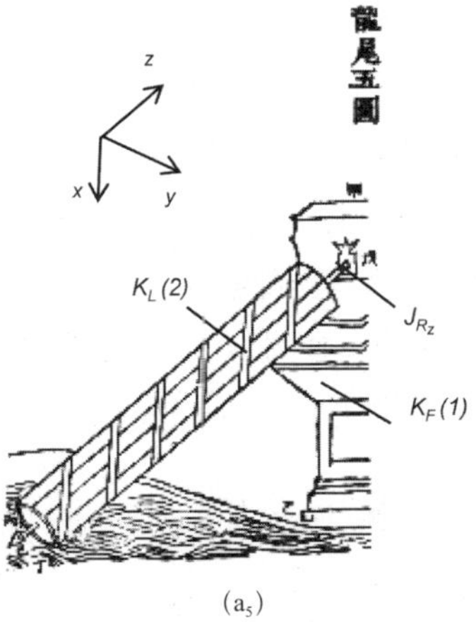

（a_5）

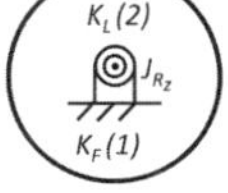

（b） 构造简图

图 6-8　龙尾❷

❶〔明〕徐光启撰：《农政全书校注》，石声汉校注，明文书局，台北，1981 年。

❷同❶。

第五节　战争武器

应用滚轮的战争武器，根据功能可分为侦察、攻坚及防御等三类共 11 项，其中，具侦察功能的器械包含巢车与望楼车，具攻坚功能的器械包含壕桥、风扇车、轒辒车、云梯、炮车及撞车，具防御功能的器械则有槅、狼牙拍及木幔车，上述器械皆为构造明确的机构（类型 I），兹分别叙述如下：

一、侦察器械

历代兵家皆将侦察敌情列为重要工作，侦察用的巢车即是最具代表性的器械，如图 6-9（a）所示❶，可追溯至春秋时期❷。巢车中的板屋（能升降的木屋）可容纳两人，内用坚固木材，外披生牛皮，可防敌人的石矢攻击。侦察人员入板屋后，需以滑轮提升高度，以使侦察人窥得敌军状态。巢车装有数轮，使其可以推行，进而使侦察人乘车瞭望。

❶〔明〕茅元仪撰：《武备志》，海南出版社，海南，2001 年。

❷陆敬严：《中国机械史》，中华古机械文教基金会（台南，台湾），越吟出版社，台北，2003 年。

巢车可分为滚轮装置与滑轮装置两部分，滚轮装置为二杆一接头的机构，以车身为机架（杆 1，K_F），套于机架的车轮为滚轮机件（杆 2，K_O），车轮以旋转接头（J_{R_z}）与机架相邻接，图 6-9（b）所示为其构造简图。滑轮装置为四杆三接头的机构，包含机架（杆 1，K_F）、滑轮（杆 3，K_U）、绳索（杆 4，K_T）及板屋（杆 5，K_B）。在接头方面，滑轮以旋转接头（J_{R_z}）与机架相邻接，绳索以回绕接头（J_W）与线接头（J_T）分别和滑轮与板屋相邻接，图 6-9（c）所示为其构造简图。

《武备志》❸中另有一款名为望楼车的侦察器械，如图 6-9（d）所示❹。其功能与巢车相同，但构造去除滑轮与绳索，简化为只有滚轮的装置；板屋则直接固定于直立杆（机架）上，侦察人员需费力爬上板屋。其构造简图如图 6-9（b）所示。

❸同❶。

❹同❶。

二、攻坚器械

商朝时期已在城墙外挖掘壕沟，因此必须通过壕沟，才能开始攻城。壕桥则是用于协助军队与设备通过壕沟的装置，如图 6-10

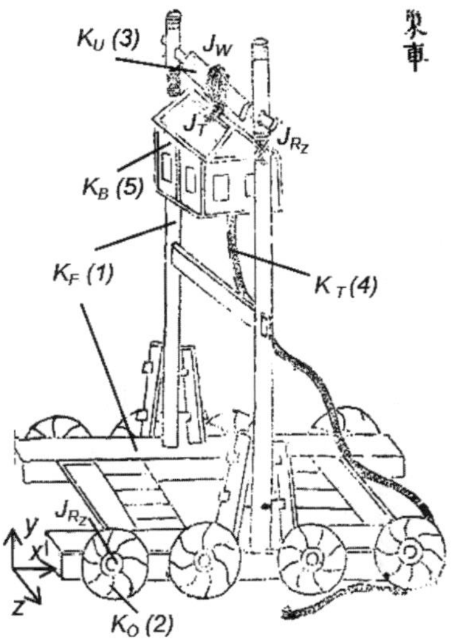

（a） 巢车❶

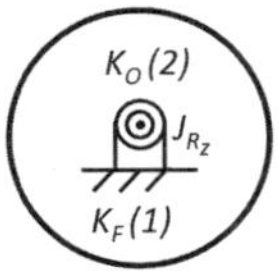

（b） 滚轮装置构造简图

❶〔明〕茅元仪撰：《武备志》，海南出版社，海南，2001 年。

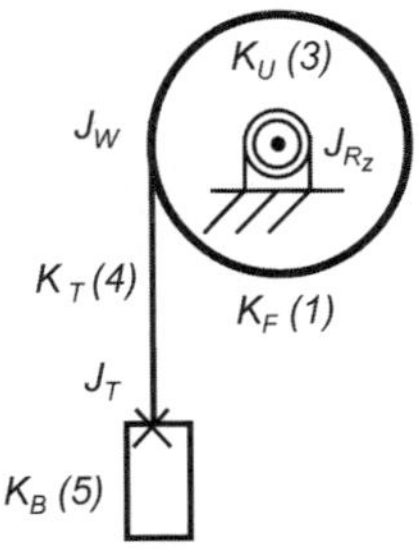

（c） 滑轮装置构造简图

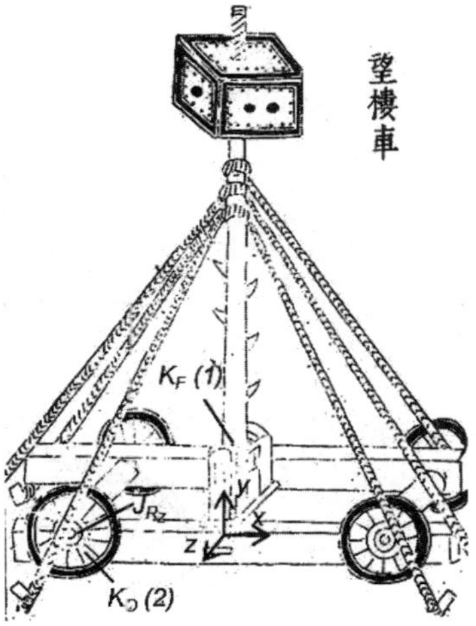

（d） 望楼车❷

❷同❶。

图 6-9 巢车与望楼车

（a）所示❸，其为二杆一接头的机构，包含以桥架为机架（杆 1，K_F），套于机架的车轮为滚轮机件（杆 2，K_O），车轮以旋转接头（J_{R_z}）与机架相邻接，图 6-10（b）所示为其构造简图。

❸同❶。

另有在传统壕桥上加置一根连杆（杆 3，K_L），可以加长过沟的距离；不用时，亦可折叠收放，不占空间，如图 6-10（c）所示❹。折

❹同❶。

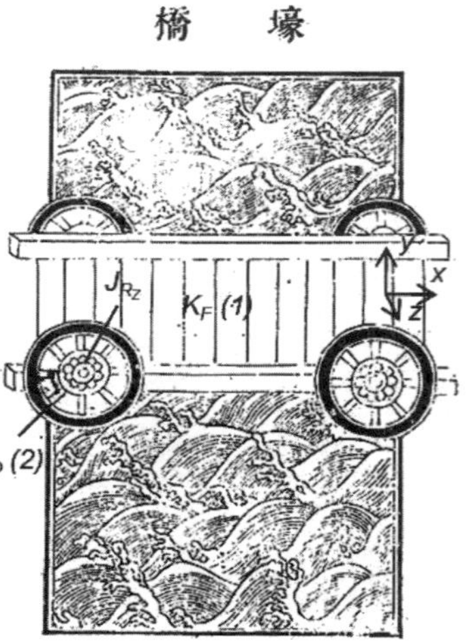

(a) 壕桥[1]

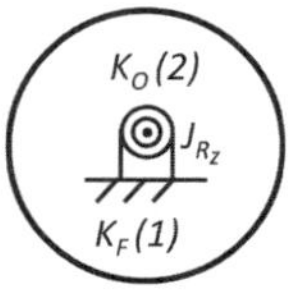

(b) 壕桥装置构造简图

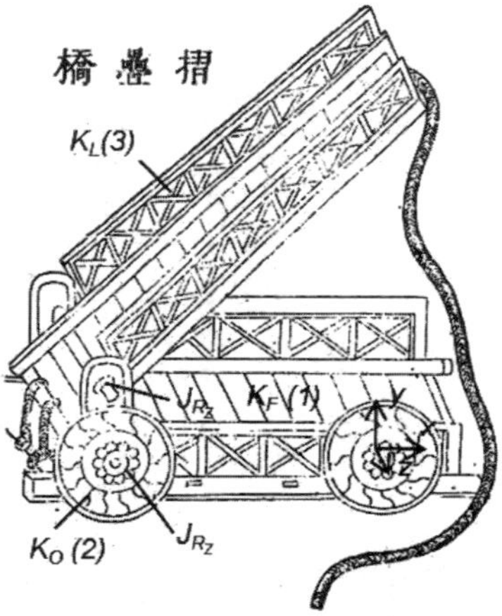

(c) 折叠桥[2]

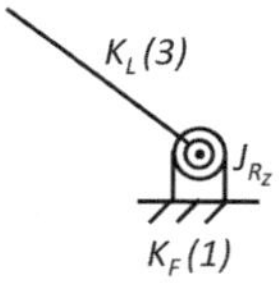

(d) 折叠装置构造简图

图 6-10 壕桥与折叠桥

❶〔明〕茅元仪撰：《武备志》，海南出版社，海南，2001 年。

❷同❶。

叠装置亦为二杆一接头机构，包含机架（杆 1，K_F）与折叠杆（杆 3，K_L），折叠杆以旋转接头（J_{R_z}）与机架相邻接，图 6-10（d）所示为其构造简图。

风扇车或称扬风车，与第三节介绍的风车扇构造相似，但用途不同。战争器械中的扬风车，借由转动扇叶产生强风，达到燃火助攻或扬起沙土的功能，如图 6-11（a）（b）所示[3]。扬风车为二杆一

❸同❶。

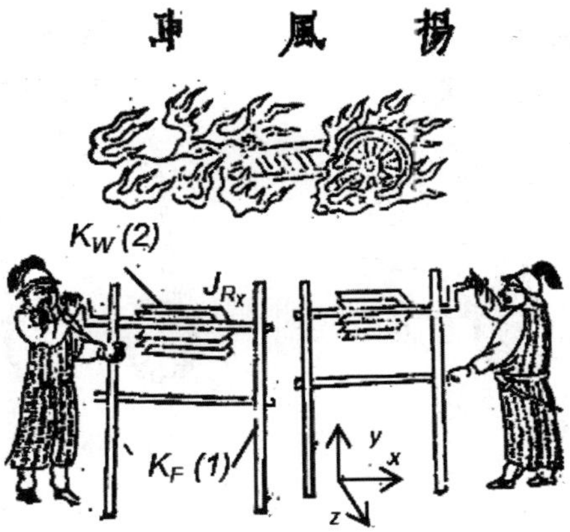

（a） 扬风车[1]

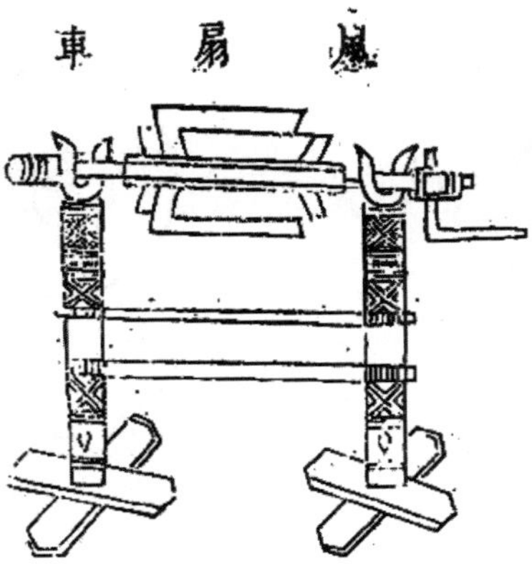

（b） 风扇车[2]

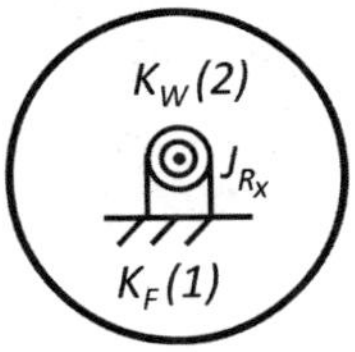

（c） 构造简图

图 6-11　扬风车与风扇车

接头的机构，以脚架为机架（杆 1，K_F）及具曲柄的转轴扇叶（杆 2，K_W），转轴扇叶以旋转接头（J_{R_x}）与机架相邻接，图 6-11（c）所示为其构造简图。

轒辒车的功能为保护攻方士兵接近敌军，并掩护士兵挖掘地道或进行其他工作，轒辒车的历史可追溯至春秋时期[3]。轒辒车下置数个轮子，车架坚固且外披生牛皮。此类车的名称、尺寸及形状或有不同，一般都没有底板，便于隐藏在车内的士兵推动车辆前进或挖掘地道，如图 6-12（a）～（c）所示[4]。轒辒车为二杆一接头的机构，以车架为机架（杆 1，K_F），套于机架的车轮为滚轮机件（杆 2，

[1]〔明〕茅元仪撰：《武备志》，海南出版社，海南，2001 年。

[2]同[1]。

[3]陆敬严：《中国机械史》，中华古机械文教基金会（台南，台湾），越吟出版社，台北，2003 年。

[4]同[1]。

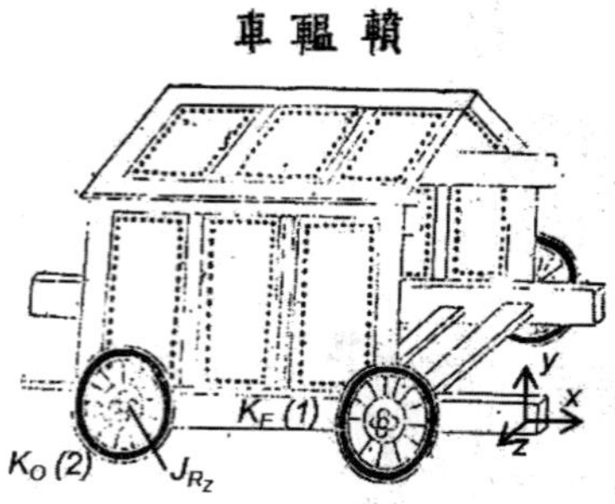

(a) 轒辒车❶

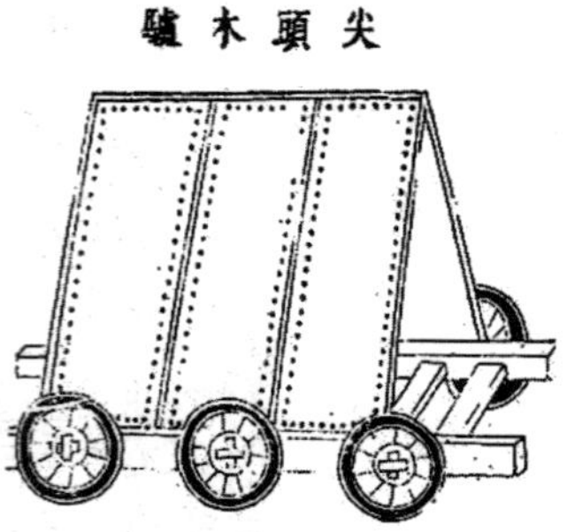

(b) 尖头木驴车❷

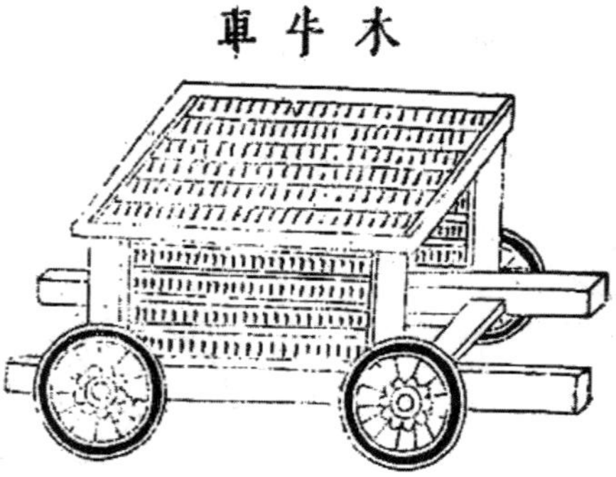

(c) 木牛车❸

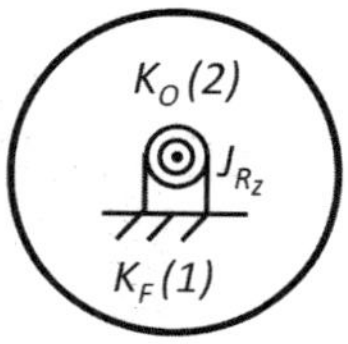

(d) 构造简图

图 6-12　轒辒车、尖头木驴车及木牛车

K_O)，车轮以旋转接头（J_{R_z}）与机架相邻接，图 6-12（d）所示为其构造简图。

云梯或称搭车、搭天车，使攻方士兵可借由云梯爬上城墙强行登城，具有快捷迅猛的特点，如图 6-13（a）～（c）所示❹。云梯于春秋时期已有相关的文献记载❺❻，应由单一木梯结合推车发展而成，其构造可分为滚轮装置与木梯装置两部分。滚轮装置为二杆一接头的机构，以车身为机架（杆 1，K_F），套于机架的车轮为滚轮机件（杆 2，K_O），车轮以旋转接头（J_{R_z}）与机架相邻接，图 6-13（d）所示为其构造简图。木梯装置亦为二杆一接头的机构，包含机架（杆 1，K_F）与木梯（杆 3，K_L），木梯以旋转接头（J_{R_z}）与机架相邻接，图 6-13（e）所示为其构造简图。

❶〔明〕茅元仪撰:《武备志》，海南出版社，海南，2001 年。

❷同❶。

❸同❶。

❹同❶。

❺张春辉、游战洪、吴宗泽、刘元谅：《中国机械工程发明史》，第二编，清华大学出版社，北京，2004 年。

❻陆敬严：《中国机械史》，中华古机械文教基金会（台南，台湾），越吟出版社，台北，2003 年。

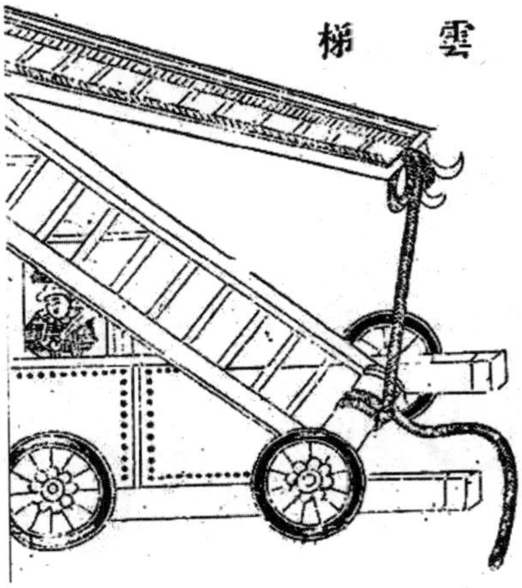

(a) 云梯❶

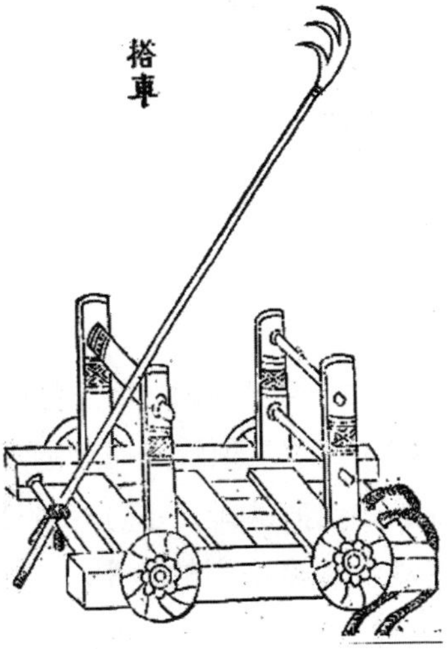

(b) 搭车❷

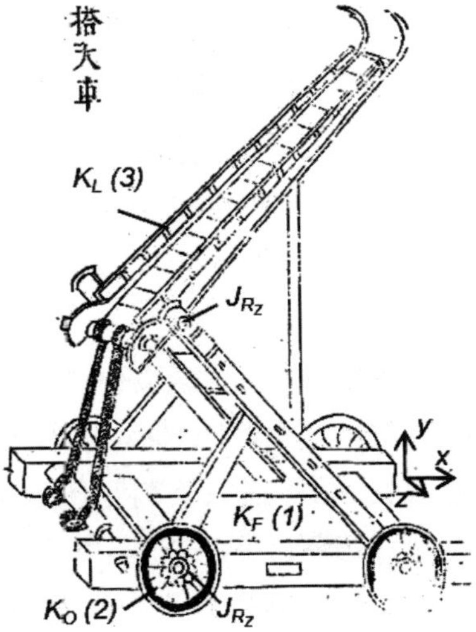

(c) 搭天车❸

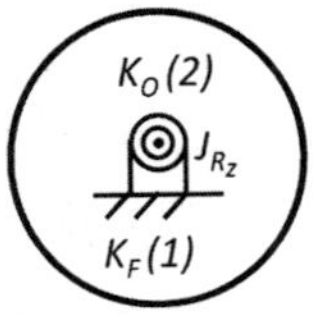

(d) 滚轮装置构造简图

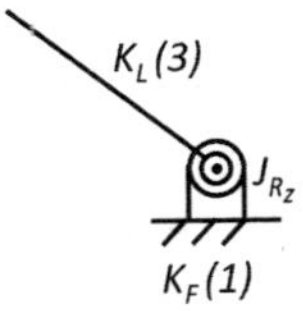

(e) 木梯装置构造简图

图 6-13　云梯、搭车及搭天车

❶〔明〕茅元仪撰：《武备志》，海南出版社，海南，2001 年。

❷同❶。

❸同❶。

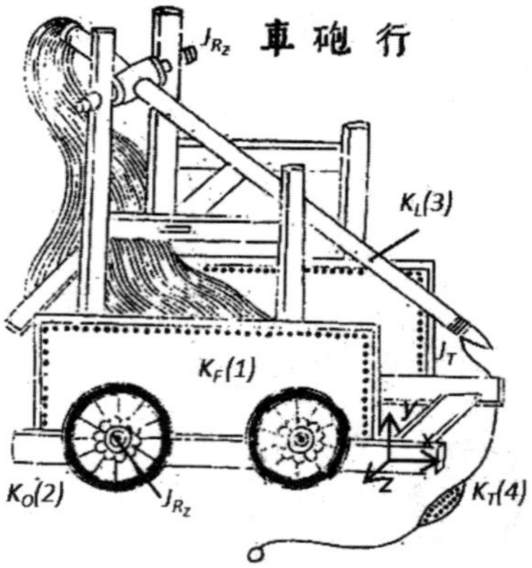

（a）行炮车❶

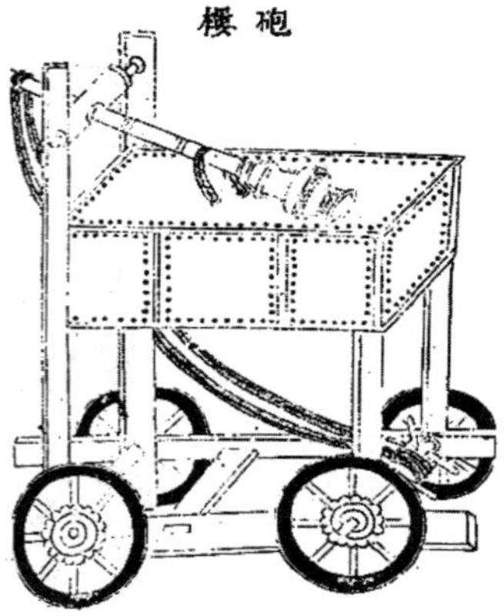

（b）炮楼❷

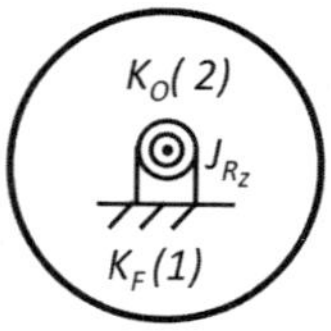

（c）滚轮装置构造简图

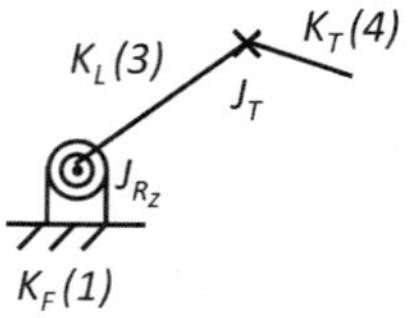

（d）炮台装置构造简图

图 6-14　行炮车与炮楼

❶〔明〕茅元仪撰：《武备志》，海南出版社，海南，2001 年。

❷同❶。

炮车或称行炮车、炮楼，即装置在推车上的抛石机，用于抛射石球攻击远距离的目标，如图 6-14（a）（b）所示❸。炮的发明使用源远流长，根据考古资料，旧石器与新石器时代的遗址，分别有多处发现石球❹❺。东汉末年，发展出兼具机动性与攻击力的炮车，其构造包含滚轮装置与炮台装置两部分。滚轮装置为二杆一接头的机构，以车身为机架（杆 1，K_F），套于机架的车轮为滚轮机件（杆 2，K_O），车轮以旋转接头（J_{R_z}）与机架相邻接，图 6-14（c）所示为其构造简图。炮台装置为三杆二接头的机构，包含机架（杆 1，K_F）、炮杆（杆 3，K_L）及绳索（杆 4，K_T），炮杆以旋转接头（J_{R_z}）与线接头（J_T）分别和机架与绳索相邻接，图 6-14（d）所示为其构造简图。

❸同❶。

❹张春辉、游战洪、吴宗泽、刘元谅：《中国机械工程发明史》，第二编，清华大学出版社，北京，2004 年。

❺陆敬严：《中国机械史》，中华古机械文教基金会（台南，台湾），越吟出版社，台北，2003 年。

撞车或称冲车，用于撞击城门与城墙，墨子即把撞车攻城的方式称作冲❻，如图 6-15（a）所示❼。撞车的构造包含滚轮装置与撞杆装置两部分。滚轮装置为二杆一接头的机构，以车身为机架（杆 1，K_F），套于机架的车轮为滚轮机件（杆 2，K_O），车轮以旋转接头（J_{R_z}）

❻同❹。

❼同❶。

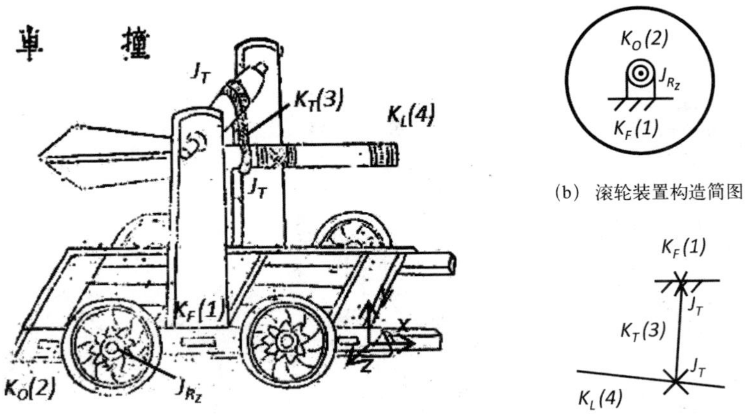

(a) 原图❶

(b) 滚轮装置构造简图

(c) 撞杆装置构造简图

图 6-15 撞车

❶〔明〕茅元仪撰：《武备志》，海南出版社，海南，2001 年。

与机架相邻接，图 6-15（b）所示为其构造简图。撞杆装置为三杆二接头的机构，包含机架（杆 1，K_F）、绳索（杆 3，K_T）及撞杆（杆 4，K_L），绳索以线接头（J_T）分别和机架与撞杆相邻接，图 6-15（c）所示为其构造简图。

三、防御器械

檑或称雷，用于打击攻方士兵和器械的重物，有数种不同类型，如图 6-16（a）所示❷。檑为三杆二接头的机构，包含木檑（杆 1，K_L）、滚轮（杆 2，K_O）及绳索（杆 3，K_T），木檑以旋转接头（J_{R_x}）与线接头（J_T）分别与滚轮和绳索相邻接，图 6-16（b）所示为其构造简图。

❷同❶。

狼牙拍的功能与檑相同，只是加大尖锐物的范围，并装置在滑轮上，便于操作，如图 6-17（a）所示❸。狼牙拍为四杆三接头的机构，包含机架（杆 1，K_F）、滑轮（杆 2，K_U）、绳索（杆 3，K_T）及狼牙拍（杆 4，K_B）。在接头方面，滑轮以旋转接头（J_{R_x}）与机架相邻接，绳索以回绕接头（J_W）与线接头（J_T）分别与滑轮和狼牙拍相邻接，图 6-17（b）所示为其构造简图。

❸同❶。

晋朝之前，木幔车已用于战争中❹，最早的功能是掩护步兵爬城，后来逐渐转为抵挡攻方发射之石球的防御器械，如图 6-18（a）

❹张春辉、游战洪、吴宗泽、刘元谅：《中国机械工程发明史》，第二编，清华大学出版社，北京，2004 年。

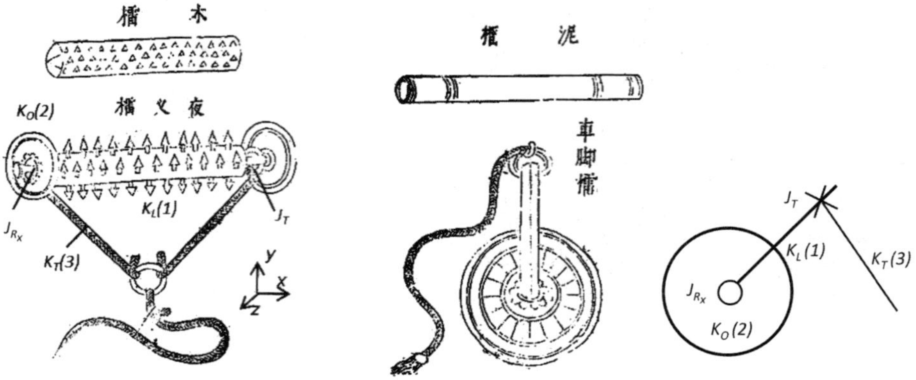

（a） 原图❶

（b） 构造简图

图 6-16　檑

❶〔明〕茅元仪撰：《武备志》，海南出版社，海南，2001 年。

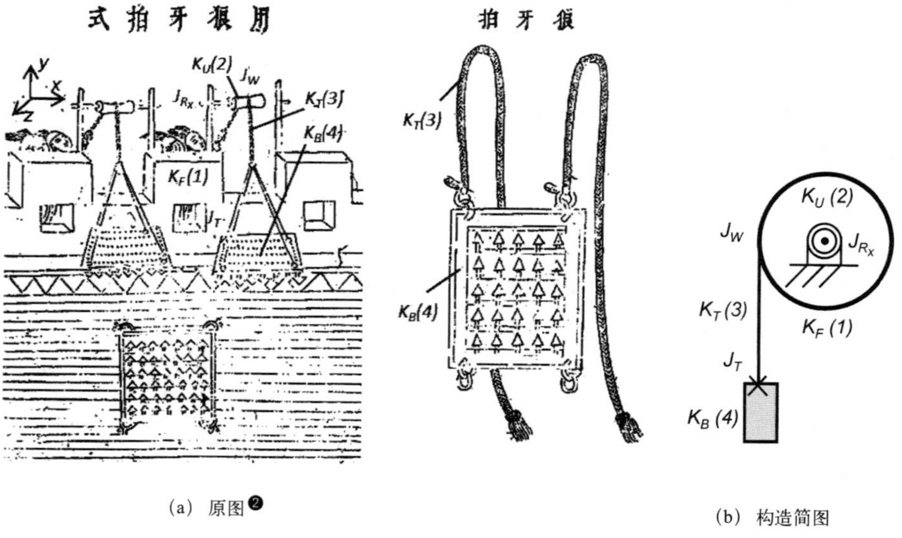

（a） 原图❷

（b） 构造简图

图 6-17　狼牙拍

❷同❶。

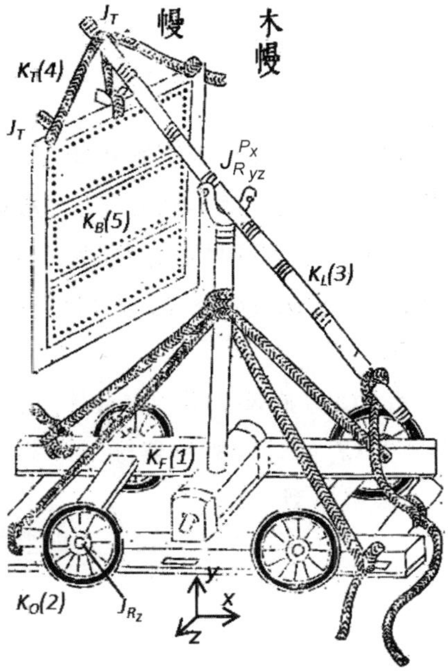

(a) 原图 ❶

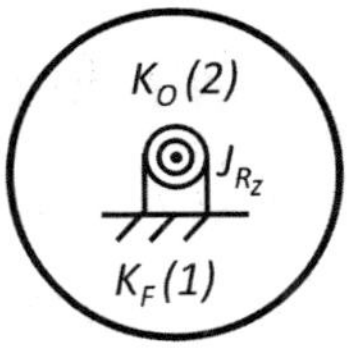

(b) 滚轮装置构造简图

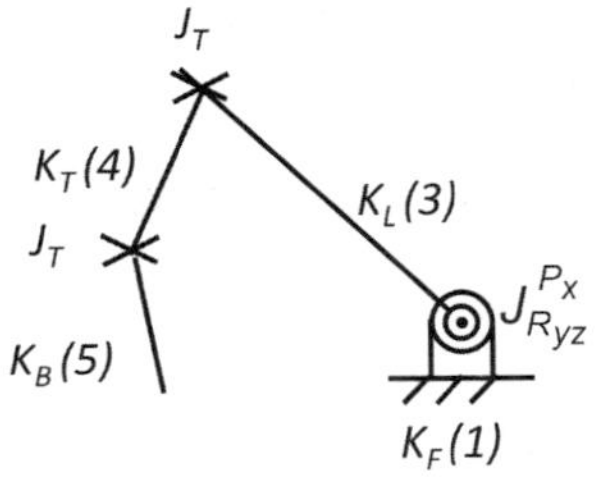

(c) 盾牌装置构造简图

图 6-18 木幔车

❶〔明〕茅元仪撰：《武备志》，海南出版社，海南，2001 年。

所示❷，其构造包含滚轮装置与盾牌装置两部分。滚轮装置为二杆一接头的机构，以车身为机架（杆 1，K_F），套于机架的车轮为滚轮机件（杆 2，K_O），车轮以旋转接头（J_{R_z}）与机架相邻接，图 6-18（b）所示为其构造简图。盾牌装置为四杆三接头的机构，包含机架（杆 1，K_F）、连杆（杆 3，K_L）、绳索（杆 4，K_T）及盾牌（杆 5，K_B）。在接头方面，绳索以线接头（J_T）分别与连杆和盾牌相邻接，连杆则以具 x 轴方向滑行与 y 轴、z 轴方向旋转的接头（$J_{R_{yz}}^{P_x}$）和机架相邻接，图 6-18（c）所示为其构造简图。连杆与机架的邻接方式，可使士兵方便操作盾牌位置，降低攻方石球与弓箭的杀伤力。

❷同❶。

第六节 其他器械

应用滚轮且无法归类于上述五类的器械包含活字板韵轮、木棉搅车、綀车及陶车等四项，上述器械皆为构造明确的机构（类型 I），兹分别叙述如下：

一、活字板韵轮

在北宋毕昇（970—1051）发明胶泥活字排板印刷的基础上，元朝王祯（1271—1368）以木活字代替胶泥活字，改善胶泥活字“难以使墨、率多印坏，所以不能久行”的缺点，并发明转轮储字盘，活字依声韵排列于盘内，使用时只要转动轮盘就可以拣字，大幅提升了拣字工的效率，如图 6-19（a）所示[1]。

活字板韵轮为二杆一接头的机构，以底座为机架（杆 1，K_F），为运动连杆（杆 2，K_L），以旋转接头（J_{R_y}）与机架相邻接。图 6-19（b）（c）所示分别为其构造简图与原型机模型。

[1]〔元〕王祯撰：《农书》，中华书局，第 1 版，北京，1991 年。

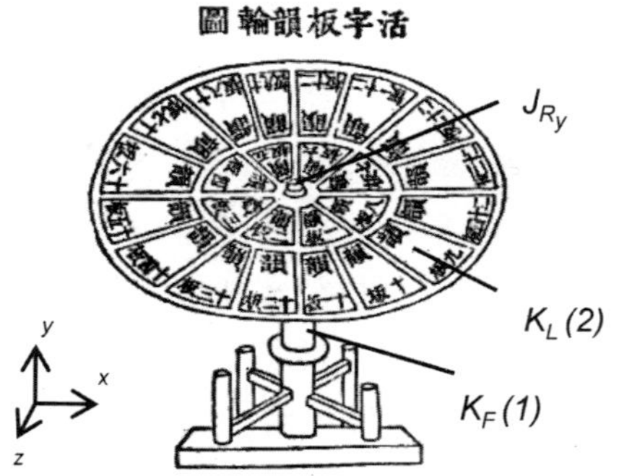

（a） 原图[2]

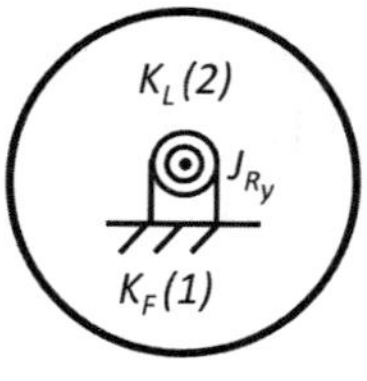

（b） 构造简图

[2]同[1]。

（c） 原型机模型

图 6-19　活字板韵轮

二、木棉搅车

木棉搅车用于纺织前棉纤维的处理。如图 6-20（a）所示[1]，有手摇式与脚踏式两种。本章仅分析手摇式木棉搅车，脚踏式木棉搅车将于第九章挠性传动机构中说明。棉花采收并晾干后，以木棉搅车碾压，以便分离棉絮与棉核。其组成包含木框与两根转轴，转轴上各带有掉拐（曲柄）以便转动，转轴与掉拐之间没有相对运动，可视为同一杆件。手摇式木棉搅车需要两位操作者反方向同时转动掉拐，并使棉花进入两根转轴之间，轧出棉核。

[1]〔元〕王祯撰：《农书》，中华书局，第 1 版，北京，1991 年。

分析机构时只采一组转轴，因此木棉搅车为二杆一接头的机构。以木框为机架（杆 1，K_F），具掉拐的转轴为运动连杆（杆 2，K_L），具掉拐的转轴以旋转接头（J_{R_x}）与机架相邻接，图 6-20（b）所示为其构造简图。

三、絃车

絃车用以处理麻枲纤维，如图 6-21（a）所示[2]。其组成包含木架与軖轂，使用者左手牵捻麻枲纤维，右手转动軖轂。絃车为二杆一接头的机构，以木框为机架（杆 1，K_F），转轴为运动连杆（杆 2，

[2]同[1]。

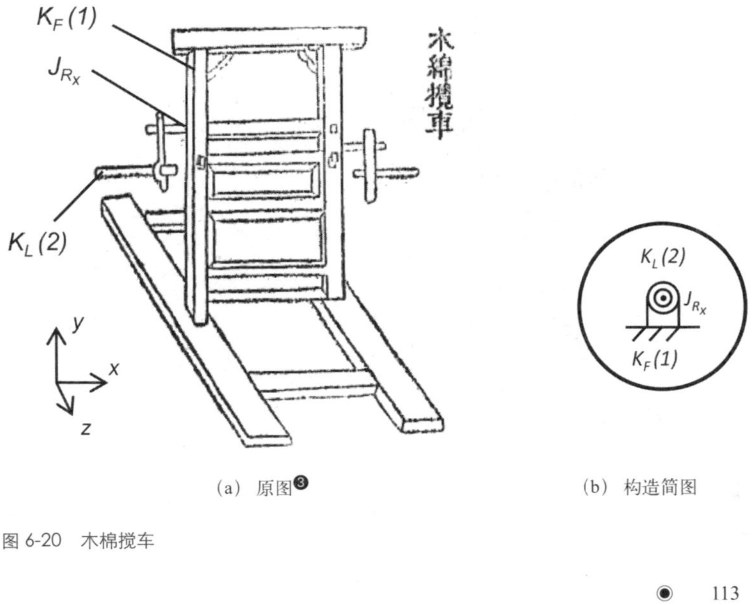

（a）原图[3]　　（b）构造简图

[3]同[1]。

图 6-20　木棉搅车

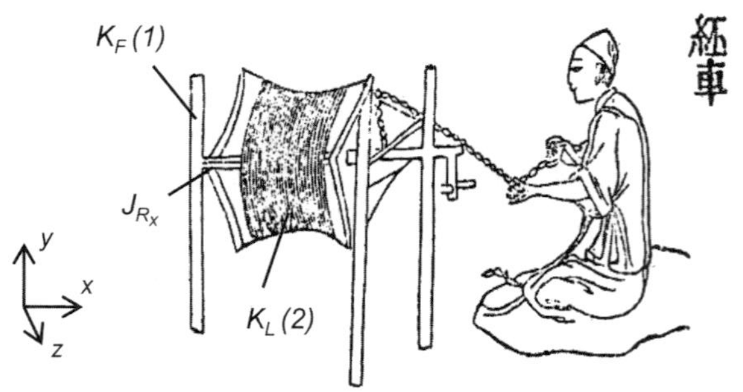

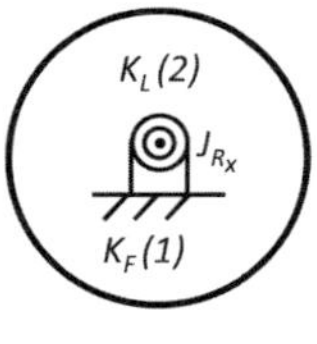

（a） 原图❶　　（b） 构造简图

图 6-21 紴车

❶〔元〕王祯撰：《农书》，中华书局，第 1 版，北京，1991 年。

K_L），转轴以旋转接头（J_{R_x}）与机架相邻接，图 6-21（b）所示为其构造简图。

四、 陶车

❷〔明〕宋应星撰，潘吉星译注：《天工开物译注》，上海古籍出版社，上海，1998 年。

陶车用于制作各种陶瓷器具，如图 6-22（a）所示❷。陶瓷的制作首先调查土质，确定泥土后，根据器物大小取和好的泥置于陶车的旋盘上，以拇指按压泥的底部，轻转旋盘，即成坯形。

陶车为二杆一接头的机构，以底座为机架（杆 1，K_F），旋盘为运动连杆（杆 2，K_L），旋盘以旋转接头（J_{R_y}）与机架相邻接，图 6-22（b）所示为其构造简图。

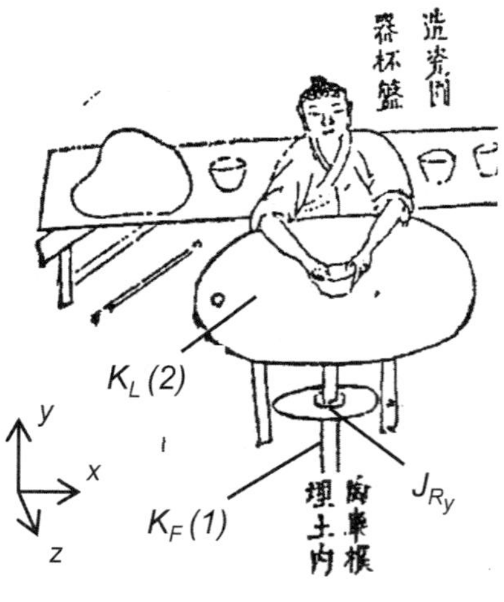

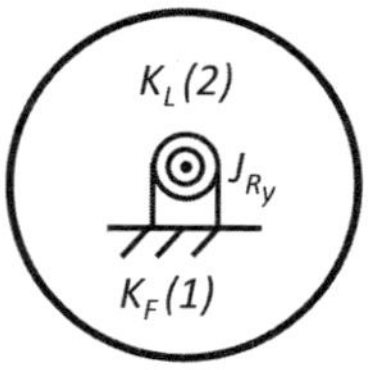

（a） 原图❸　　（b） 构造简图

图 6-22 陶车

❸同❷。

第七节　小结

本章以现代机构学的观点，分析古籍技术类专书中具滚轮元件的器械。由于旋转接头具有容易制造与功能广泛等优点，因此，古中国的机械装置大量使用旋转接头与转动元件。

第二章介绍的五本专书中，共有35件具滚轮元件的器械，这些装置皆为构造明确的机构（类型I），如表6-1所示。本章共有42张原图、28张构造简图、1张仿制图、1张原型机模型图及3张实物装置图。若转动元件作为滚轮之用，则该器械有整地、运输等用途。此外，转动元件也广泛应用于农业生产、谷物加工、汲水灌溉、纺织纤维处理及陶瓷制作等。本章介绍之机械元件与接头包含滚轮、连杆、绳索、旋转接头、回绕接头及线接头，在动力来源方面，则包含人力、兽力及水力。

表 6-1　滚轮装置（35件）

书名 机构名称	《农书》	《武备志》	《天工开物》	《农政全书》	《钦定授时通考》
砺础 图6-1 类型I	《耒耜》			《农器》	
碌碡 图6-1 类型I	《耒耜》			《农器》	
辊轴 图6-1 类型I	《杷朳》			《农器》	《收获》
砘车 图6-1 类型I	《耒耜》			《农器》	
石陀 图6-1 类型I			《乃粒》		
下泽车 图6-2 类型I	《舟车》				
大车 图6-2 类型I	《舟车》				

续表

书名 机构名称	《农书》	《武备志》	《天工开物》	《农政全书》	《钦定授时通考》
推镰 图 6-2 类型 I	《铚艾》			《农器》	
麦笼 图 6-2 类型 I	《薅麦》			《农器》	《收获》
合挂大车 图 6-2 类型 I			《舟车》		
南方独推车 图 6-2 类型 I			《舟车》		
双遣独轮车 图 6-2 类型 I			《舟车》		
风车扇 图 6-3 类型 I	《杵臼》		《粹精》		《攻治》
礲 图 6-4 类型 I	《杵臼》		《粹精》	《农器》	《攻治》
水磨 图 6-4 类型 I	《利用》			《水利》	《攻治》
小碾 图 6-5 类型 I			《粹精》		《攻治》
滚石 图 6-5 类型 I			《粹精》		
刮车 图 6-6 类型 I	《灌溉》			《水利》	《灌溉》
筒车 图 6-7 类型 I	《灌溉》		《乃粒》	《水利》	《灌溉》
龙尾 图 6-8 类型 I		《军资乘》		《水利》	《泰西水法》
巢车 图 6-9 类型 I		《军资乘》			
望楼车 图 6-9 类型 I		《军资乘》			

续表

书名 机构名称	《农书》	《武备志》	《天工开物》	《农政全书》	《钦定授时通考》
壕桥 图 6-10 类型 I		《军资乘》			
扬风车 图 6-11 类型 I		《军资乘》			
轒辒车 图 6-12 类型 I		《军资乘》			
云梯 图 6-13 类型 I		《军资乘》			
炮车 图 6-14 类型 I		《军资乘》			
撞车 图 6-15 类型 I		《军资乘》			
檑 图 6-16 类型 I		《军资乘》			
狼牙拍 图 6-17 类型 I		《军资乘》			
木幔车 图 6-18 类型 I		《军资乘》			
活字板韵轮 图 6-19 类型 I	《麻苎》				
木棉搅车 图 6-20 类型 I	《纩絮》			《蚕桑广类》	《桑余》
絾车 图 6-21 类型 I	《麻苎》			《蚕桑广类》	《桑余》
陶车 图 6-22 类型 I			《陶埏》		

第七章 连杆机构

古中国应用连杆的机械装置，可根据作用原理与功能分为杠杆、抽水筒、谷物加工器械及其他器械等四类。本章首先简述各类器械的用途与组成，接着判断该器械的构造明确程度，并应用第五章介绍的复原设计方法，分析图中杆件数目及可能的接头类型，最后绘出各类器械所有可能的机构图谱。

第一节 杠杆

应用杠杆的器械包含踏碓、槽碓、鏩、桑夹、连枷、权衡、鹤饮及桔槔等八项装置，兹分别叙述如下。

一、踏碓与槽碓

碓舂器械借由钝器舂捣谷物，用以去除稻壳或麦皮等，自汉代以来即广泛应用于民间。[1]碓舂器械的作用方式类似以手操作的杵臼，槌击的效果取决于槌头的质量，以及槌头接触到谷物的速度。透过杠杆与其他机构作用，不仅改变了操作方法，更达到了省力的目的。

[1]张春辉、游战洪、吴宗泽、刘元谅：《中国机械工程发明史》，第二编，清华大学出版社，北京，2004年。

踏碓由木架与碓梢组成，如图 7-1（a）所示[1]，其中碓梢包含石制槌头与木制梢柄，并以木架为支点。操作时踩踏梢柄末端，透过杠杆放大作用力，使槌头达到舂碓谷物所需的速度与动量（即槌头质量与速度的乘积）。槽碓的构成与踏碓大致相同，如图 7-1（b）所示[2]，唯碓梢的末端加装一凹槽，并需位于水边。引上游水流注入槽中，注满的水会压下碓梢，使槌头翘起，而在碓梢转动后，槽中的水自然泄出，使得槌头重于凹槽而落下并舂击谷物。

踏碓与槽碓的动力来源虽然不同，但其构造特性相同，皆为二杆一接头的连杆机构[3]。其中，木架为机架（杆 1，K_F），碓梢为运动连杆（杆 2，K_L），碓梢以不确定接头 J_α 与机架相邻接，属于接头类型不确定之机构（类型 II），其构造简图如图 7-1（c）所示。考虑碓的功能及碓梢运动的类型与方向，接头 J_α 有三种可能的类型：碓梢绕着机架 x 轴旋转，以符号 J_{R_x} 表示，如图 7-1（d_1）所示；碓梢除绕着机架旋转外，还可以沿着 x 轴滑动，以符号 $J_{R_x}^{P_x}$ 表示，如图 7-1（d_2）所示。

碓梢除绕着机架旋转外，还可以沿着 x 轴与 z 轴滑动，以符号 $J_{R_x}^{P_{xz}}$ 表示，如图 7-1（d_3）所示。z 轴方向的移动，可让使用者更容易舂击 z 轴方向的谷物。此外，图 7-1（e）所示为《天工开物》[4]中踏碓原图的仿制图。

二、鍘与桑夹

鍘与桑夹均为草料处理的切裁器械，鍘用于切牧草饲牛，桑夹用于裁养蚕的桑叶，如图 7-2（a）(b）所示[5]。其组成包含锻铁制的鍘刀以及木制的基座，鍘刀的刀尖以细杆穿过，并与基座连接。使用时，操作者一手送入牧草或桑叶，另一手压下刀柄将其裁断。分析为二杆一接头机构，以基座为机架（杆 1，K_F），鍘刀为运动连杆（杆 2，K_L），并以旋转接头 J_{R_z} 相互邻接，属于构造明确之机构（类型 I），图 7-2（c）所示为其构造简图。

三、连枷

连枷用于谷物的脱粒，以木条编成一束，再与长柄组合，成为可放大手部动作并增加击打效果的脱粒工具，如图 7-3（a）(b）所

[1]〔明〕宋应星撰，潘吉星译注：《天工开物译注》，上海古籍出版社，上海，1998 年。

[2]〔元〕王祯撰：《农书》，中华书局，第 1 版，北京，1991 年。

[3] Yan, H.S. and Hsiao, K.H., "Structural Synthesis of the Uncertain Joints in the Drawings of Tian Gong Kai Wu" *Journal of Advanced Mechanical Design, Systems, and Manufacturing* - Japan Society Mechanical Engineering, Vol. 4, No. 4, pp. 773—784, 2010.

[4] 同[1]。

[5] 同[2]。

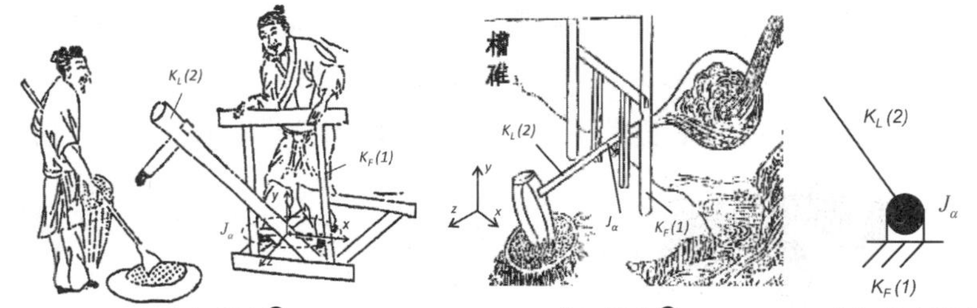

(a) 踏碓❶　　(b) 槽碓❷　　(c) 构造简图

(d_1)　　(d_2)　　(d_3)

(d) 可行设计图谱

(e) 仿制图❸

图 7-1　踏碓与槽碓

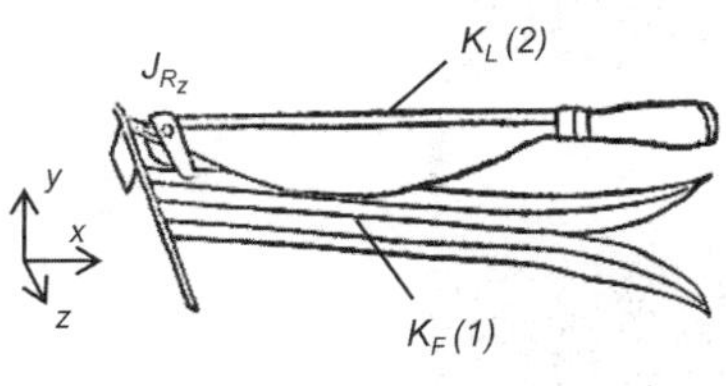

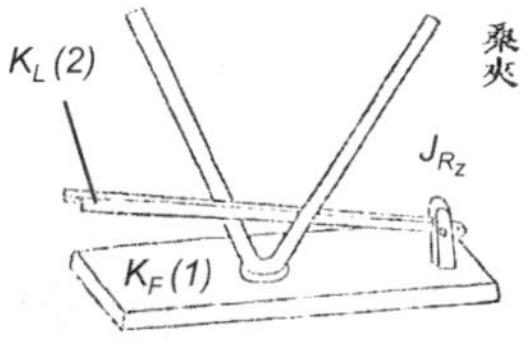

(a) 鏩❹　　(b) 桑夹❺

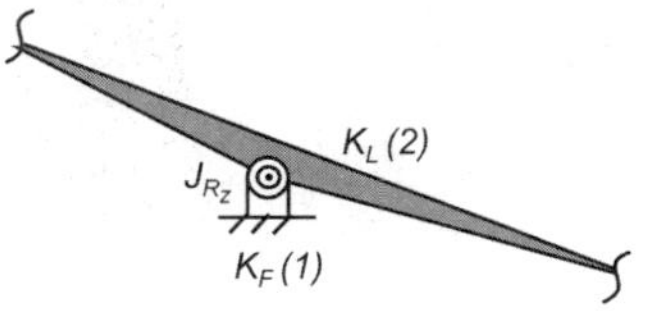

(c) 构造简图

图 7-2　鏩与桑夹

❶〔明〕宋应星撰，潘吉星译注：《天工开物译注》，上海古籍出版社，上海，1998 年。

❷〔元〕王祯撰：《农书》，中华书局，第 1 版，北京，1991 年。

❸ Yan, H.S. and Hsiao, K.H., "Structural Synthesis of the Uncertain Joints in the Drawings of Tian Gong Kai Wu," *Journal of Advanced Mechanical Design, Systems, and Manufacturing* - Japan Society Mechanical Engineering, Vol. 4, No. 4, pp. 773—784, 2010.

❹同❷。

❺同❷。

示[1][2]。连枷为二杆一接头的机构[3]，以长柄为机架（杆 1，K_F），木条束为运动连杆（杆 2，K_L），木条束以不确定接头 J_α 与机架相邻接，属于接头类型不确定之机构（类型 II），其构造简图如图 7-3（c）所

（a） 打枷[4]

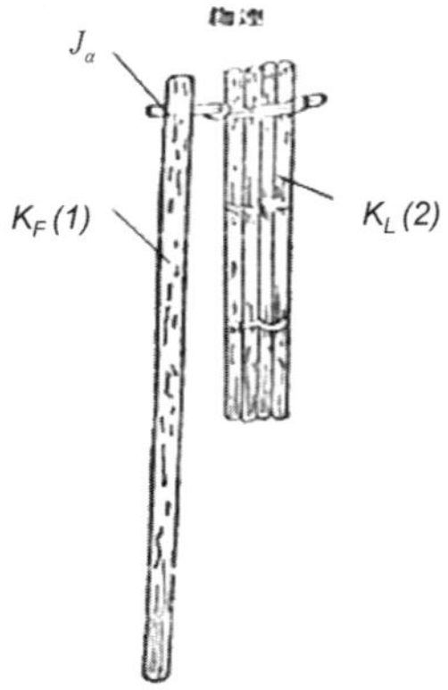

（b） 连枷[5]

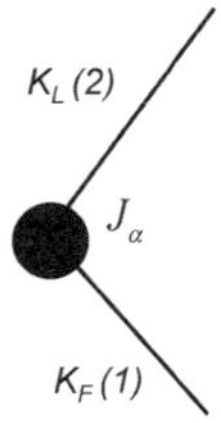

（c） 构造简图

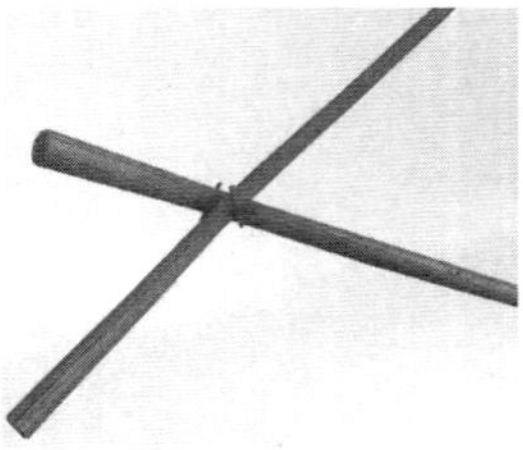

（d_1）

（d_2）

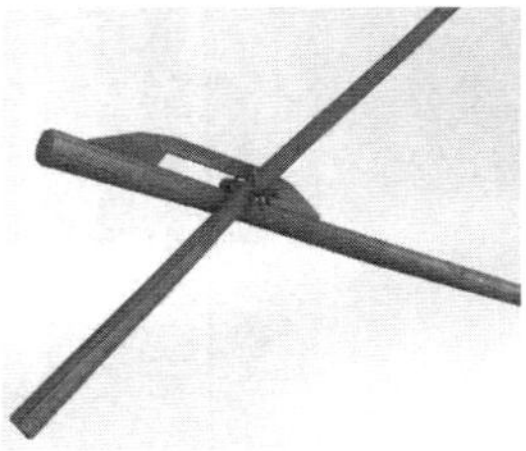

（d_3）

（d） 可行设计图谱

（e） 仿制图[6]

图 7-3 打枷

❶〔明〕宋应星撰，潘吉星译注：《天工开物译注》，上海古籍出版社，上海，1998 年。

❷〔元〕王祯撰：《农书》，中华书局，第 1 版，北京，1991 年。

❸ Hsiao, K.H. and Yan, H.S., "Structural Identification of the Uncertain Joints in the Drawings of Tian Gong Kai Wu," *Journal of the Chinese Society of Mechanical Engineers*, Taipei, Vol. 31, No. 5, pp. 383—392, 2010.

❹同❶。

❺同❷。

❻同❸。

示。考虑连枷的功能及木条束运动的类型与方向，接头 J_α 为旋转接头（J_{R_z}）、球接头（$J_{R_{xyz}}$）及销接头（$J_{R_z}^{P_x}$）等三种类型皆可达到文献中记载的功能。经由分配不确定接头 J_α（J_{R_z}、$J_{R_{xyz}}$ 及 $J_{R_z}^{P_x}$）于构造简图中，得到可行设计图谱分别如图 7-3（d_1）～（d_3）所示。此外，图 7-3（e）所示为《天工开物》❶中打枷原图的仿制图。

四、权衡

在杠杆上安装吊绳作为支点，一端挂上重物，另一端挂上砝码或秤锤，就可以称量物体的重量，这种装置称为权衡或衡器。权是砝码或秤锤，衡则指秤杆。图 7-4（a）所示为使用权衡测试弓力❷，吊重物于弓腰，再将秤钩挂于弓弦，弦满之时移动秤锤称平，则可知弓力大小。权衡包含秤杆（杆 1，K_L）、吊绳（杆 2，K_{T_1}）及秤钩绳（杆 3，K_{T_2}），秤杆以线接头（J_T）分别与吊绳和秤钩绳相连接，属于构造明确之机构（类型 I），图 7-4（b）所示为其构造简图。

五、 鹤饮

鹤饮用于取低处水至稍高岸上灌溉，如图 7-5（a）所示❸。用竹或木制成长槽，槽的末端设一戽斗；另设木架为支点，长槽为杠杆。使用时，使末端转入水中盛水，再将末端升起，水沿槽流入岸旁农地。鹤饮为二杆一接头机构，以木架为机架（杆 1，K_F），长槽为运动连杆（杆 2，K_L），并以旋转接头 J_{R_z} 相互邻接，属于构造明确之机构（类型 I），图 7-5（b）所示为其构造简图。

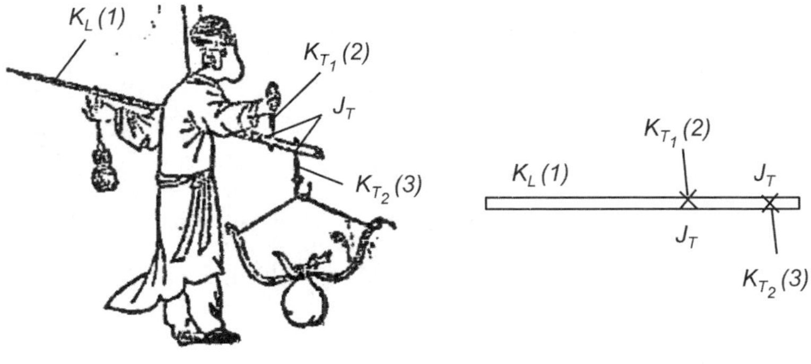

（a） 原图❹　　（b） 构造简图

图 7-4　权衡

❶〔明〕宋应星撰，潘吉星译注：《天工开物译注》，上海古籍出版社，上海，1998 年。

❷同❶。

❸〔清〕鄂尔泰等编：《钦定授时通考》，收录于四库全书珍本（王云五主编），据影文渊阁四库全书本，台湾"商务印书馆"，台北，1965 年。

❹同❶。

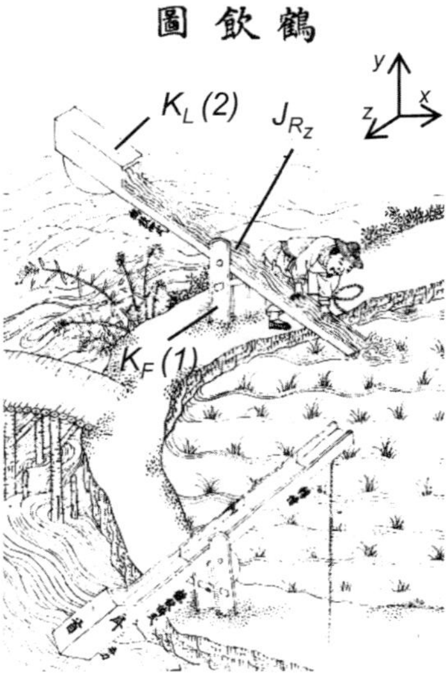

(a) 原图❶

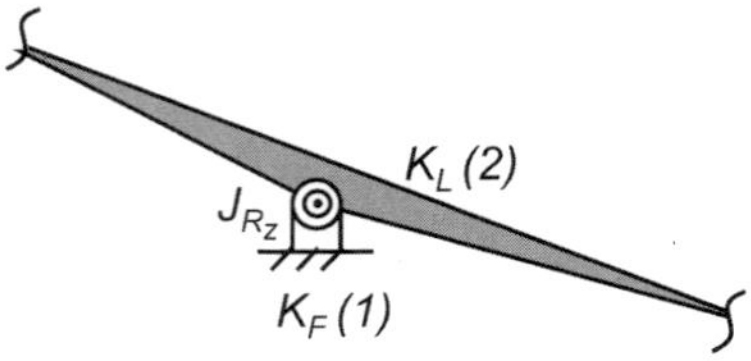

(b) 构造简图

图 7-5 鹤饮

❶〔清〕鄂尔泰等编：《钦定授时通考》，收录于四库全书珍本（王云五主编），据影文渊阁四库全书本，台湾“商务印书馆”，台北，1965 年。

六、桔槔

桔槔用于从水井或河里汲水，又称为吊杆、拔杆、架斗或桥，是古中国最早使用的灌溉机械，也是杠杆原理的典型应用，如图 7-6（a）所示❷。其构造包含竖立的支架与横杆，横杆一端系着连接杆，另一端缚以重石，连接杆末端连接水桶。使用时，将连接杆下压，使水桶入井装水；由于横杆一端缚有重石，水满后稍用力即可令水桶升起❸❹。

根据文字叙述与机构图像，桔槔的杆件数量明确，但是附随于横杆与机架的接头 J_α 及横杆与连接杆的接头 J_β 皆无法明确判定其类形，因此定为接头类型不确定之机构（类型Ⅱ）。桔槔包含机架（杆 1，K_F）、横杆（杆 2，K_{L_1}）、连接杆（杆 3，K_{L_2}）及水桶（杆 4，K_B）。在接头方面，横杆以不确定接头 J_α 与机架相邻接，连接杆以不确定接头 J_β 与旋转接头 J_{R_x} 分别和横杆与水桶相邻接，其构造简图如图 7-6（b）所示。

桔槔是以人力拉动连接杆，经由横杆与重石的带动，从低处提水上升的，其不确定接头有多种可能，皆能达成汲水的功能。考虑

❷〔明〕宋应星撰，潘吉星译注：《天工开物译注》，上海古籍出版社，上海，1998 年。

❸张春辉、游战洪、吴宗泽、刘元谅：《中国机械工程发明史》，第二编，清华大学出版社，北京，2004 年。

❹卢本珊、张柏春、刘诗中：《铜岭商周矿用桔槔与滑车及其使用方式》，《中国科技史料》，第 17 卷，第 2 期，1996 年，第 73—80 页。

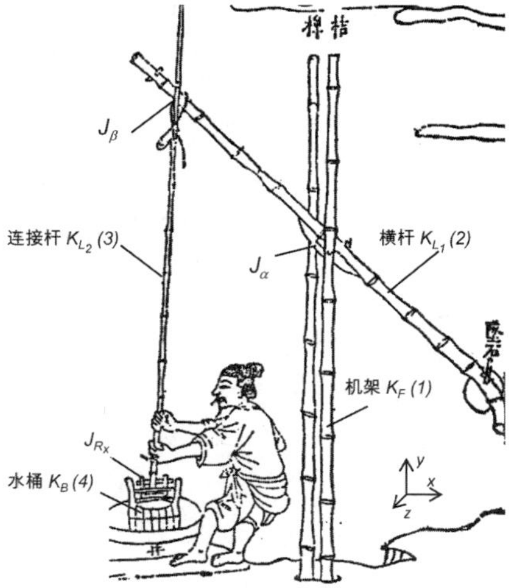

(a) 原图❶

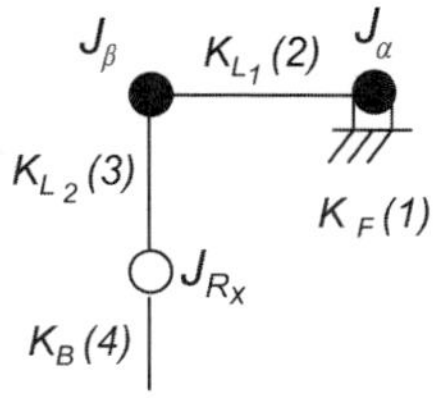

(b) 构造简图

❶〔明〕宋应星撰，潘吉星译注：《天工开物译注》，上海古籍出版社，上海，1998 年。

(c_1) (c_2) (c_3) (c_4) (c_5)

(c) 可行设计图谱

(d) 仿制图❷

图 7-6 桔槔

❷ Yan, H.S. and Hsiao, K.H., "Structural Synthesis of the Uncertain Joints in the Drawings of Tian Gong Kai Wu," *Journal of Advanced Mechanical Design, Systems, and Manufacturing*–Japan Society Mechanical Engineering, Vol. 4, No. 4, pp. 773—784, 2010.

横杆运动的类型与方向，接头 J_α 的类型有三种可能：横杆绕着机架旋转，用符号 J_{R_z} 表示，如图 7-6（c_1）所示；横杆除绕着机架 z 轴旋转外，还可以沿着 x 轴滑动，用符号 $J_{R_z}^{P_x}$ 表示，如图 7-6（c_2）所示；横杆除绕着机架 y 轴与 z 轴旋转外，还可以沿着 x 轴与 z 轴滑动，用符号 $J_{R_{yz}}^{P_{xz}}$ 表示，如图 7-6（c_3）所示。考虑连接杆运动的类型与方向，不确定接头 J_β 的类型则有两种可能：一种为连接杆相对于横杆，沿 z 轴向旋转，用符号 J_{R_z} 表示，如图 7-6（c_4）所示；另一种为连接杆相对于横杆，除沿 z 轴向旋转外，还沿 x 轴向旋转，用符号 $J_{R_{xz}}$ 表示，如图 7-6（c_5）所示。此外，图 7-6（d）所示为《天工开物》[1]中桔槔原图的仿制图。

[1]〔明〕宋应星撰，潘吉星译注：《天工开物译注》，上海古籍出版社，上海，1998 年。

第二节　抽水筒

抽水筒包含虹吸、恒升及玉衡三项器械，用于制造出压力差，迫使水往高处流动，其利用虹吸原理取水，是明清时期由西方引进中国的水利器械，用于汲取井水，兹分别叙述如下。

一、虹吸

虹吸的组成包含中空的木筒（杆 1，K_F）、附有长柄的横木板（杆 2，K_p）及长管，如图 7-7（a）所示[2]。横木板与木筒底端各有一个方孔与一条细缝，各以一个薄木片（舌片）插入缝中，薄木片可在细缝内轻微转动，并可盖住方孔，如图 7-7（b）所示。将长柄横木板插入筒内，二者之间尽可能密合，并将长管一端浸入井水中，另一端接于木筒下端。

[2]〔清〕鄂尔泰等编：《钦定授时通考》，收录于四库全书珍本（王云五主编），据影文渊阁四库全书本，台湾“商务印书馆”，台北，1965 年。

虹吸为二杆一接头的机构，以木筒为机架（杆 1，K_F），长柄与横木板为活塞滑件（杆 2，K_P），并以滑行接头（J^{P_y}）相互邻接，属于构造明确之机构（类型 I），图 7-7（c）所示为其构造简图。

借由两个舌片的开合，水只能单一方向由木筒下端进入筒中，并由木筒上端流出井外。

虹吸的作动分为以下四个步骤，如图 7-8 所示。

步骤 1：空筒。此时筒内尚未进水，筒底与横木板之舌片皆闭

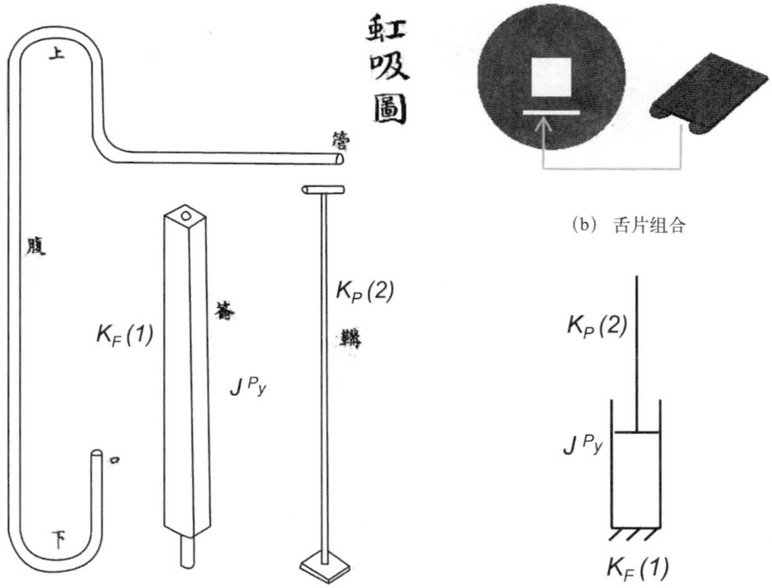

(a) 原图❶　(b) 舌片组合　(c) 构造简图

图 7-7　虹吸

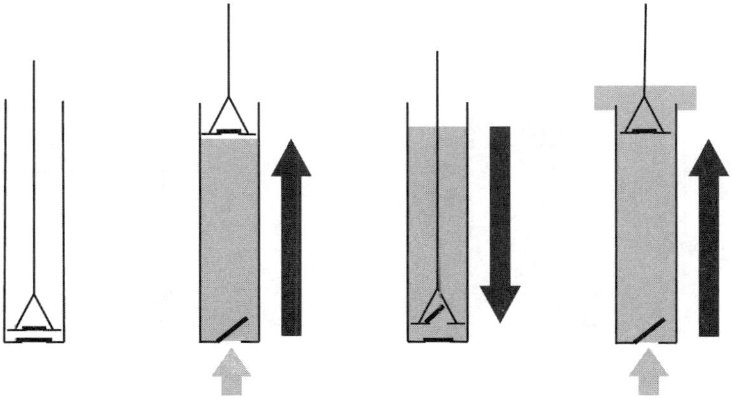

(a) 步骤 1　(b) 步骤 2　(c) 步骤 3　(d) 步骤 4

图 7-8　虹吸作动示意图

❶〔清〕鄂尔泰等编：《钦定授时通考》，收录于四库全书珍本（王云五主编），据影文渊阁四库全书本，台湾“商务印书馆”，台北，1965 年。

合，如图 7-8（a）所示。

步骤 2：横木板在筒中向上滑动。此时筒底的舌片被筒外的水压推开，露出方孔，水经由长管被吸入筒中，而横木板上的舌片仍维持闭合，如图 7-8（b）所示。

步骤 3：横木板向下滑动。此时横木板的舌片被水压冲开，水流过方孔穿过木板，而筒底的舌片则受筒内水压推动，恢复闭合状态。当横木板向下滑动时，水不会被挤出桶外，如图 7-8（c）所示。

步骤 4：横木板再次向上滑动。此时筒底的舌片再次打开，吸入更多水进入筒中，而横木板上的舌片闭合，将步骤 2 时吸入的水由上方压出筒外，达到汲水出井的目的，如图 7-8（d）所示。

二、恒升

恒升是在虹吸的构造上加设一根杠杆，可较为省力地实现横木板的上下运动，形成三杆三接头的机构，图 7-9（a_1）～（a_4）所示为局部零件几何外形❶。木筒与杠杆的支架固定不动，作为机架（杆 1，K_F）；横木板为活塞滑块（杆 2，K_P），杠杆为运动连杆（杆 3，K_L）。在接头方面，杆 3 分别以不确定接头 J_α 与 J_β 和杆 2 与机架相邻接，杆 2 则以滑行接头（J^{P_y}）与机架相邻接，其构造简图如图 7-9（b）所

❶〔明〕徐光启撰：《农政全书校注》，石声汉校注，明文书局，台北，1981 年。

❷同❶。

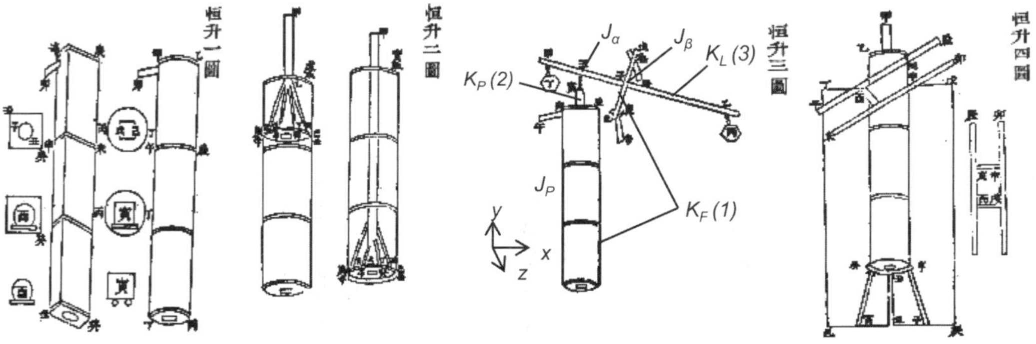

（a_1）　（a_2）　（a_3）　（a_4）

（a）局部零件几何图❷

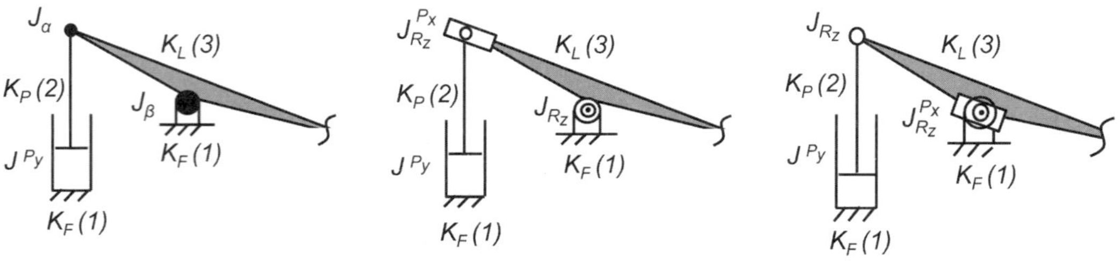

（b）构造简图　（c_1）可行设计　（c_2）可行设计

图 7-9　恒升

示。为了达到文献所描述的器械功能，接头 J_α 与 J_β 各有两种可能的类型，且不可相同；当一接头为旋转接头（J_{R_z}）时，另一接头除旋转外也可滑动，是为销接头（$J_{R_z}^{P_x}$）。恒升属于接头类型不确定之机构（类型Ⅱ），图 7-9（c_1）（c_2）所示为其可行设计图谱。

三、玉衡

玉衡是以恒升的构造为基础，再加置一组长柄横木与木筒而成，图 7-10（a_1）～（a_4）所示为局部零件几何外形[1]。由于左右两组装置的杠杆为同一杆件，可使左右两横木板产生一上一下交替的运动，因此玉衡的取水效率较恒升为高。由于玉衡的构造左右对称，因此只取一组分析即可，其机构构造与恒升相同，属于接头类型不确定之机构（类型Ⅱ），图 7-10（b）所示为其构造简图，而图 7-10（c_1）（c_2）所示为其可行设计图谱。

[1]〔明〕徐光启撰：《农政全书校注》，石声汉校注，明文书局，台北，1981 年。

[2]同[1]。

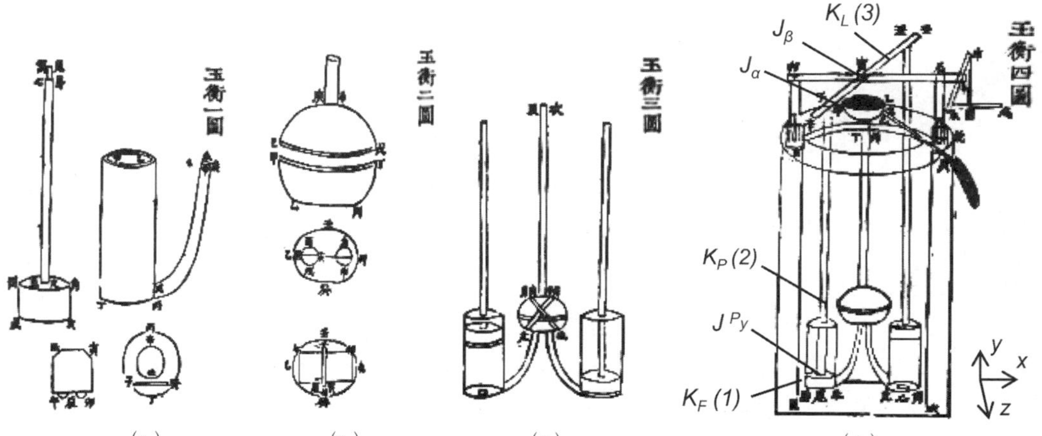

（a_1）　（a_2）　（a_3）　（a_4）

（a）局部零件几何图[2]

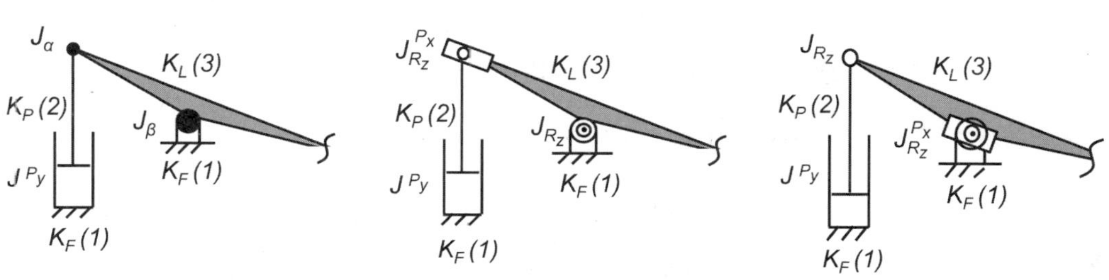

（b）构造简图　（c_1）可行设计　（c_2）可行设计

图 7-10 玉衡

第三节　谷物加工器械

应用连杆机构的谷物加工器械包含石碾、牛碾、水碾、辊碾、砻、面罗及扬扇等七项农器，兹分别叙述如下。

一、石碾

碾常用于脱除稻壳或去除麦麸，其应用始于三国时代❶，基本组成包含圆形磨盘基座、直立磨盘中心的中轴、水平横轴及可旋转的滚轮，动力方面则有兽力与水力两种。石碾乃一座圆形磨盘，其基座周围有一环形凹槽，并将谷物置于槽内，如图 7-11（a）所示❷。水平横轴中间设有一孔并套于磨盘中轴上，其两端装设滚轮，并使滚轮活动范围受限于凹槽内。当驴绕着磨盘拖动横杆时，滚轮便在槽内碾压谷物。石碾设有两个滚轮同时作用，可提升工作效率。

❶张春辉、游战洪、吴宗泽、刘元谅：《中国机械工程发明史》，第二编，清华大学出版社，北京，2004 年。

❷〔元〕王祯撰：《农书》，中华书局，第 1 版，北京，1991 年。

二、牛碾

牛碾与石碾的机构构造相同，不同之处在于只装设一个滚轮，如图 7-11（b）所示❸。

❸〔明〕宋应星撰，潘吉星译注：《天工开物译注》，上海古籍出版社，上海，1998 年。

三、水碾

水碾通常是木造材质，较石碾为轻，构造上与石碾十分相似，如图 7-11（c）所示❹。水碾唯中轴较长，中轴的底端加装一个卧式水轮，以水力驱动整组器械。水碾为三杆三接头的机构，与石碾不同之处在于水碾的中轴并非机架，而是与横杆同为运动连杆，其他的杆件与接头则和石碾相同。

❹同❷。

四、辊碾

辊碾的磨盘基座周围高中间低，且滚轮为圆柱状或圆锥状，如图 7-11（d）所示❺。在功能上同样是脱壳或去麸，碾压的面积较其他碾稍大，虽几何特征略有不同，但其构造皆与石碾相同。

❺同❸。

由于石碾之横轴与滚轮的配置两侧对称，只取其中一组进行分

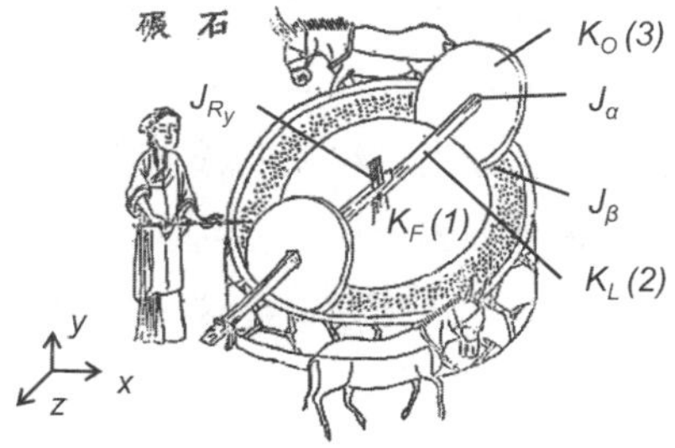

(a) 石碾❶

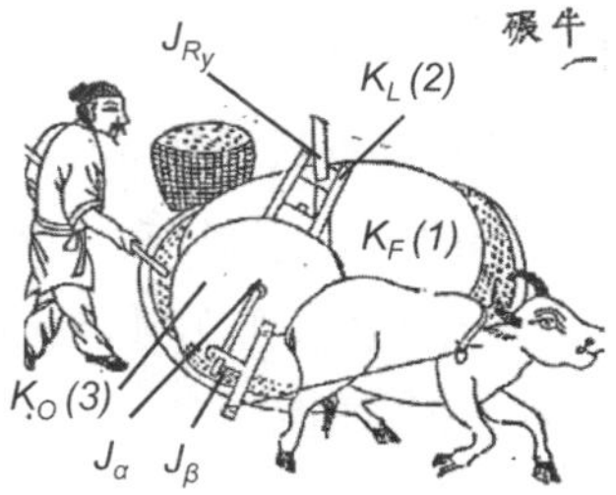

(b) 牛碾❷

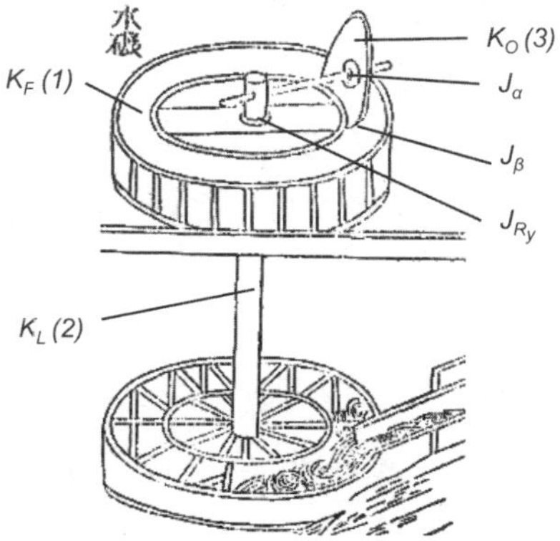

(c) 水碾❸

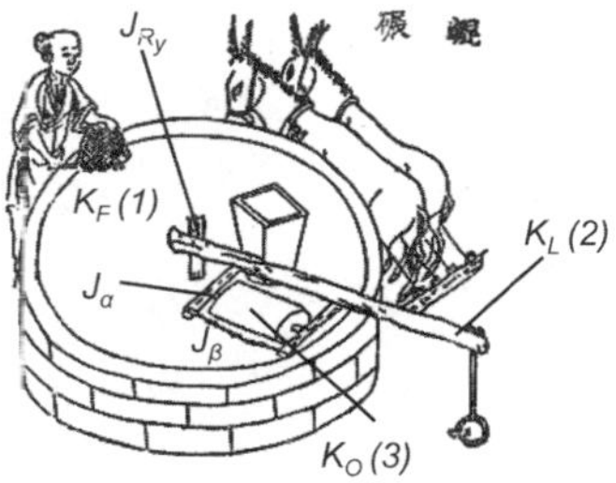

(d) 辊碾❹

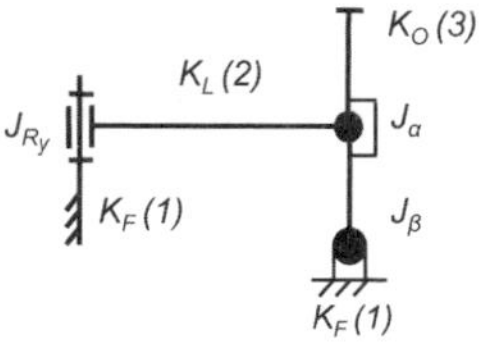

(e) 构造简图

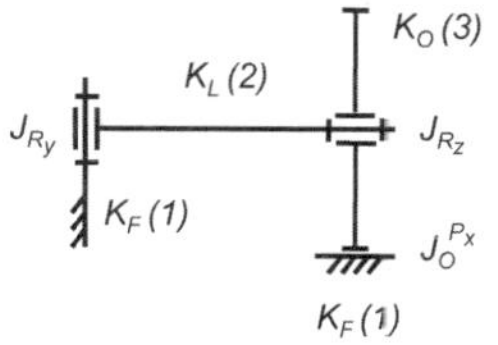

(f₁) 可行设计

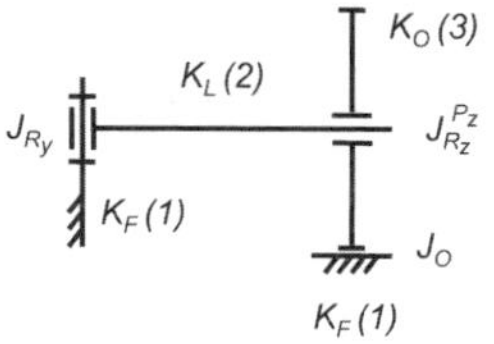

(f₂) 可行设计

(g) 水碾实物装置（关晓武摄于广西融水杆洞乡）

图 7-11 碾

❶〔元〕王祯撰：《农书》，中华书局，第 1 版，北京，1991 年。

❷〔明〕宋应星撰，潘吉星译注：《天工开物译注》，上海古籍出版社，上海，1998 年。

❸同❶。

❹同❷。

析，因此与其他碾相同，皆为三杆三接头的机构。磨盘基座为机架（杆 1，K_F），横杆为运动连杆（杆 2，K_L），滚轮（杆 3，K_O）则套于横杆上。横杆以旋转接头 J_{R_y} 与不确定接头 J_α 分别和机架与滚轮相邻接，而滚轮则以不确定接头 J_β 与机架相邻接，因此属于接头类型不确定之机构（类型Ⅱ），其构造简图如图 7-11（e）所示。定义一组直角坐标系统，如图 7-11（a）所示。z 轴定为横杆的轴向方向，y 轴定义于横杆的径向方向，x 轴根据右手定则而定。考虑碾的功能，接头 J_β 可能既有滚动亦有滑动，其接头特性类似滚动接头加滑行接头的组合，以符号 $J_O^{P_x}$ 表示之；此时接头 J_α 可为旋转接头（J_{R_z}），如图 7-11（f_1）所示。若接头 J_β 为纯滚动接头（J_O），则接头 J_α 必须为圆柱接头（$J_{R_z}^{P_z}$），如图 7-11（f_2）所示。图 7-11（g）所示为水碾实物装置。

五、砻

砻为磨的一种形态，用于脱除谷物外壳，在构造上与磨相同，如图 7-12（a）所示[1]。其组成是在基座上设置具曲柄的磨盘，并使曲柄连接一水平横杆，此横杆以两条绳索悬挂，支撑其重量以便使用者作业。以人力为动力，操作者以手推动水平横杆，使磨盘在基座上转动，达到研磨谷物的目的[2][3]。

砻为四杆四接头的空间机构，包含机架（杆 1，K_F）、绳索（杆 2，

[1]〔元〕王祯撰：《农书》，中华书局，第 1 版，北京，1991 年。

[2] 张春辉、游战洪、吴宗泽、刘元谅：《中国机械工程发明史》，第二编，清华大学出版社，北京，2004 年。

[3] Yan, H.S., *Reconstruction Designs of Lost Ancient Chinese Machinery*, Springer, Netherlands, 2007.

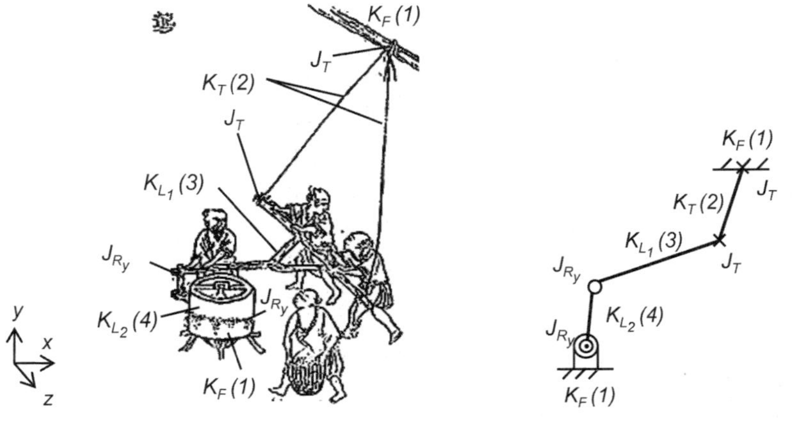

（a）原图[4]　　（b）构造简图

图 7-12　砻

[4] 同[1]。

K_T)、水平横杆（杆 3，K_{L_1}）及曲柄磨盘（杆 4，K_{L_2}）。在接头方面，绳索以线接头（J_T）与机架和水平横杆相邻接，曲柄磨盘以旋转接头（J_{R_y}）与机架和水平横杆相邻接，属于构造明确之机构（类型 I），图 7-12（b）所示为其构造简图。

六、面罗

面罗是筛面用具，其目的是从粉碎后的粮食中区分出细粉与尚未磨碎的部分，如图 7-13（a）所示❶。组成机件有箱体（机架）、具有摇杆的踏板、具有筛面框的连接杆及绳索。筛面框有竹制和木制两种，框底覆盖微小孔眼的网格布，连接杆固定于筛面框并延伸出箱体。摇杆固定于踏板的中心位置，借由踏板的转动使得摇杆产生摇摆运动。操作时，将磨碎的谷物置于框内网格布上，以双脚左右交替踩于踏板两端，使其上的摇杆产生摇摆运动，即可带动具有筛面框的连接杆往复摆动并筛出细粉。再者，箱体外部之撞机（固定不动，视为机架）立于连接杆的运动范围内，使得连接杆进行往复运动时，撞击撞机达到加速筛面的效果❷。

❶〔清〕鄂尔泰等编：《钦定授时通考》，收录于四库全书珍本（王云五主编），据影文渊阁四库全书本，台湾“商务印书馆”，台北，1965 年。

❷ Feng, L.S. and Tong, Q.J., “Crank-Connecting Rod Mechanism: Its Applications in Ancient China and Its Origin” *International Symposium on History of Machines and Mechanisms*, Springer, Netherlands, 2009.

❸同❶。

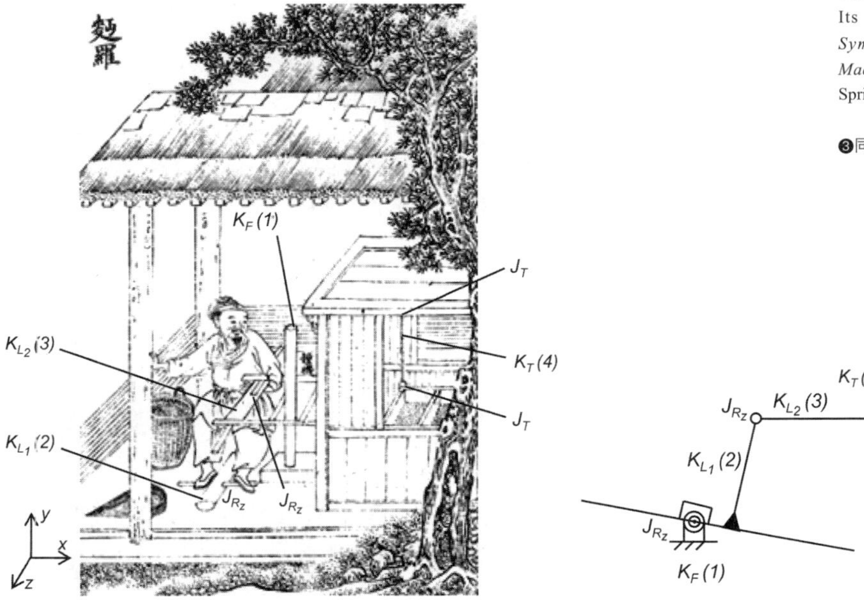

（a） 原图❸　　　　（b） 构造简图

图 7-13　面罗

面罗的摇杆筛面装置为四杆四接头的机构，包含机架（杆 1，K_F）、具有摇杆的踏板（杆 2，K_{L_1}）、具有筛面框的连接杆（杆 3，K_{L_2}）及绳索（杆 4，K_T）。具摇杆的踏板以旋转接头 J_{R_z} 分别与机架和具有筛面框的连接杆相邻接，绳索则以线接头 J_T 分别与机架和筛面框相邻接，属于构造明确之机构（类型 I），图 7-13（b）所示为其构造简图。

七、扬扇

扬扇是一种脚踏驱动装置，用于去除稻米中的糠粞与尘土，如图 7-14（a）所示[1]。借由踏板（杆 2，K_{Tr}）的摇摆运动，经过连接杆的带动，使得具有叶片的曲柄（杆 3，K_W）转动，达到所需功能。由于无法明确得知如何透过踏板与连接杆的作动，使曲柄产生旋转，因此扬扇属于杆件与接头的数量和类型皆不确定的机构（类型Ⅲ）。扬扇的复原设计过程可参考第五章第三节，图 7-14（b_1）～（b_5）所示为其可行设计图谱。

[1] Song, Y.X., *Chinese Technology in the Seventeen Century* （in Chinese, trans. Sun, E.Z. and Sun, S.C.）, New York, Dover Publications, 1966.

第四节　其他器械

应用连杆且无法归类于上述三类的器械包含风箱、水排、水击面罗及铁碾槽等四项，兹分别叙述如下。

一、风箱

风箱是古中国常见的鼓风冶金装置，经由人力推动活塞，加大空气压力，自动开闭活门，连续供给较大的风压与风量，可以提高冶炼强度并增加产量，如图 7-15（a）所示[2]。

风箱为二杆一接头的平面机构，以箱体为机架（杆 1，K_F），外部的推杆与内部的活塞没有相对运动，可视为同一杆件（杆 2，K_P），活塞以滑行接头 J^{P_x} 与机架相邻接，属于构造明确之机构（类型 I），图 7-15（b）所示为其构造简图。

[2]〔明〕宋应星撰，潘吉星译注：《天工开物译注》，上海古籍出版社，上海，1998 年。

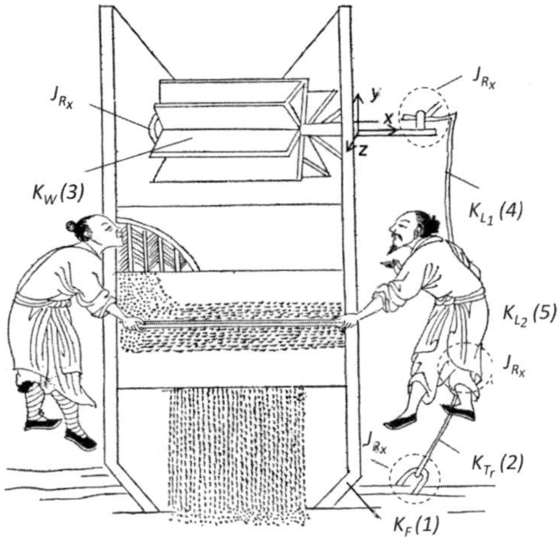

(a) 原图❶

(b_1)

(b_2)

(b_3)

(b_4)

(b_5)

（b）可行设计图谱

图 7-14　扬扇

（a） 原图❷

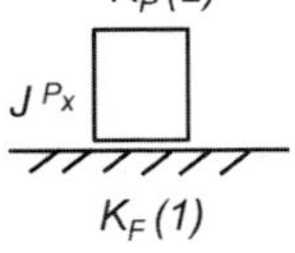

（b） 构造简图

图 7-15　风箱

❶ Song, Y.X., *Chinese Technology in the Seventeen Century* （in Chinese, trans. Sun, E.Z. and Sun, S.C.）, New York, Dover Publications, 1966.

❷〔明〕宋应星撰，潘吉星译注：《天工开物译注》，上海古籍出版社，上海，1998 年。

二、水排

《农书》[1]中的卧轮式水排是另一种古中国使用的鼓风冶金装置，以水力驱动，借由连杆机构传动，使输出的木扇产生鼓风效果，如图 7-16 所示。水排的构造与运动情形如下：架设立轴，并于立轴上下各套一个卧轮；下轮半浸于水中，且上下二轮均固定于轴上。上轮周围缚有环状的粗绳（弦索），绳索也穿过位于上轮前的旋鼓，鼓上伸出一短杆为棹枝。又以一长杆（行桄）穿过棹枝，并与卧轴的左攀耳连接；卧轴的右攀耳则连接另一长杆（直木），再连接鼓风炉箱体上的木扇。当流水转动下轮，则借由立轴的传动，上轮随之旋转，再以弦索传动旋鼓与棹枝；透过行桄与左攀耳，使卧轴产生往复摆动，最后带动与卧轴右攀耳相接的直木，使得木扇亦做往复的摆动，达到鼓风进入箱体的目的[2]。

《农书》的卧轮式水排图画中有许多不合理或不清楚的地方，例如旋鼓（杆 4）上的弦索（杆 3）太粗、棹枝（杆 4）位置错误、行桄（杆 5）两端接头不明确及直木（杆 7）穿过另一攀耳（杆 6）。图 7-17 所示为刘仙洲复原修正的结果[3]，虽然解决了部分构造上不清楚的问题，如将弦索的直径改细、更正棹枝的位置及修改直木穿过攀耳

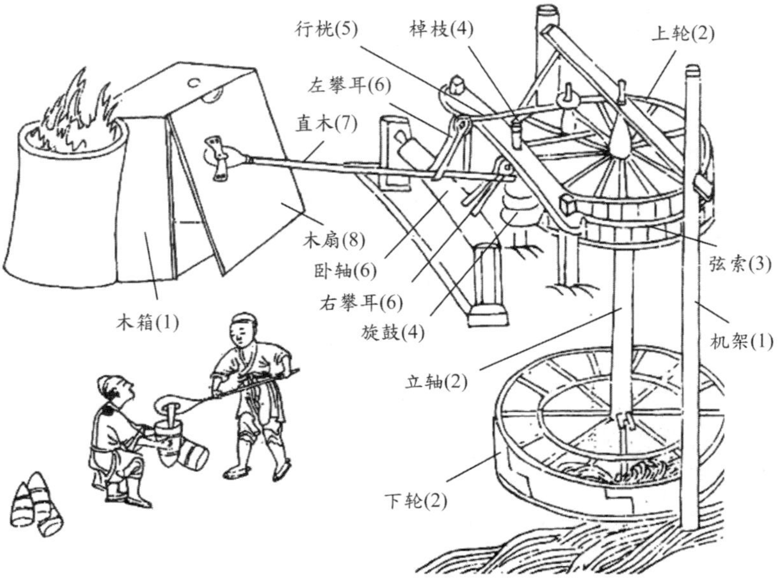

图 7-16 《农书》[4]卧轮式水排

[1]〔元〕王祯撰：《农书》，中华书局，第 1 版，北京，1991 年。

[2]刘仙洲：《中国机械工程发明史》，第一编，科学出版社，北京，1962 年。

[3]同[2]。

[4]同[1]。

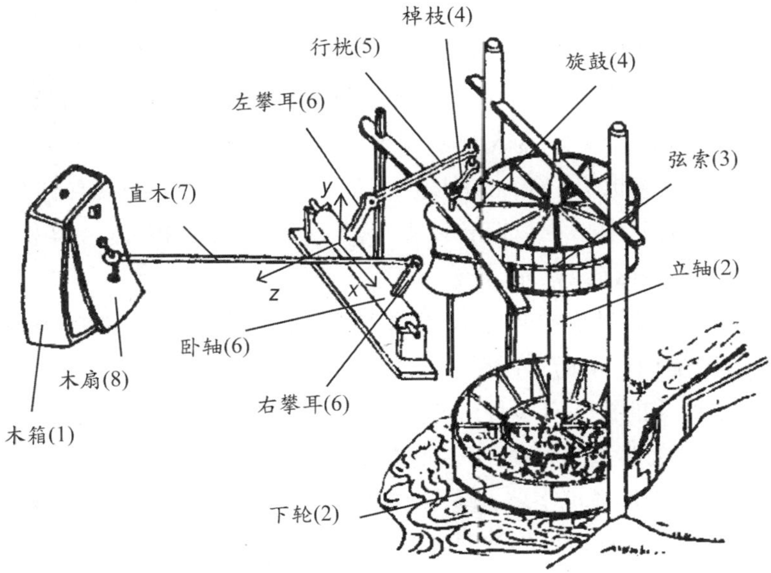

图 7-17　刘仙洲复原修正卧轮式水排❶

❶刘仙洲：《中国机械工程发明史》，第一编，科学出版社，北京，1962 年。

的问题，并将行桄两端表示为旋转接头。但是以旋转接头的方式，在机构运动上仍旧存在着行桄如何将棹枝的旋转运动，转换成攀耳往复摇摆运动的问题。

由文献记录的图画与文字叙述，卧轮式水排可判定为杆件与接头数量确定，仅接头类型不确定的机构（类型Ⅱ）。定义一组直角坐标系统，如图 7-17 所示。x 轴定为卧轴的轴向方向，y 轴定义为卧轴的径向方向，z 轴根据右手定则而定。将卧轮式水排构造分为绳索滑轮机构、空间曲柄摇杆机构和平面双摇杆机构等三组子机构❷，兹分别说明如下：

❷萧国鸿、林建良、陈羽熏、颜鸿森：《农书中水力驱动鼓风装置（水排）之系统化复原综合》，中国农业科学技术出版社，北京，第 183—189 页，2010 年。

1. 绳索滑轮机构包含机架（杆 1，K_F）、一根与下轮和上轮无相对运动的立轴（杆 2，K_{U_1}）、一条弦索（杆 3，K_T）及一个旋鼓（杆 4，K_{U_2}）。杆 2 以旋转接头（J_{R_y}）与机架（K_F）相邻接，杆 3 以回绕接头（J_W）分别与杆 2 和杆 4 相邻接，杆 4 以旋转接头（J_{R_y}）与机架（K_F）相邻接，其构造简图如图 7-18（a）所示。

2. 空间曲柄摇杆机构包含机架（杆 1，K_F）、一个与棹枝无相对运动的旋鼓（杆 4，K_{U_2}）、一根行桄（杆 5，K_{L_1}）及一根与攀耳无相对运动的卧轴（杆 6，K_{L_2}）。杆 4 以旋转接头（J_{R_y}）与机架（K_F）相邻接，杆 5 以不确定接头（J_α 与 J_β）分别和杆 4 与杆 6 相邻接，杆 6 以旋转接头（J_{R_x}）与机架（K_F）相邻接，其构造简图如图 7-18（b）所示。

3. 平面双摇杆机构包含机架（杆 1，K_F）、具有右攀耳的卧轴（杆 6，K_{L_2}）、一根直木（杆 7，K_{L_3}）及输出杆木扇（杆 8，K_{L_4}）。杆 6 以旋转接头（J_{R_x}）与机架（K_F）相邻接，杆 7 以旋转接头（J_{R_x}）分别与杆 6 和杆 8 相邻接，杆 8 也以旋转接头（J_{R_x}）与机架（K_F）相邻接，其构造简图如图 7-18（c）所示。

空间曲柄摇杆机构的功能，主要是将棹枝（杆 4，K_{U_2}）的旋转运动借由行桄（杆 5，K_{L_1}）的带动，转换成卧轴（杆 6，K_{L_2}）的摇摆运动，行桄两端的接头有多种可能，皆能达成上述的功能。考虑行桄与棹枝运动的类型与方向，不确定接头 J_α 有三种可能类型：第一种是行桄相对于棹枝可绕着 x 轴、y 轴旋转，用符号 $J_{R_{xy}}$ 表示；第二种是行桄相对于棹枝可以绕着 x 轴、y 轴、z 轴旋转，用符号 $J_{R_{xyz}}$ 表示；第三种是行桄相对于棹枝可绕着 x 轴、y 轴旋转，并可沿着 z 轴平移，表示为 $J_{R_{xy}}^{P_z}$。考虑行桄与左攀耳运动的类型与方向，不确定接头 J_β 亦有三种可能类型：第一种是行桄相对于左攀耳可绕着 x 轴、y 轴旋转，用符号 $J_{R_{xy}}$ 表示；第二种是行桄相对于左攀耳可绕着 x 轴、y 轴、z 轴旋转，用符号 $J_{R_{xyz}}$ 表示；第三种是行桄相对于左攀耳可绕着 x 轴、y 轴旋转，并可沿着 z 轴平移，用符号 $J_{R_{xy}}^{P_z}$ 表示。

将不确定接头 J_α（$J_{R_{xy}}$、$J_{R_{xyz}}$、$J_{R_{xy}}^{P_z}$）与 J_β（$J_{R_{xy}}$、$J_{R_{xyz}}$、$J_{R_{xy}}^{P_z}$）结合图

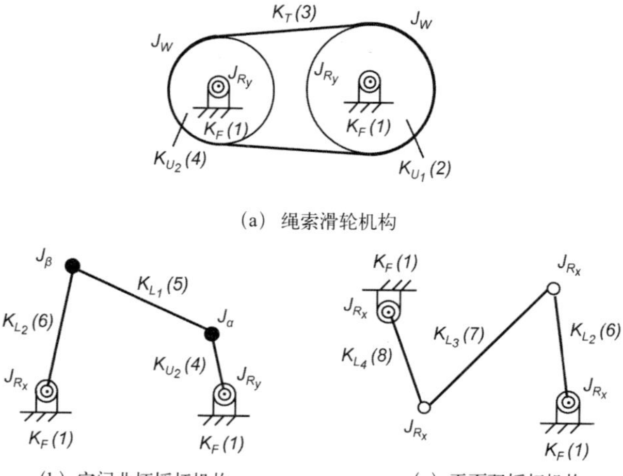

（a）绳索滑轮机构

（b）空间曲柄摇杆机构　　（c）平面双摇杆机构

图 7-18　卧轮式水排构造简图

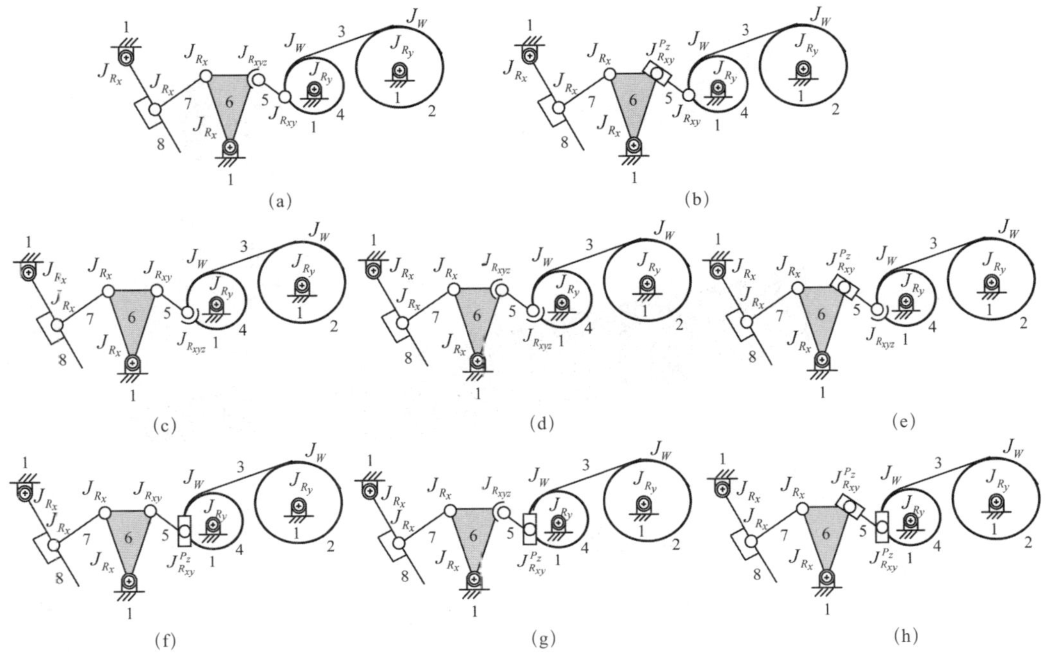

图 7-19　卧轮式水排可行设计图谱

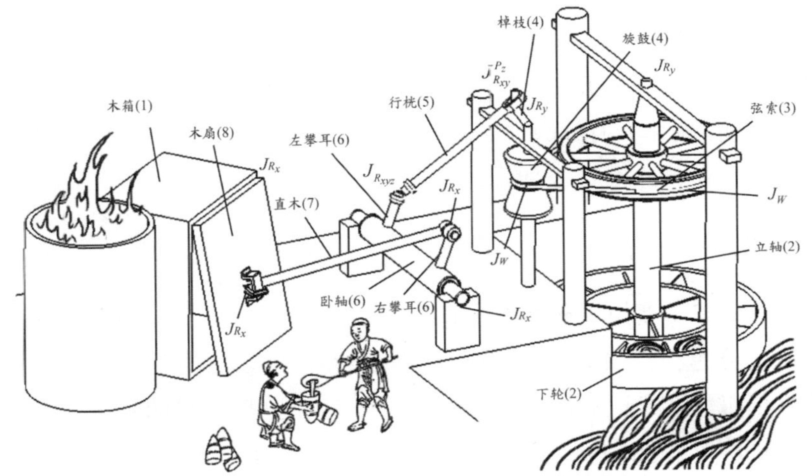

图 7-20　卧轮式水排模拟图[1]

7-18（b）的构造简图进行考虑，产生九个结果。然而，当接头 J_α 为 $J_{R_{xy}}$ 时，接头 J_β 若为 $J_{R_{xy}}$，机构将无法作动。综合上述，并排除无法传动的构型后，卧轮式水排共有八种可行设计，如图 7-19（a）～（h）所示。图 7-20 与图 7-21 所示分别为图 7-19（g）所对应的卧轮式水排模拟图与原型机模型。

[1] 萧国鸿、林建良、陈羽熏、颜鸿森：《农书中水力驱动鼓风装置（水排）之系统化复原综合》，中国农业科学技术出版社，北京，第 183—189 页，2010 年。

图 7-21　卧轮式水排原型机模型

三、水击面罗

水击面罗即以水力驱动的面罗，功能与第三节所介绍的面罗相同，如图 7-22（a）所示[1]。水击面罗的机构构造与卧轮式水排相仿，唯将水排中的直木、木扇及鼓风炉分别置换为具有筛面框的连接杆、绳索及箱体，属于接头类型不确定之机构（类型 II）。水击面罗可分为绳索滑轮机构、空间曲柄摇杆机构及连杆与绳索机构等三组子机构，借由具有筛面框的连接杆（杆 7）输出的往复运动筛检谷物，图 7-22（b_1）～（b_8）所示为其可行设计。

[1]〔元〕王祯撰：《农书》，中华书局，第 1 版，北京，1991 年。

四、铁碾槽

铁碾槽主要用于研磨朱砂矿石，借由人力将矿石碾成细粉，用以制作红色染剂的原料，如图 7-23（a）所示[2]。铁碾槽为三杆三接头平面机构，属于接头类型不确定之机构（类型 II），详细复原设计过程可参考第五章第三节，图 7-23（b_1）～（b_3）所示为其可行设计。

[2]〔明〕宋应星撰，潘吉星译注：《天工开物译注》，上海古籍出版社，上海，1998 年。

第五节　小结

本章以现代机构学的观点，探讨第二章介绍之五本专书中的 22 件连杆机构，如表 7-1 所示，其中包含 8 件（鏩、桑夹、杈衡、鹤

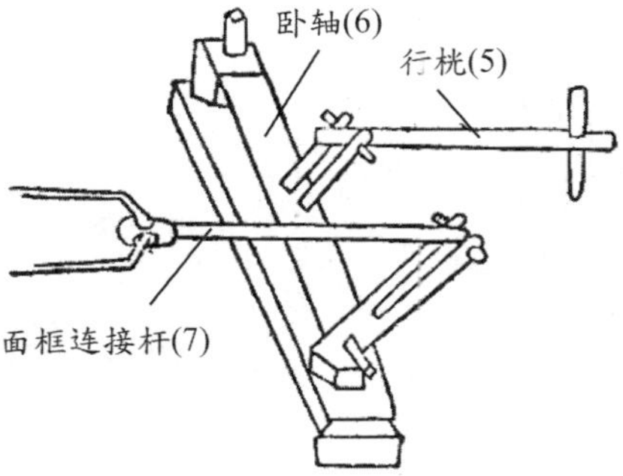

(a) 原图[1]

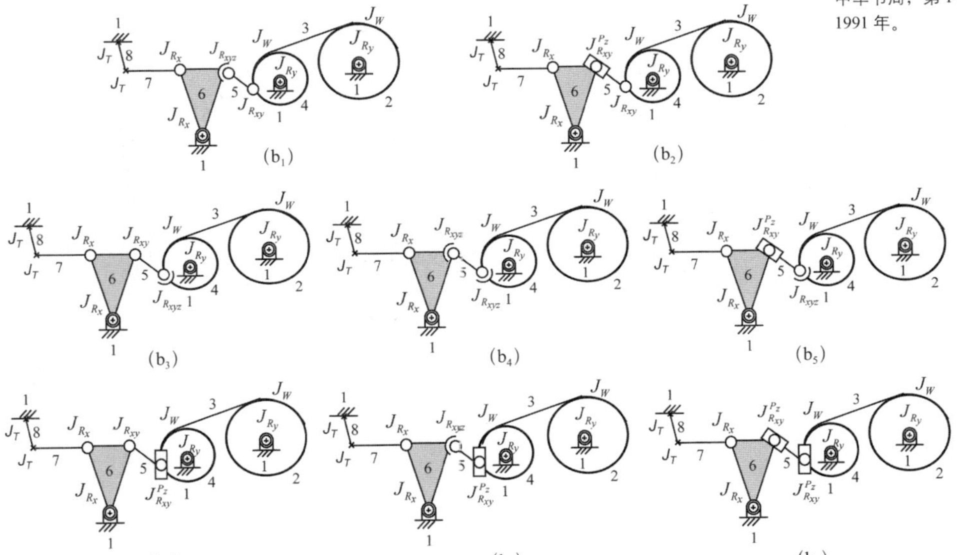
(b₁) (b₂) (b₃) (b₄) (b₅) (b₆) (b₇) (b₈)

(b) 可行设计图谱

图 7-22 水击面罗

[1]〔元〕王祯撰：《农书》，中华书局，第 1 版，北京，1991 年。

饮、虹吸、砻、面罗、风箱）构造明确之机构（类型Ⅰ）、13 件（踏碓、槽碓、连枷、桔槔、恒升、玉衡、石碾、牛碾、水碾、辊碾、卧轮式水排、水击面罗、铁碾槽）接头类型不确定之机构（类型Ⅱ）及 1 件（扬扇）杆件与接头的数量和类型皆不确定之机构（类型Ⅲ）。由于连杆机构可以产生十分多样的运动特性与方向转换，因此广泛地应用于古中国各种产业中。本章共有 22 张原图、16 张构造简图、6 张模拟图、4 张仿制图、1 张原型机模型图及 1 张实物装置图。动力来源方面包含人力、兽力及水力。

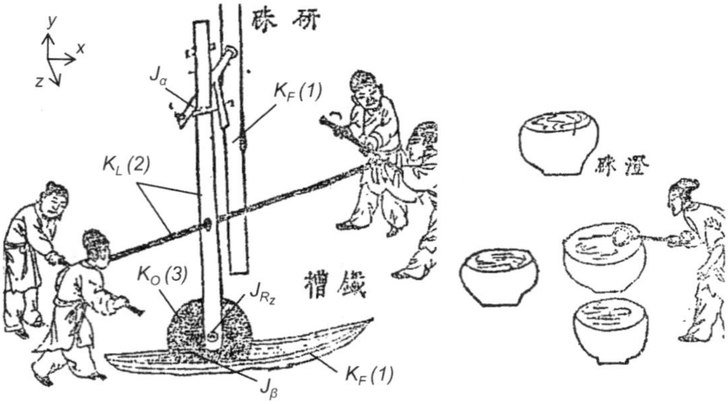

(a) 原图❶

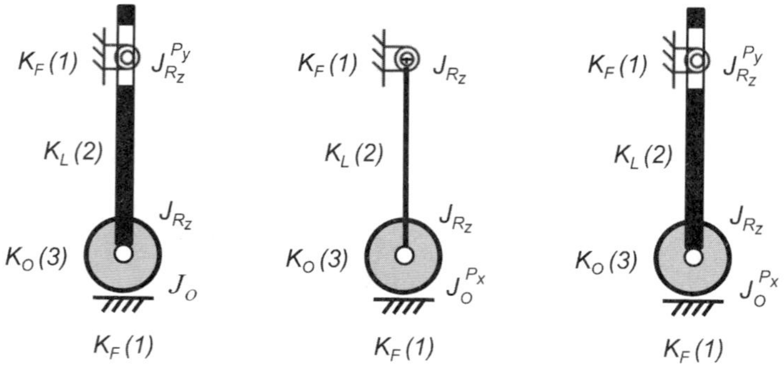

(b_1) (b_2) (b_3)

(b) 可行设计图谱

图 7-23 铁碾槽

❶〔明〕宋应星撰，潘吉星译注：《天工开物译注》，上海古籍出版社，上海，1998 年。

表 7-1 连杆机构（22 件）

书名 机构名称	《农书》	《武备志》	《天工开物》	《农政全书》	《钦定授时通考》
踏碓 碓舂 图 7-1 类型 II	《杵臼》		《膏液》 《粹精》	《农器》	《攻治》
槽碓 图 7-1 类型 II	《利用》			《水利》	《攻治》
䥃 图 7-2 类型 I	《铚艾》			《农器》	《牧事》
桑夹 图 7-2 类型 I	《蚕桑》			《蚕桑》	《蚕事》
连枷 打枷 图 7-3 类型 II	《杷机》		《粹精》	《农器》	《收获》

书名 机构名称	《农书》	《武备志》	《天工开物》	《农政全书》	《钦定授时通考》
权衡 图 7-4 类型 I			《佳兵》		
鹤饮 图 7-5 类型 I					《泰西水法》
桔槔 图 7-6 类型 II	《灌溉》		《乃粒》	《水利》	《灌溉》
虹吸 图 7-7 类型 I					《泰西水法》
恒升 图 7-9 类型 II		《军资乘》		《水利》	《泰西水法》
玉衡 图 7-11 类型 II		《军资乘》		《水利》	《泰西水法》
石碾 碾 图 7-11 类型 II	《杵臼》			《农器》	
牛碾 图 7-11 类型 II			《粹精》		
水碾 图 7-11 类型 II	《杵臼》		《粹精》	《水利》	《攻治》
辊碾 海青碾 图 7-11 类型 II	《杵臼》			《农器》	《攻治》
砻 木砻 土砻 图 7-12 类型 I	《杵臼》		《膏液》 《粹精》	《农器》	《攻治》
面罗 图 7-13 类型 I			《粹精》		《攻治》
扬扇 图 7-14 类型 III			《粹精》	《农器》	《攻治》
风箱 图 7-15 类型 I			《冶铸》 《锤锻》 《五金》		
卧轮式水排 图 7-16 类型 II	《利用》			《水利》	
水击面罗 图 7-22 类型 II	《利用》			《水利》	《攻治》
铁碾槽 图 7-23 类型 II			《丹青》		

第八章 齿轮与凸轮机构

古中国应用齿轮与凸轮元件的机械装置，可依功能与类型分为具齿轮农业器械、具齿轮汲水器械及凸轮机构等三类。本章分别简述各类器械的用途与组成，分析机构之杆件与接头的数目和类型，并绘出构造简图。

第一节　具齿轮农业器械

应用齿轮的农业器械包含榨蔗机、连磨、水磨、连二水磨、水转连磨及水砻等六项装置，上述器械皆为构造明确之机构（类型 I），兹分别叙述如下。

一、榨蔗机

《天工开物》[1]中的榨蔗机是典型的具有一个自由度的简单齿轮系，用于压榨甘蔗并汇集蔗浆，如图 8-1（a）所示。其构造包含四块木板组成的机架、犁担及两根大木棍或石柱。在木棍或石柱上凿出齿形；其中，主动轮的轴露出上横板，用于安装犁担，彼此间没有相对运动，可视为同一杆件。犁担用长约 4.5 米的曲木做成，以便驾

[1]〔明〕宋应星撰，潘吉星译注：《天工开物译注》，上海古籍出版社，上海，1998 年。

牛。将甘蔗置于两根木棍或石柱之间，借由兽力的驱动榨蔗取浆。

榨蔗机为三杆三接头机构，包含机架（杆 1，K_F）、具有犁担的主动轮（杆 2，K_{G_1}）及从动轮（杆 3，K_{G_2}）。在接头方面，主动轮与从动轮皆以旋转接头与机架相邻接，转轴为垂直方向，表示为 J_{R_y}，而齿轮之间的啮合则为齿轮接头（J_G）。图 8-1（b）所示为其构造简

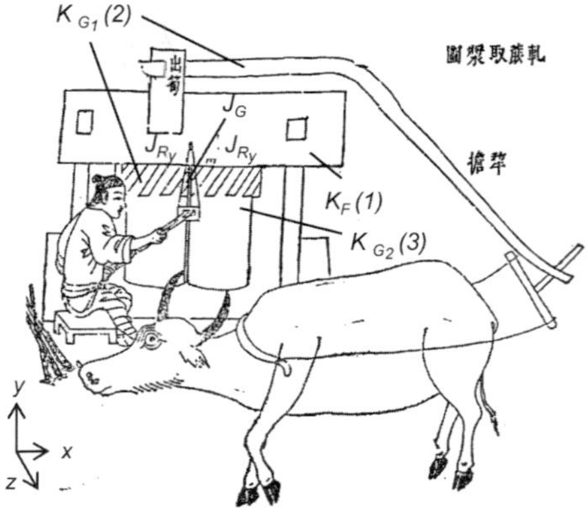

（a） 原图❶

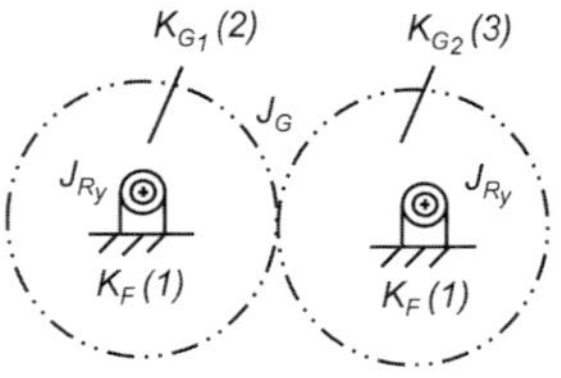

（b） 构造简图

❶〔明〕宋应星撰，潘吉星译注：《天工开物译注》，上海古籍出版社，上海，1998 年。

（c）主动轮与从动轮实物装置图（摄于高雄造桥糖厂）

（d） 仿制图

图 8-1 榨蔗机

图，图 8-1（c）所示为石制的主动轮与从动轮实物装置，而图 8-1（d）所示则为《天工开物》[1]原图的仿制图。此外，原图中的两个齿轮之轮齿齿形须为反向，才能使齿轮相互啮合。

二、连磨

为提高处理谷物的效率，西晋时期发展出能够同时驱动多个石磨的连磨[2]。连磨是在其中心设置一个大齿轮，周围配置八个磨，磨盘外套着小齿轮，并使小齿轮与中心的大齿轮相啮合，如图 8-2（a）所示。

以兽力驱动中心的大齿轮，借由齿轮的传动，带动八个磨同时转动，大幅提升工作效率，如图 8-2（b）所示。由于周围八个小齿轮与磨的配置均相同，因此只取其中一组分析，连磨为三杆三接头之齿轮机构，包含机架（杆 1，K_F）、大齿轮（杆 2，K_{G_1}）及小齿轮（杆 3，K_{G_2}）。在接头方面，大、小齿轮皆以旋转接头（J_{R_y}）与机架相邻接，齿轮之间的啮合则为齿轮接头（J_G），图 8-2（c）所示为其构造简图。

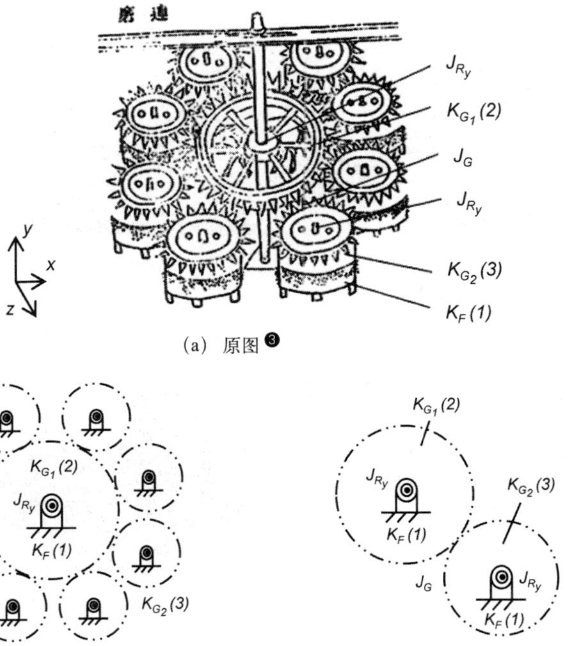

（a）原图[3]

（b）模拟图　　（c）构造简图

图 8-2　连磨

[1]〔明〕宋应星撰，潘吉星译注：《天工开物译注》，上海古籍出版社，上海，1998 年。

[2]张春辉、游战洪、吴宗泽、刘元谅：《中国机械工程发明史》，第二编，清华大学出版社，北京，2004 年。

[3]〔元〕王祯撰：《农书》，中华书局，第 1 版，北京，1991 年。

三、水磨与连二水磨

水磨与连二水磨的构造和连磨相似，皆是通过齿轮驱动砻磨的器械，动力源由兽力改为水力，如图 8-3（a)(b）[1][2]所示。水磨组成包含立式水轮、长轴、一个立式齿轮及一个磨盘齿轮。连二水磨则是增加一组立式齿轮与磨盘齿轮，以提高工作效率。当水轮转动时，长轴与立式齿轮也随之运转，通过磨盘齿轮之间的相互啮合，传动至磨盘。

连二水磨之二组立式齿轮与磨盘齿轮的配置相同，分析时只取其中一组，其与水磨皆为三杆三接头的齿轮机构，包含机架（杆 1，K_F)、具有立式水轮与长轴的立式齿轮（杆 2，K_{G_1}）及磨盘齿轮（杆 3，K_{G_2})。在接头方面，杆 2 以旋转接头与机架相邻接，转轴为水平方向，表示为 J_{R_x}；杆 3 亦以旋转接头与机架相邻接，转轴为垂直方向，表示为 J_{R_y}；而齿轮之间的啮合则为齿轮接头（J_G)。图 8-3（c）所示为其构造简图，而图 8-3（d）所示为《天工开物》中水磨的仿制图。

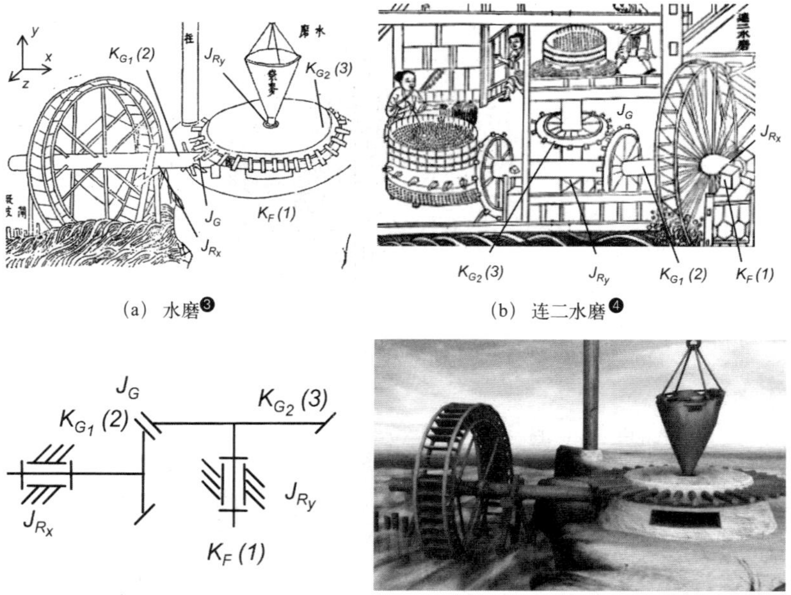

（a）水磨[3]　（b）连二水磨[4]

（c）构造简图　（d）水磨仿制图

图 8-3　水磨与连二水磨

[1]〔明〕宋应星撰，潘吉星译注：《天工开物译注》，上海古籍出版社，上海，1998 年。

[2]〔明〕徐光启撰：《农政全书校注》，石声汉校注，明文书局，台北，1981 年。

[3]同[1]。

[4]同[2]。

四、水转连磨与水砻

水转连磨与水砻的基本构造相同，皆是通过齿轮机构同时驱动多个砻磨的器械，如图 8-4（a）（b）[1][2]所示，其组成包含立式水轮、长轴、数个立式齿轮及多个磨盘齿轮。长轴以水平方向横贯立式水轮与立式齿轮，彼此间没有相对运动，可视为同一杆件；磨盘齿轮三个为一排，且同一排齿轮相互啮合，每排中间的磨盘齿轮与立式齿轮啮合。当水轮转动时，长轴与立式齿轮也随之运转，再通过磨盘齿轮之间的相互啮合，传动所有磨盘。

此两项器械中，立式齿轮与两旁的磨盘齿轮配置均相同，因此只取其中一组分析，这两项器械均为四杆五接头的齿轮机构，包含机架（杆 1，K_F）、具有立式水轮与长轴的立式齿轮（杆 2，K_{G_1}）、中间磨盘齿轮（杆 3，K_{G_2}）及外侧磨盘齿轮（杆 4，K_{G_3}）。在接头方面，

❶〔元〕王祯撰：《农书》，中华书局，第 1 版，北京，1991 年。

❷〔明〕徐光启撰：《农政全书校注》，石声汉校注，明文书局，台北，1981 年。

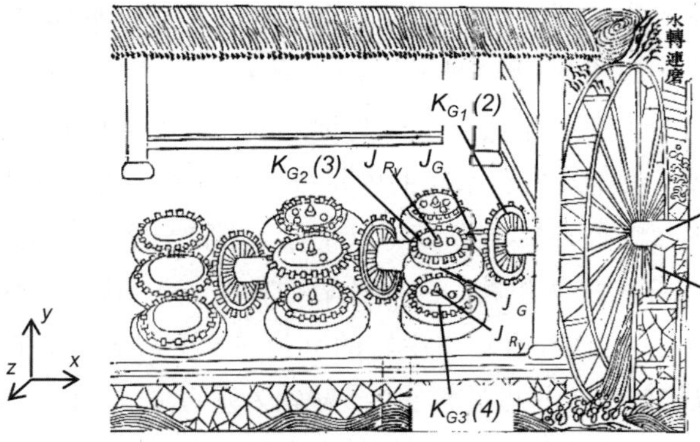

（a） 水转连磨[3]

❸同❷。

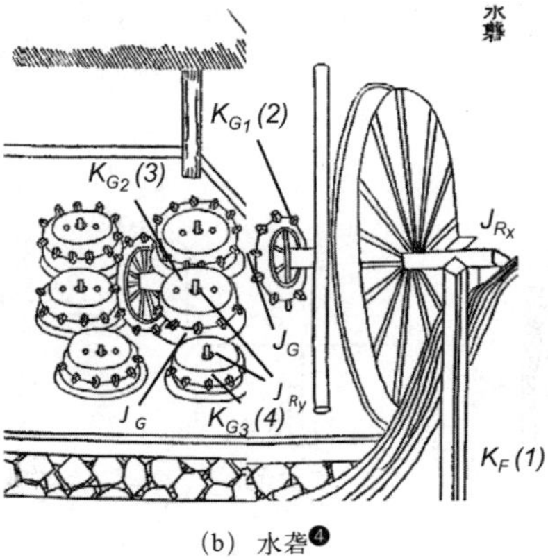

（b） 水砻[4]

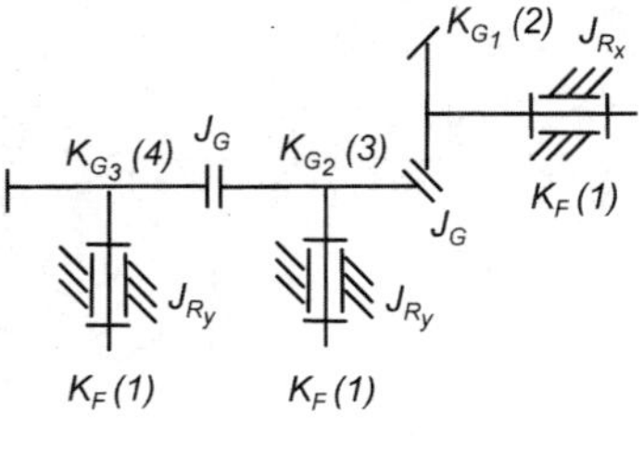

（c） 构造简图

❹同❶。

图 8-4　水转连磨与水砻

杆 2 以旋转接头与机架相邻接，转轴方向为水平方向，表示为 J_{R_x}；杆 3 与杆 4 均以旋转接头和机架相邻接，转轴方向为垂直方向，表示为 J_{R_y}；而齿轮之间的啮合则为齿轮接头（J_G），图 8-4（c）所示为其构造简图。

第二节　具齿轮汲水器械

应用齿轮的汲水器械包含驴转筒车、牛转翻车、水转翻车和风转翻车等四项装置，上述器械皆为构造明确之机构（类型 I），兹分别叙述如下。

一、驴转筒车

《农书》[❶]中的驴转筒车与第六章第四节所述之筒车功能相同，用于舀水上岸，如图 8-5（a）所示。由于水力驱动的筒车必须于激流险滩之处才能使用，无适合水流与地形时，可用驴转筒车代之，其组成除机架、水轮及贯穿水轮的中轴外，另加置立式与卧式两个齿轮。使用时，以兽力转动卧齿轮，带动立齿轮与水轮转动舀水。驴转筒车为三杆三接头机构，包含机架（杆 1，K_F）、具有立轴的卧齿轮（杆 2，K_{G_1}）及具有水轮与中轴的立齿轮（杆 3，K_{G_2}）。在接头方面，杆 2 以旋转接头与机架相邻接，转轴为垂直方向，表示为 J_{R_y}；杆 3 亦以旋转接头与机架相邻接，转轴为水平方向，表示为 J_{R_x}；而齿轮之间的啮合则为齿轮接头（J_G），图 8-5（b）所示为其构造简图。

❶〔元〕王祯撰：《农书》，中华书局，第 1 版，北京，1991 年。

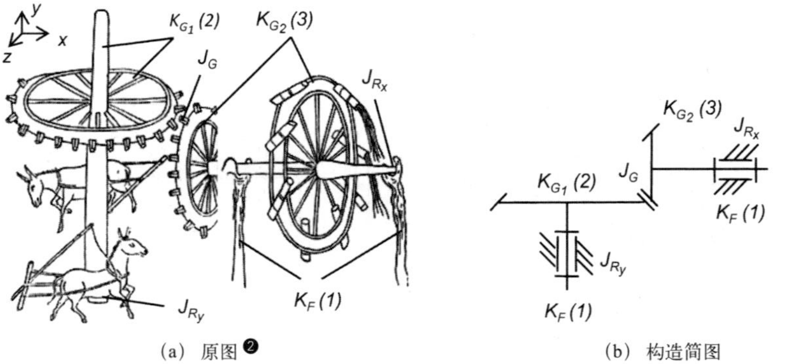

（a） 原图[❷]　　（b） 构造简图

❷同❶。

图 8-5　驴转筒车

二、牛转翻车

牛转翻车是由齿轮组与链条传动两种机构组成，功能与翻车相同，如图 8-6（a）所示❶。借由兽力转动卧式大齿轮，经由齿轮传递，转动长轴上的上链轮，并带动链条与下链轮；下链轮半浸在水中，轮上的刮板沿槽刮水送上行道板，再由链条上的叶板沿斜置的送水槽刮水上岸。

牛转翻车为五杆六接头的机构，包含机架（杆 1，K_F）、具有立轴与横杆的卧式大齿轮（杆 2，K_{G_1}）、具有长轴与上链轮的立式小齿轮（杆 3，K_{G_2}）、链条（杆 4，K_C）及下链轮（杆 5，K_K）。在接头方面，杆 2 以旋转接头（J_{R_y}）与机架相邻接；杆 3 则以旋转接头（J_{R_x}）与齿

❶〔明〕宋应星撰，潘吉星译注：《天工开物译注》，上海古籍出版社，上海，1998 年。

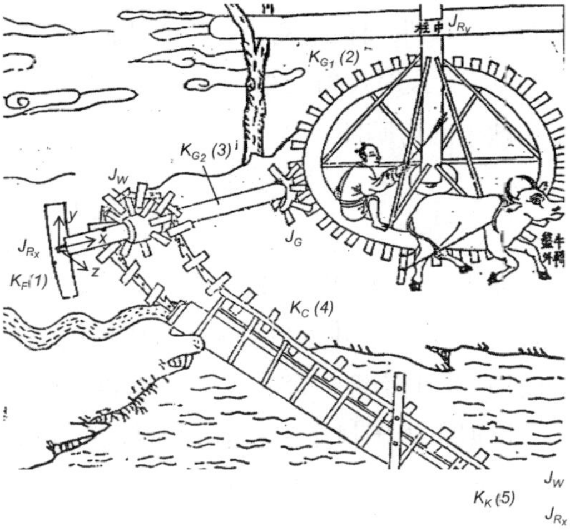

（a） 原图❷

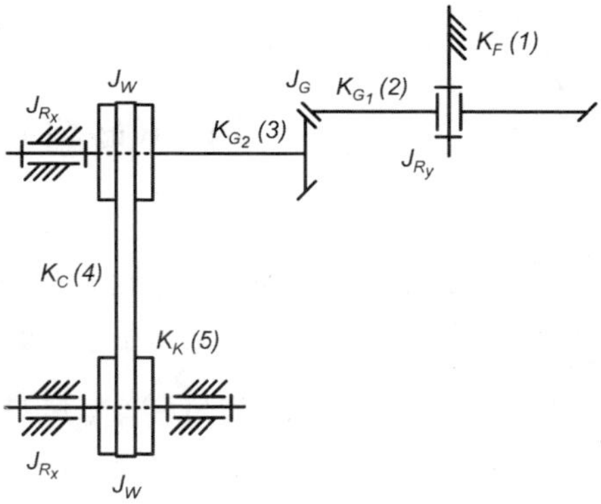

（b） 构造简图

❷同❶。

（c） 仿制图

图 8-6 牛转翻车

轮接头（J_G）分别和机架与杆 2 相邻接；杆 4 以回绕接头（J_W）分别与杆 3 和杆 5 相邻接；杆 5 以旋转接头（J_{R_x}）与机架相邻接，图 8-6（b）所示为其构造简图，而图 8-6（c）所示为《天工开物》[1]中牛转翻车的仿制图。此外，原图中的长轴两端须各自放置支架作为机架，以承接长轴运转。

三、水转翻车

水转翻车是以水力驱动的翻车，其功能与翻车相同，构造与牛转翻车相似，如图 8-7（a）所示[2]。牛转翻车是在立轴上装置横杆以便牛只转动；水转翻车则以卧式水轮取代横杆，并须配合挖掘狭堑，使卧式水轮浸于水中。机构分析方面，由于卧式水轮、立轴及卧式大齿轮无相对运动，可视为同一杆件（杆 2，K_{G_1}）；其余杆件与接头均和牛转翻车相同，图 8-7（b）所示为其构造简图，而图 8-7（c）所示则为《天工开物》[3]中水转翻车的仿制图。

四、风转翻车

风转翻车是以风力驱动的翻车，其功能与翻车相同，构造与牛转翻车、水转翻车相似。古中国文献中并无风转翻车的图画记录，但在《天工开物》[4]中有如下关于风转翻车的说明：“扬郡以风帆数扇，俟风转车，风息则止。”根据古中国风车的主轴摆放位置，风转翻车可分为立轴式风转翻车与卧轴式风转翻车两种。

立轴式风转翻车的记载始见于南宋[5]，并于明清时期（1368—1911）广泛用于江南地区，直到 20 世纪 50 年代，不少地区仍用立轴式风转翻车灌溉农田或汲水制盐，其最为巧妙之处在于风车运转过程中，风帆的方向可以自动调整。当转到顺风时，风帆自动趋于与风向垂直，所受风力最大；当转到逆风时，风帆自动转至与风向平行，所受阻力最小。此一原理使得风车不受风力变化的影响，亦不改变旋转方向。然而，由于这种风车体积过大，20 世纪 80 年代已逐渐被电力或内燃机水泵所取代。

近年来，专家学者重新复原设计立轴式风转翻车原尺寸大小的实物装置，如图 8-8（a）所示[6]~[8]。由于风帆的摆动并不影响机构的输出结果，因此可将风帆、立轴及卧式大齿轮视为同一杆件（杆 2，

[1]〔明〕宋应星撰，潘吉星译注：《天工开物译注》，上海古籍出版社，上海，1998 年。

[2] Song, Y.X., *Chinese Technology in the Seventeenth Century* (trans. Sun, E.Z. and Sun, S.C.), Dover Publications, New York, 1966.

[3]同[1]。

[4]同[1]。

[5]张柏春：《中国风力翻车构造原理新探》，第 14 卷，第 3 期，第 287—296 页，1995 年。

[6] Lin, T.Y., Zhang, B.C., Lu, D.M., Sun, L., and Zhang, Z.Z., “On the Mechanism Analysis of the Vertical Shaft Type Wind-power Chinese Square-pallet Chain-pump,” *International Symposium on History of Machines and Mechanisms*, Springer, Netherlands, 2009.

[7] Sun, L., Zhang, B.C., Lin, T.Y., and Zhang, Z.Z., “An Investigation and Reconstruction of Traditional Vertical-axle-styled Chinese Great Windmill and its Square-pallet Chain-pump,” *International Symposium on History of Machines and Mechanisms, Springer*, Netherlands, 2009.

[8] Lin, T.Y., and Lin, W.F., “Structure and Motion Analyses of the Sails of Chinese Great Windmill,” *Mechanism and Machine Theory*, Vol. 48, No. 2, pp. 29—40, 2012.

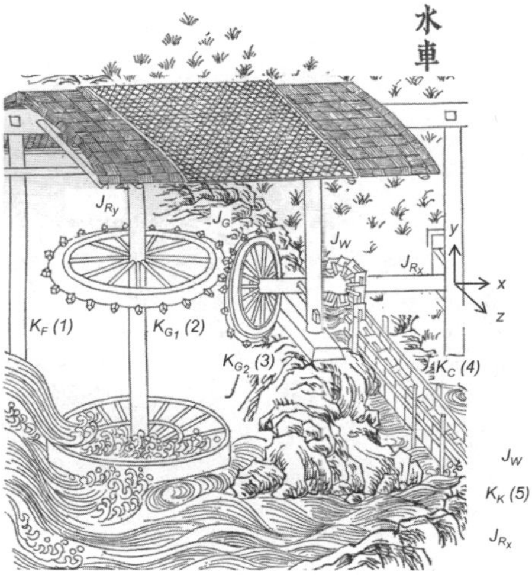

（a）原图❶

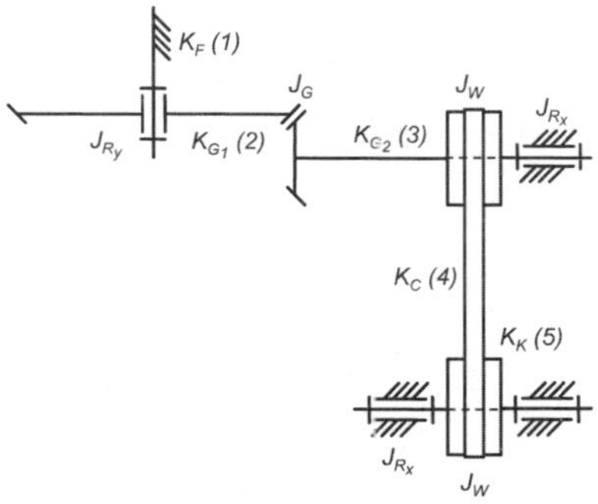

（b）构造简图

（c）仿制图

图 8-7　水转翻车

❶ Song, Y.X., *Chinese Technology in the Seventeenth Century*（trans. Sun, E.Z. and Sun, S.C.）, Dover Publications, New York, 1966.

(a) 实物装置图❶

❶ Lin, T.Y., Zhang, B.C., Lu, D.M., Sun, L., and Zhang, Z.Z., "On the Mechanism Analysis of the Vertical Shaft Type Wind-power Chinese Square-pallet Chain-pump," *International Symposium on History of Machines and Mechanisms*, Springer, Netherlands, 2009.

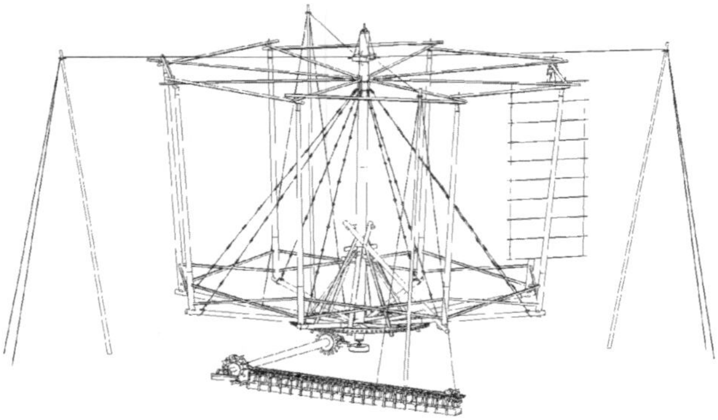

(b) 模拟图❷

❷同❶。

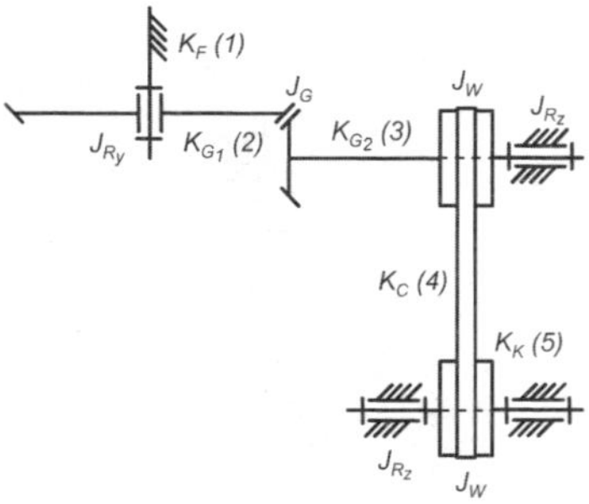

(c) 构造简图

图 8-8 立轴式风转翻车

K_{G_1}）；其余杆件与接头均和牛转翻车相同，图 8-8（b）（c）所示分别为其模拟图与构造简图。

卧轴式风转翻车具有三至六面风帆，因其风帆的传动轴呈斜卧方式，又称为斜杆式风转翻车，如图 8-9（a）所示❶。李约瑟认为此型风车可能是由西方传入中国，时间约在宋元时期（960 ～ 1368）❷。

❶张柏春：《中国风力翻车构造原理新探》，第 14 卷，第 3 期， 第 287—296 页，1995 年。

❷ Needham, J., *Science and Civilisation in China*, Vol. IV: Ⅱ, Cambridge University Press, Cambridge, 1954.

（a） 实物装置图❸

❸同❶。

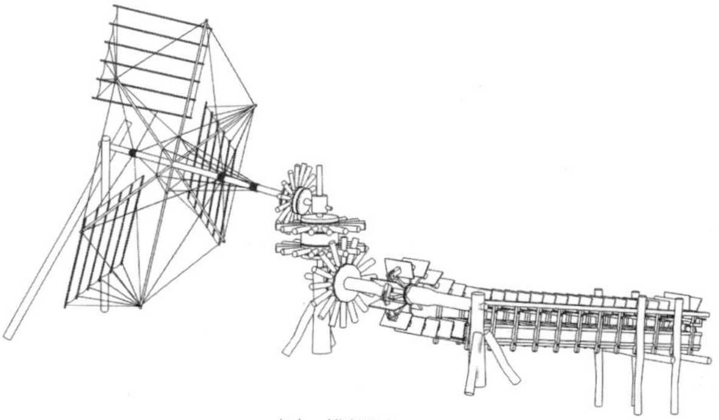

（b） 模拟图

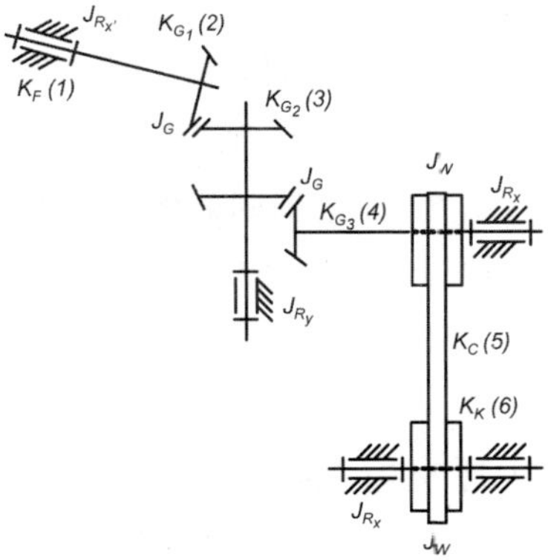

（c） 构造简图

图 8-9　卧轴式风转翻车

根据风向变化，操作者可扳动风帆的斜杆及其底座，使风帆对准风向。除不能自动适应风向变化外，卧轴式风转翻车与立轴式风转翻车相比较，具有零组件较少、使用方便及占地面积较小等优点。20 世纪 80 年代后，卧轴式风转翻车亦逐渐被电力或内燃机水泵所取代。

卧轴式风转翻车为六杆八接头的机构，包含机架（杆 1，K_F）、具有风帆与斜杆的主动齿轮（杆 2，K_{G_1}）、具有双齿轮的立杆（杆 3，K_{G_2}）、具有长轴与上链轮的立式小齿轮（杆 4，K_{G_3}）、链条（杆 5，K_C）及下链轮（杆 6，K_K）。在接头方面，杆 2 以旋转接头（$J_{R_x'}$）与齿轮接头（J_G）分别和机架与杆 3 相邻接；杆 3 以旋转接头（J_{R_y}）与齿轮接头（J_G）分别和机架与杆 4 相邻接；杆 4 以旋转接头（J_{R_x}）与回绕接头（J_W）分别和机架与杆 5 相邻接；杆 6 则以旋转接头（J_{R_x}）与回绕接头（J_W）分别和机架与杆 5 相邻接，图 8-9（b）(c）所示分别为其模拟图与构造简图。

第三节　凸轮机构

应用凸轮的器械包含水碓与立轮式水排两项装置，兹分别叙述如下。

一、水碓

水碓又名机碓或连机水碓，是古中国典型的简单凸轮机构，如图 8-10（a）所示[2]，其组成包含机架、碓梢、立式水轮、长轴及数组横木。长轴以水平方向横贯立式水轮，轴上嵌着数片横木，彼此间无相对运动，可视为同一杆件，而碓梢则需配合横木镶嵌的位置装设。当水轮受水流驱动运转时一并转动长轴与横木，并由横木拨动碓梢，使槌头起落舂击稻谷。

就传动特性而言，横木与碓梢的作用相当于凸轮装置，因此水碓可视为三杆三接头的凸轮机构，包含机架（杆 1，K_F）、具有立式水轮与数组横木的长轴（杆 2，K_A）及数个碓梢（杆 3，K_{A_f}）。在接头方面，杆 2 以旋转接头（J_{R_x}）与凸轮接头（J_A）分别和机架与杆 3 相

[2]〔明〕宋应星撰，潘吉星译注：《天工开物译注》，上海古籍出版社，上海，1998 年。

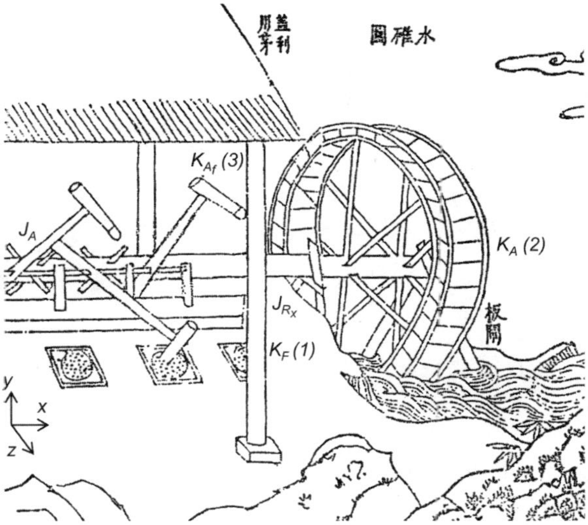

(a) 原图❶

❶〔明〕宋应星撰，潘吉星译注：《天工开物译注》，上海古籍出版社，上海，1998 年。

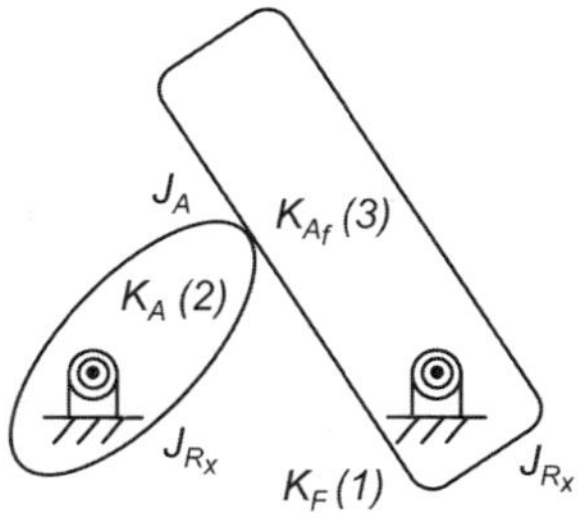

(b) 构造简图

(c) 仿制图

(d) 原型机模型图

(e) 实物装置图（关晓武摄于安徽歙县）

图 8-10 水碓

邻接，杆 3 则以旋转接头（J_{R_x}）与机架相邻接，属于构造明确之机构（类型 I）。图 8-10（b）（c）所示分别为其构造简图与《天工开物》❷中水碓仿制图，而图 8-10（d）（e）所示分别为水碓的原型机模型与实物装置。

❷同❶。

二、立轮式水排

《农书》❸分别介绍了卧轮式与立轮式两种水排，卧轮式水排详见于第七章第四节；立轮式水排则只有文字的记载："先于排前，直

❸〔元〕王祯撰：《农书》，中华书局，第 1 版，北京，1991 年。

出木簨，约长三尺，簨头竖置偃木，形如初月，上用千秋索悬之。复于排前置一劲竹，上带襻索，以控排扇。然后却假水轮卧轴所列拐木，自上打动排前偃木，排即随入。其拐木既落，襻竹引排复回。如此间打一轴……宛若水碓之制……”由于相关叙述过于简要，无法得知确切的杆件数目及杆件间的组合与传动关系，立轮式水排属于杆件与接头的数量和类型皆不确定之机构（类型Ⅲ）。图 8-11（a）所示为《中国机械史》[1]复原的结果，可协助厘清立轮式水排的构造。

[1]陆敬严：《中国机械史》，中华古机械文教基金会（台南，台湾），越吟出版社，台北，2003 年。

立轮式水排组成包含机架、立式水轮、拐木、卧轴、秋千索、木簨、偃木、排扇、襻索及劲竹。卧轴以水平方向横贯立式水轮，轴上嵌着拐木，彼此间无相对运动，可视为同一杆件，而具有木簨的偃木（从动件）则需配合拐木（凸轮）的位置装设。当水轮受水流驱动运转时一并转动卧轴与拐木，并由拐木拨动偃木，进而推动排扇，其中秋千索用于稳定偃木与拐木的传动。再者，劲竹与襻索的弹力使得偃木和排扇可以回复到原来位置，使排扇产生摇摆运动发挥鼓风的作用。

就传动特性而言，拐木与偃木的作用相当于凸轮装置，因此《中国机械史》复原之立轮式水排可视为七杆九接头的凸轮机构，包含机架（杆 1，K_F）、具有立式水轮与卧轴的拐木（杆 2，K_A）、具有木簨的偃木（杆 3，K_{A_f}）、排扇（杆 4，K_L）、劲竹（杆 5，K_{BB}）、秋千索（杆 6，K_{T_1}）及襻索（杆 7，K_{T_2}）。在接头方面，杆 2 以旋转接头（J_{R_z}）与凸轮接头（J_A）分别和机架与杆 3 相邻接；杆 3 以旋转接头（J_{R_z}）与线接头（J_T）分别和排扇与秋千索相邻接；襻索以线接头（J_T）分别和劲竹与排扇相邻接；劲竹、排扇及秋千索分别以竹接头（J_{BB}）、旋转接头（J_{R_z}）及线接头（J_T）和机架相邻接。图 8-11（b）（c）所示分别为《中国机械史》立轮式水排的模拟图与构造简图。

由于秋千索稳定偃木与拐木的运动，以及襻索连接劲竹与排扇的作动，都存在传动不确定的问题，因此提出去除绳索的两种简化设计。第一种为去除襻索（杆 7，K_{T_2}），劲竹直接以竹接头（J_{BB}）分别与机架和木簨相邻接，其余杆件邻接关系不变，成为六杆八接头的设计，图 8-12（a）（b）所示分别为其模拟图与构造简图；第二种为同时去除秋千索（杆 6，K_{T_1}）与襻索（杆 7，K_{T_2}），劲竹直接以竹接

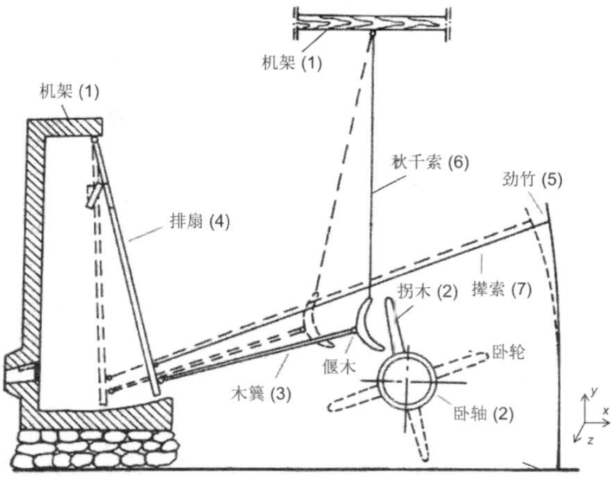

(a) 原图[1]

(b) 模拟图

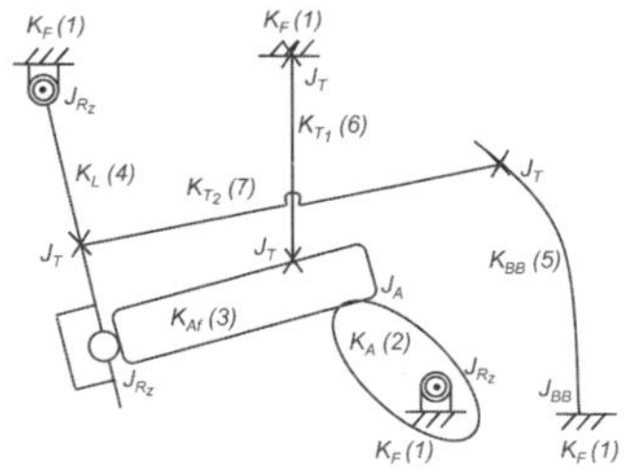

(c) 构造简图

图 8-11　《中国机械史》立轮式水排

头（J_{BB}）分别与机架和木簨相邻接，成为五杆六接头的设计，图 8-12（c）（d）所示分别为其模拟图与构造简图。上述两种简化设计皆可经由调整劲竹的位置与弹力，使拐木更准确地推动偃木，进而让排扇产生稳定的摇摆运动，达到鼓风的作用。

第四节　小结

本章以现代机构学的观点，分析第二章介绍之五本专书中应用齿轮与凸轮元件的 12 件机械装置，如表 8-1 所列，包含 6 件应用齿

[1] 陆敬严：《中国机械史》，中华古机械文教基金会（台南，台湾），越吟出版社，台北，2003 年。

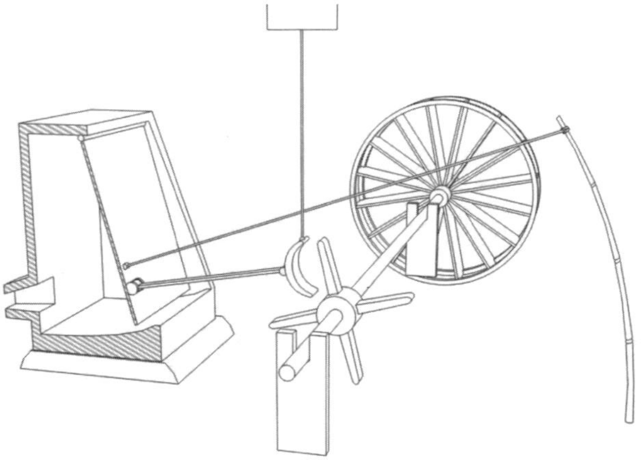

(a) (6, 8) 模拟图

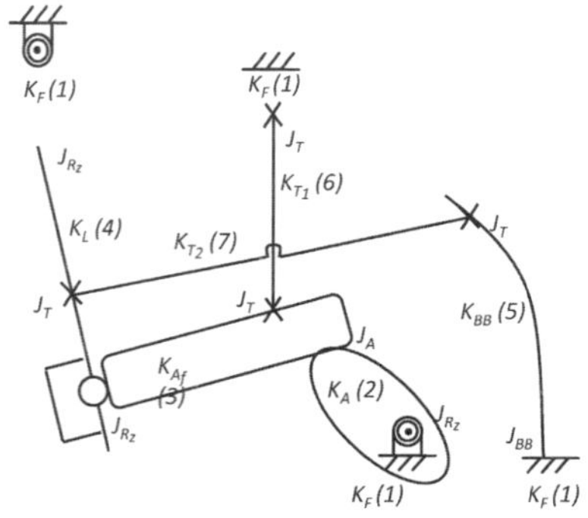

(b) (6, 8) 构造简图

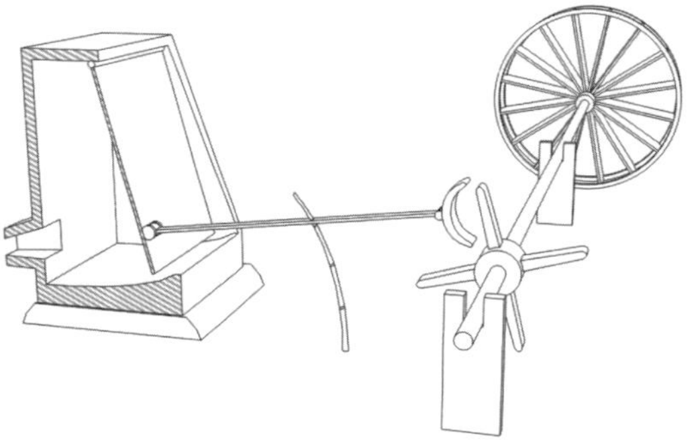

(c) (5, 6) 模拟图

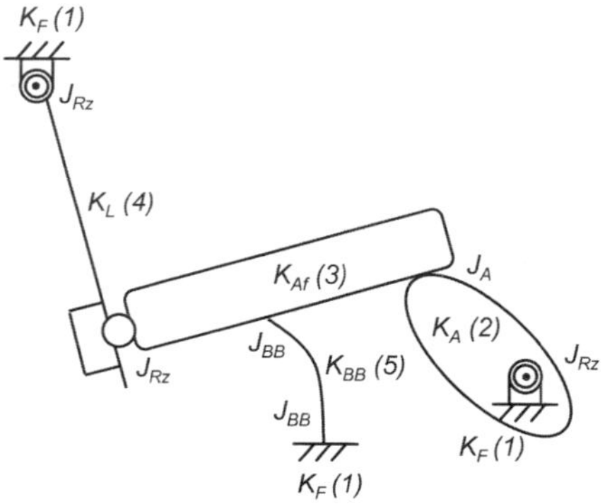

(d) (5, 6) 构造简图

图 8-12 立轮式水排简化设计

轮的农业器械、4 件应用齿轮的汲水器械及 2 件应用凸轮的机构。其中，11 件机械装置（榨蔗机、连磨、水磨、连二水磨、水转连磨、水砻、驴转筒车、牛转翻车、水转翻车、风转翻车、水碓）属于构造明确之机构（类型 I）。立轮式水排只有文字说明，并无图画表示与实物留传，因此具有多种可行设计，属于杆件与接头的数量和类型皆不确定之机构（类型Ⅲ）。本章共有 11 张原图、12 张构造简图、5 张模拟图、5 张仿制图、1 张原型机模型图及 4 张实物装置图。动力来源方面包含水力、兽力及风力。

表 8-1 凸轮与齿轮机构（12 件）

书名 机构名称	《农书》	《武备志》	《天工开物》	《农政全书》	《钦定授时通考》
榨蔗机 图 8-1 类型 I			《甘嗜》		
连磨 图 8-2 类型 I	《杵臼》				
水磨 图 8-3 类型 I			《粹精》		
连二水磨 图 8-3 类型 I				《水利》	《攻治》
水转连磨 图 8-4 类型 I	《利用》			《水利》	《攻治》
水砻 图 8-4 类型 I	《利用》			《水利》	
驴转筒车 图 8-5 类型 I	《灌溉》			《水利》	《灌溉》
牛转翻车 图 8-6 类型 I	《灌溉》		《乃粒》	《水利》	《灌溉》
水转翻车 图 8-7 类型 I 水车	《灌溉》		《乃粒》	《水利》	《灌溉》
风转翻车 （有文无图） 图 8-8、图 8-9 类型 I			《乃粒》		
水碓 机碓 连机水碓 图 8-10 类型 I	《利用》		《粹精》	《水利》	《攻治》
立轮式水排 （有文无图） 图 8-11 类型 III	《利用》				

第九章 挠性传动机构

古中国应用挠性元件（绳索、细线、皮带及链条）的机械装置，可根据功能分为谷物加工、汲水、手工业器械及纺织机械等四类。本章分别简述各项器械的用途与组成，分析各图中的杆件数目及可能的接头种类，并绘出构造简图。

第一节　谷物加工器械

应用挠性传动的谷物加工器械包含筛壳装置和驴砻两项农器，上述器械皆为构造明确之机构（类型 I），兹分别叙述如下。

一、筛壳装置

《天工开物》[1]中筛壳装置的使用是谷物经砻磨脱壳后，被置于风扇车或扬扇中以便去掉皮与壳，再倒入筛中绕圈转动，如图 9-1（a）所示。未破壳的谷物会浮出筛面，再将其倒入砻磨中，重复脱壳的动作。谷物过筛后即可倒入石臼中舂捣。

使用时，以三条绳索系住筛的三个位置，可使操作更为平稳。由于三条绳索构造上对称，只取一条分析，因此筛壳装置为三杆

[1] Song, Y.X., *Chinese Technology in the Seventeen Century* (in Chinese, trans. Sun, E.Z. and Sun, S.C.), New York, Dover Publications, 1966.

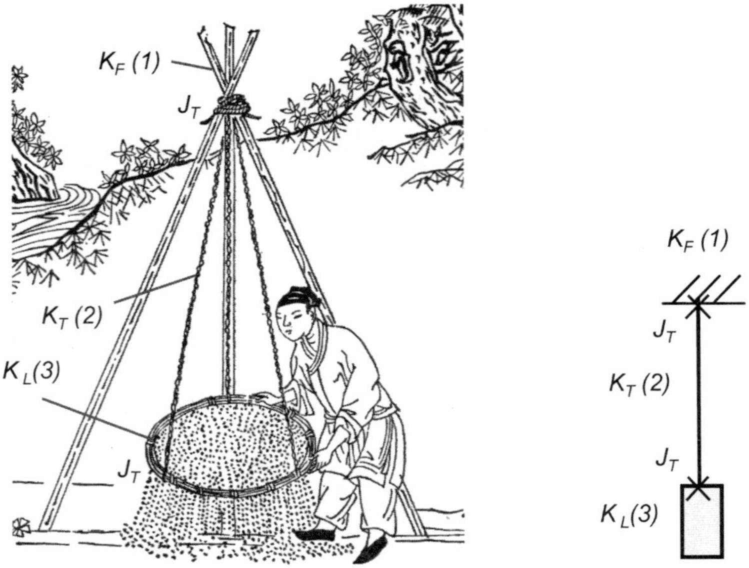

（a） 原图[1]　　（b） 构造简图

图 9-1　筛壳装置

[1] Song, Y.X., *Chinese Technology in the Seventeen Century* （in Chinese, trans. Sun, E.Z. and Sun, S.C.）, New York, Dover Publications, 1966.

二接头的机构，包含机架（杆 1，K_F）、绳索（杆 2，K_T）及筛（杆 3，K_L）。在接头方面，绳索以线接头（J_T）分别与机架和筛相邻接，图 9-1（b）所示为其构造简图。

二、驴砻

驴砻以兽力转动木轮，通过绳索（亦可用皮带取代）带动基座上的磨盘，完成研磨谷物的工作。驴砻是古中国绳索传动的典型应用，如图 9-2（a）所示[2]。由于兽力所转动的木轮直径较磨盘大，驴砻是一组增速的绳索传动机构，可有效提高处理谷物的效率。再者，绳索或皮带以交叉方式回绕于木轮与磨盘上，可增加接触面积与加大摩擦力，确保研磨工作的进行。

[2]〔元〕王祯撰：《农书》，中华书局，第 1 版，北京，1991 年。

驴砻为四杆四接头的机构，包含机架（杆 1，K_F）、大绳轮（杆 2，K_{U_1}）、小绳轮（杆 3，K_{U_2}）及绳索（杆 4，K_T）。在接头方面，大绳轮以旋转接头（J_{R_y}）与机架相邻接，绳索以回绕接头（J_W）分别与大绳轮和小绳轮相邻接，而小绳轮则以旋转接头（J_{R_y}）与机架相邻接，图 9-2（b）所示为其构造简图。

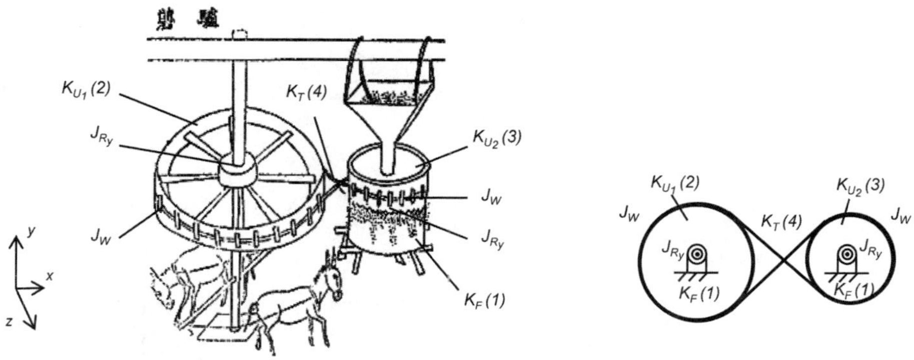

（a） 原图❶　　（b） 构造简图

图 9-2　驴砻

❶〔元〕王祯撰：《农书》，中华书局，第 1 版，北京，1991 年。

第二节　汲水器械

应用挠性传动的汲水器械包含辘轳、手动翻车、脚踏翻车、高转筒车和水转筒车等五项装置，上述器械皆为构造明确之机构（类型 I），兹分别叙述如下。

一、辘轳

辘轳用于汲取井水，如图 9-3（a）所示❷。将轮轴横架于井上，以轮轴加上曲柄手把，并由缠绕轮轴的绳索吊挂水桶。使用时，以人力转动手把，借由绳索的卷绕收放，使水桶升降，达到汲水的目的。

❷ Song, Y.X., *Chinese Technology in the Seventeen Century* （in Chinese, trans. Sun, E.Z. and Sun, S.C.）, New York, Dover Publications, 1966.

辘轳为四杆三接头的机构，包含机架（杆 1，K_F）、具有曲柄手把的轮轴（杆 2，K_U）、绳索（杆 3，K_T）和水桶（杆 4，K_B）。在接头方面，轮轴以旋转接头（J_{R_x}）与机架相邻接，绳索以回绕接头（J_W）与线接头（J_T）分别与轮轴和水桶相邻接。图 9-3（b）所示为其构造简图，而图 9-3（c）（d）所示分别为《天工开物》❸辘轳的仿制图与实物装置。

❸同❶。

二、手动翻车

手动翻车又称拔车，用于汲水灌溉，其运作原理是透过手拉操作杆转动曲柄的上链轮，进而带动链条与下链轮；下链轮浸在水中，

（a） 原图❶　　（b） 构造简图

（c） 仿制图　　（d） 实物装置图（关晓武摄于山西灵丘）

图 9-3　辘轳

❶ Song, Y.X., *Chinese Technology in the Seventeen Century* （in Chinese, trans. Sun, E.Z. and Sun, S.C.）, New York, Dover Publications, 1966.

轮上的刮板沿槽刮水送上行道板，再由链条上的叶板沿行道板刮水上岸，如图 9-4（a）所示❷。

手动翻车为五杆五接头的机构，包含机架（杆 1，K_F）、操作杆（杆 2，K_L）、具有曲柄的上链轮（杆 3，K_{K_1}）、下链轮（杆 4，K_{K_2}）和链条（杆 5，K_C）。在接头方面，上链轮以旋转接头（J_{R_z}）分别与机架和操作杆相邻接，链条以回绕接头（J_W）分别与上链轮和下链轮相邻接，而下链轮则以旋转接头（J_{R_z}）与机架相邻接。图 9-4（b）所示为其构造简图，而图 9-4（c）所示为《天工开物》❸手动翻车的仿制图。

❷〔明〕宋应星撰，潘吉星译注：《天工开物译注》，上海古籍出版社，上海，1998 年。

❸同❷。

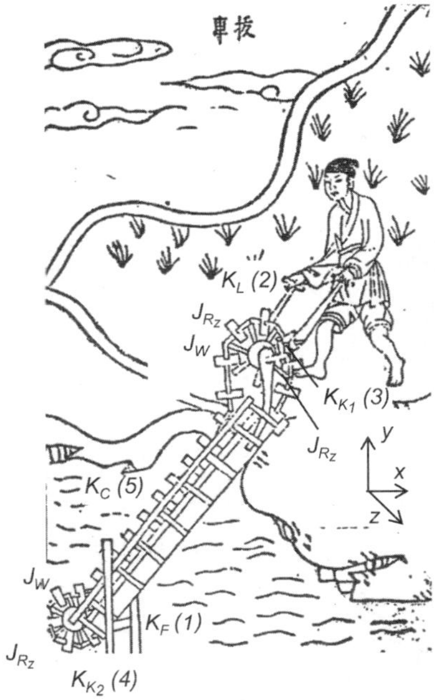

(a) 原图[1]

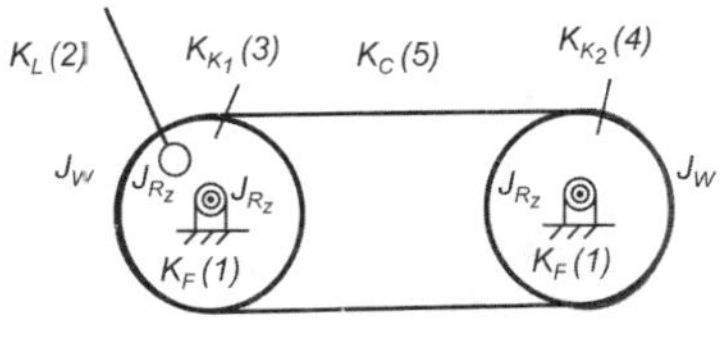

(b) 构造简图

(c) 仿制图

图 9-4 手动翻车

三、脚踏翻车

脚踏翻车又称踏车，在翻车的上链轮加置长杆与拐木，借由人力踩踏，可使翻车运转，如图 9-5（a）所示[2]。脚踏翻车为四杆四接头的机构，包含机架（杆 1，K_F）、具有长杆与拐木的上链轮（杆 2，K_{K_1}）、下链轮（杆 3，K_{K_2}）和链条（杆 4，K_C）。在接头方面，上链轮以旋转接头（J_{R_x}）与机架相邻接，链条以回绕接头（J_W）分别与上链轮和下链轮相邻接，而下链轮则以旋转接头（J_{R_x}）与机架相邻接。图 9-5（b）（c）所示分别为其构造简图与《天工开物》[3]中脚踏翻车的仿制图，图 9-5（d）所示为脚踏翻车原型机模型。

四、高转筒车

元朝时期（1271—1368）发明高转筒车，用于从低处水源取水至高岸[4]，其动力源分成人力和兽力两种，外形与翻车相似，运水元件与筒车相同，其构造包含斜置的木板、上下两个圆轮、竹筒与绳

[1]〔明〕宋应星撰，潘吉星译注：《天工开物译注》，上海古籍出版社，上海，1998 年。

[2]同[1]。

[3]同[1]。

[4]张春辉、游战洪、吴宗泽、刘元谅：《中国机械工程发明史》，第二编，清华大学出版社，北京，2004 年。

(a) 原图[1]

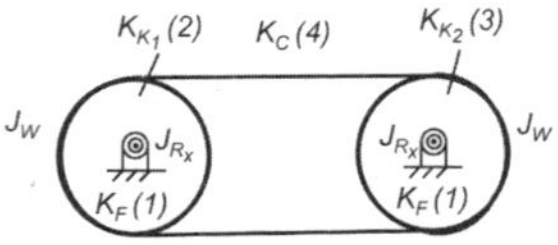

(b) 构造简图

(c) 仿制图

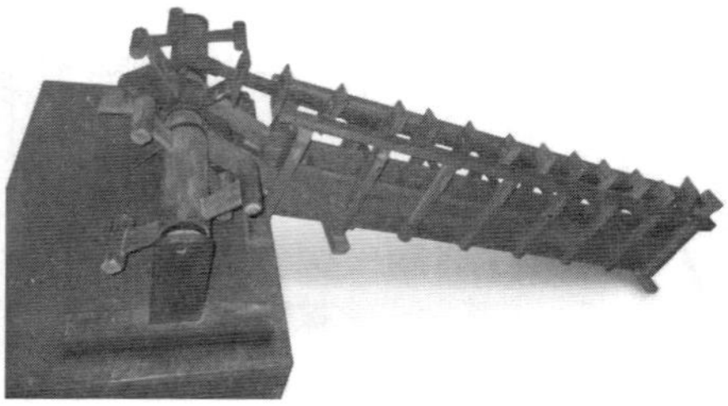

(d) 原型机模型图

图 9-5 脚踏翻车

[1]〔明〕宋应星撰，潘吉星译注：《天工开物译注》，上海古籍出版社，上海，1998 年。

索串成的链条以及配合动力来源所需的装置，如图 9-6（a）所示[2]（图中没有画出动力所需装置）。使用人力时，需在上轮轴上加置拐木以便踩踏（同翻车）；使用兽力时，则需加置一立一卧的两个齿轮，构造同牛转翻车。

人力踩踏的高转筒车为四杆四接头机构，包含机架（杆 1，K_F）、上轮（杆 2，K_{K_1}）、下轮（杆 3，K_{K_2}）和链条（杆 4，K_C）。上轮以旋转接头（J_{R_x}）与机架相邻接，链条以回绕接头（J_W）分别与上轮和下轮相邻接，而下轮则以旋转接头（J_{R_x}）与机架相邻接，其构造简图如图 9-6（b）所示。

兽力驱动的高转筒车为五杆六接头的机构，包含机架（杆 1，K_F）、具有立轴与横杆的卧齿轮（杆 2，K_G）、具有立齿轮的上轮（杆 3，K_{K_1}）、下轮（杆 4，K_{K_2}）及链条（杆 5，K_C）。卧齿轮以旋转接头

[2]〔元〕王祯撰：《农书》，中华书局，第 1 版，北京，1991 年。

(J_{R_y}) 与齿轮接头 (J_G) 分别和机架与上轮相邻接，其余邻接关系则与人力驱动时相同，其构造简图如图 9-6 (c) 所示。

五、水转筒车

水转筒车是以水力为动力源的筒车，如图 9-7 (a) 所示[1] (图中没有画出卧式水轮与齿轮系)。其构造与兽力驱动的高转筒车相似，只是以卧式水轮取代横杆，其构造简图如图 9-7 (b) 所示。

[1]〔元〕王祯撰：《农书》，中华书局，第 1 版，北京，1991 年。

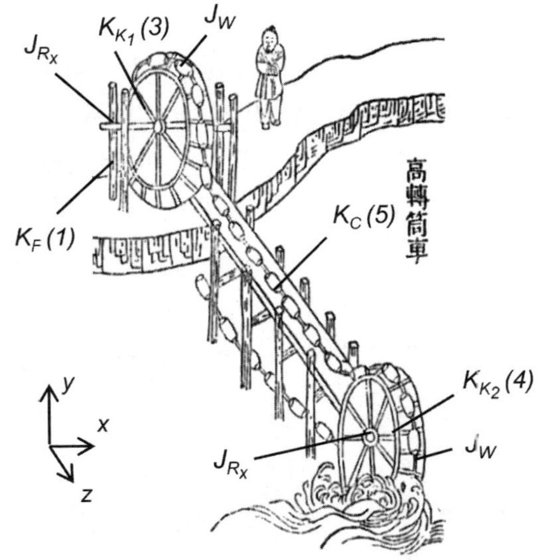

(a) 原图[2]

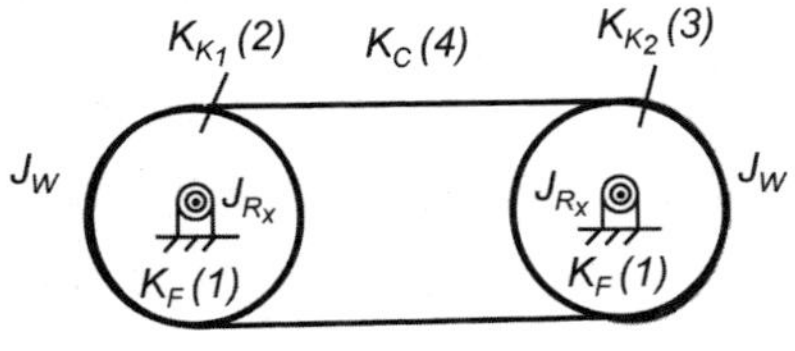

(b) 人力踩踏构造简图

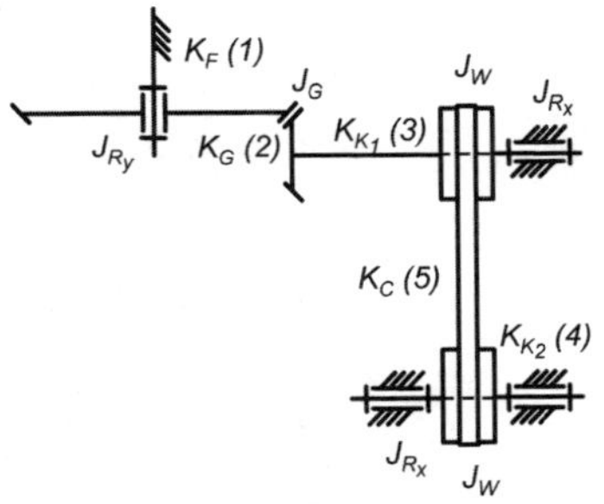

(c) 兽力驱动构造简图

[2] 同[1]。

图 9-6 高转筒车

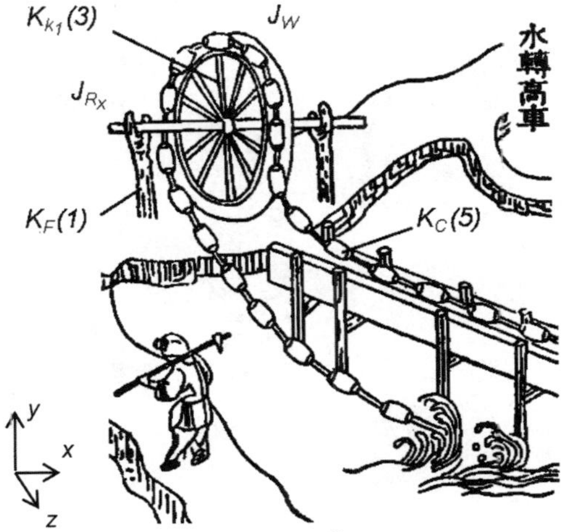

(a) 原图[3]

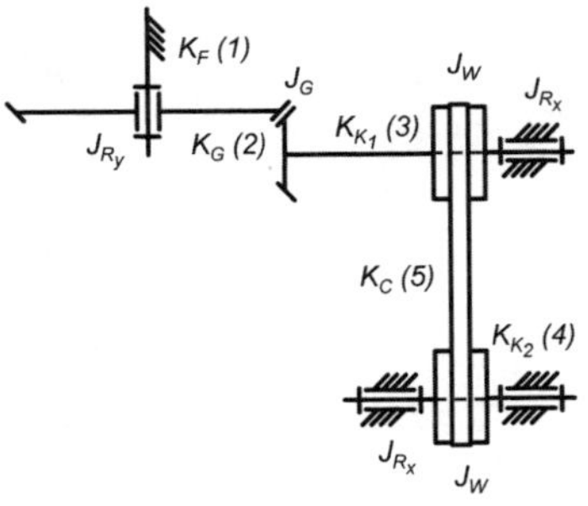

(b) 构造简图

[3] 同[1]。

图 9-7 水转筒车

第三节　手工业器械

应用挠性传动的手工业器械包含入水（入井）装置、凿井装置、磨床装置和榨油机等四项，兹分别叙述如下。

一、入水（入井）装置

《天工开物》❶中的入水（入井）装置用于水中或井下采集珍珠、宝石、煤矿等贵重矿石，如图 9-8（a)(b）所示❷。由于水中或井内都有致命的危险，以长绳绑住工作者的腰部，当完成工作或遇到危险时，可以迅速由其他伙伴将工作者从水中或井内拉出，以确保其安全。使用时将具有曲柄手把的轮轴横架于船上或井上，绳索一端缠绕轮轴，另一端绑住工作者。一人转动手把，其余人扶住轮轴，借由绳索的卷绕收放，使工作者升降，达到采矿或取珠宝的目的。

❶〔明〕宋应星撰，潘吉星译注：《天工开物译注》，上海古籍出版社，上海，1998 年。

❷同❶。

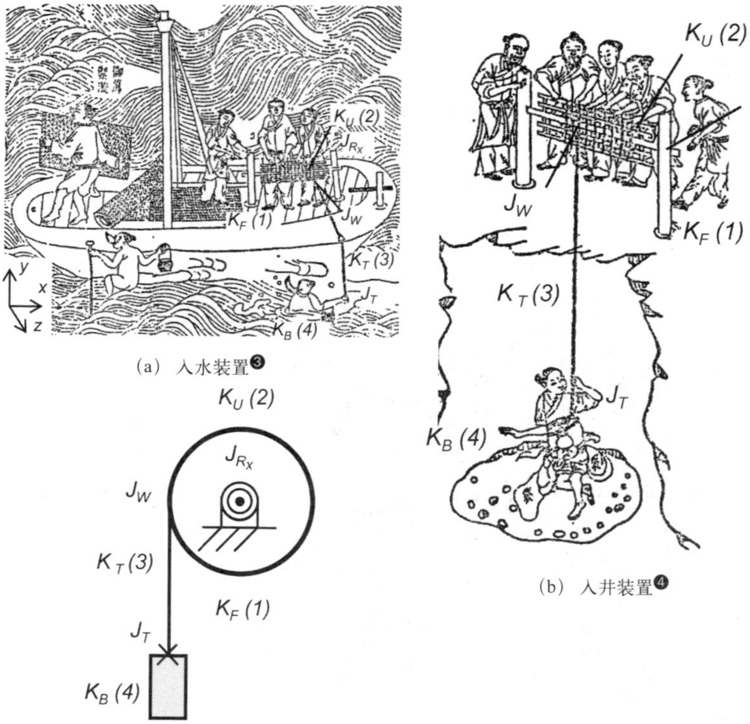

（a） 入水装置❸

（b） 入井装置❹

（c） 构造简图

图 9-8　入水（入井）装置

❸同❶。

❹同❶。

入水（入井）装置为四杆三接头的机构，包含以支架为机架（杆 1，K_F）、具有曲柄手把的轮轴（杆 2，K_U）、绳索（杆 3，K_T）和工作者（杆 4，K_B）。在接头方面，轮轴以旋转接头（J_{R_x}）与机架相邻接，绳索以回绕接头（J_W）和线接头（J_T）分别与轮轴和工作者相邻接，属于构造明确之机构（类型 I），图 9-8（c）所示为其构造简图。

二、凿井装置

《天工开物》[1]记载明朝（1368—1644）井盐的采卤过程，其凿井装置使用绳索牵引的传动方式，如图 9-9（a）所示。绳索一端系上凿井的工具，另一端绕过井架上的小轮及地面的导轮，环绕在大轮上。经由牛转动大轮，拉动绳索，反复上提与放下凿井工具，进行凿井工作。

由于导轮的作用为调整绳索的方向，并不影响整体机构的传动，分析时可以不用考虑，因此凿井装置为四杆四接头的机构，包含机架（杆 1，K_F）、大绳轮（杆 2，K_{U_1}）、小绳轮（杆 3，K_{U_2}）和绳索（杆 4，K_T）。在接头方面，大轮以旋转接头（J_{R_y}）与机架相邻接，绳索以回绕接头（J_W）分别与大绳轮和小绳轮相邻接，而小绳轮则以旋转接头（J_{R_z}）与机架相邻接，其属于构造明确之机构（类型 I），图 9-9（b）所示为其构造简图。

[1]〔明〕宋应星撰，潘吉星译注：《天工开物译注》，上海古籍出版社，上海，1998 年。

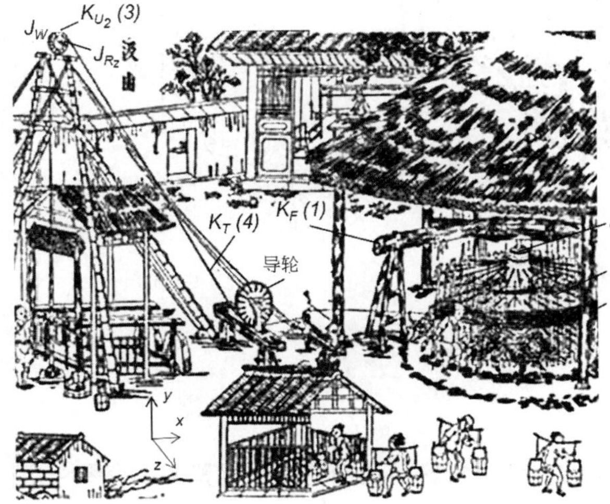

（a）原图[2]

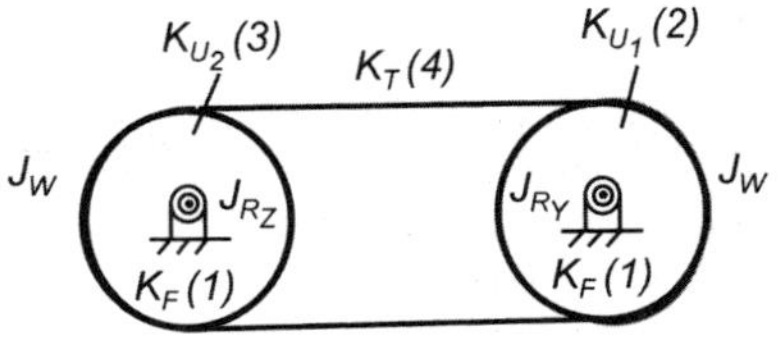

（b）构造简图

图 9-9　凿井装置

[2] Song, Y.X., *Chinese Technology in the Seventeen Century* (in Chinese, trans. Sun, E.Z. and Sun, S.C.), New York, Dover Publications, 1966.

三、磨床装置

《天工开物》[1]加工玉石的磨床装置是利用绳索或皮带传递动力与运动，如图 9-10（a）所示。横轴中间装有一个磨石轮，两端装在轴承里。在磨石轮的两边，分别把一条绳索或皮条的上端钉在轴上，并按相反方向分别绕轴几圈，绳的下端分别装在两个踏板上。当交替踩踏板时，带动磨石轮往返转动，进而研磨玉石。

由于磨床左右对称，取一组分析即可，故其为四杆四接头机构，包含机架（杆 1，K_F）、踏板（杆 2，K_{Tr}）、绳线（杆 3，K_T）和具有磨石轮的轮轴（杆 4，K_U）。在接头方面，踏板以旋转接头（J_{R_x}）与机架相邻接，绳线以线接头（J_T）和回绕接头（J_W）分别与踏板和轮轴相邻接，而轮轴则以旋转接头（J_{R_x}）与机架相邻接，属于构造明确之机构（类型 I），图 9-10（b）所示为其构造简图。

（a） 原图[2]

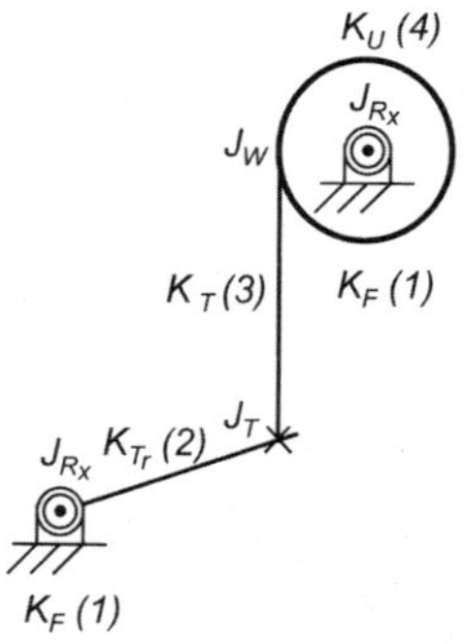

（b） 构造简图

图 9-10 磨床装置

四、榨油机

《天工开物》[3]中的榨油机包含榨油桶与撞锤装置两部分[4]，如图 9-11（a）所示。榨油桶的材料以巨大的樟木为佳，用弯曲的凿刀将巨木中间挖空，并在底部凿一平槽与小孔，以利油榨出时流入盛油

[1]〔明〕宋应星撰，潘吉星译注：《天工开物译注》，上海古籍出版社，上海，1998 年。

[2] Song, Y.X., *Chinese Technology in the Seventeen Century* (in Chinese, trans. Sun, E.Z. and Sun, S.C.), New York, Dover Publications, 1966.

[3]同[1]。

[4] Hsiao, K.H. and Yan, H.S., "Structural Identification of the Uncertain Joints in the Drawings of Tian Gong Kai Wu," *Journal of the Chinese Society of Mechanical Engineers*, Taipei, Vol. 31, No. 5, pp. 383–392, 2010.

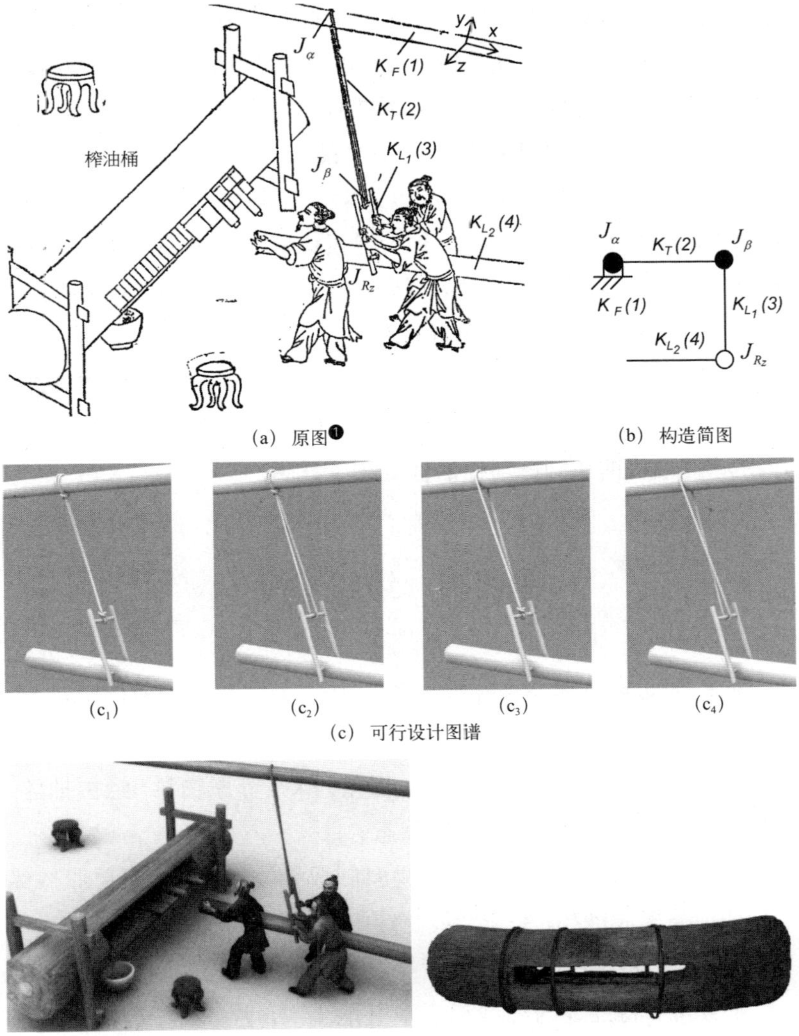

(a) 原图❶　(b) 构造简图

(c₁)　(c₂)　(c₃)　(c₄)

(c) 可行设计图谱

(d) 仿制图❷　(e) 实物装置图（“台湾国立科工艺博物馆”藏品）

图 9-11　榨油机

器中。将榨油的原料如芝麻籽、油菜籽，经文火慢炒、碾碎及蒸煮等前置作业后，塞满榨油桶，经由撞木挤压撞击后，油品如泉水般缓缓流出。

撞锤装置为四杆三接头的机构，包含机架（杆 1，K_F）、绳索（杆 2，K_T）、握杆（杆 3，K_{L_1}）和撞木（杆 4，K_{L_2}）。在接头方面，绳索以不确定接头 J_α 与机架相邻接，握杆以不确定接头 J_β 与旋转接头 J_{R_z} 分别与绳索和撞木相邻接，属于接头类型不确定之机构（类型 II），

❶〔明〕宋应星撰，潘吉星译注：《天工开物译注》，上海古籍出版社，上海，1998 年。

❷ Hsiao, K.H. and Yan, H.S., “Structural Identification of the Uncertain Joints in the Drawings of Tian Gong Kai Wu,” *Journal of the Chinese Society of Mechanical Engineers*, Taipei, Vol. 31, No. 5, pp. 383—392, 2010.

其构造简图如图 9-11（b）所示。撞锤装置的作用是以人力推动撞木挤压油料，不确定接头有多种可能，皆能实现榨油的功能。考虑绳索运动的类型与方向，接头 J_α 的类型有两种可能：一种为绳索绕着机架 x 轴、y 轴、z 轴旋转，用符号 $J_{R_{xyz}}$ 表示；另一种为绳索除绕着机架 x 轴、y 轴、z 轴旋转外，还可以沿着 x 轴滑动，用符号 $J_{R_{xyz}}^{P_x}$ 表示。接头 J_β 的类型有两种可能：一种为绳索绕着握杆 x 轴、y 轴、z 轴旋转，用符号 $J_{R_{xyz}}$ 表示；另一种为绳索除绕着握杆 x 轴、y 轴、z 轴旋转外，还可以沿着 z 轴滑动，用符号 $J_{R_{xyz}}^{P_z}$ 表示。借由分配不确定接头 J_α（$J_{R_{xyz}}$、$J_{R_{xyz}}^{P_x}$）与 J_α（$J_{R_{xyz}}$、$J_{R_{xyz}}^{P_z}$）于构造简图中，得到可行设计图谱，如图 9-11（c_1）～（c_4）所示。此外，图 9-11（d）（e）所示分别为《天工开物》[1]榨油机的仿制图与榨油桶实物装置图。

[1]〔明〕宋应星撰，潘吉星译注：《天工开物译注》，上海古籍出版社，上海，1998 年。

第四节　纺织器械

纺织的步骤可略分为纤维处理、纺纱、染整和织布等四道程序。兹分别说明如下[2]：

1. 纤维处理：目的是将蚕茧、棉花、麻苎等原物料，经由抽丝、弹核或捻揉，转变为可以纺纱的状态。

2. 纺纱：将纤维处理后的原物料制成纱线，或将多条单股纱线汇捻成一条多股纱线，并作经线与纬纱，作为织布前的准备。

3. 染整：将纱线染色，并用温度控制等方法增加纱线的强度。

4. 织布：将经线与纬纱相互垂直地交织，另有提花等特殊织法可作出布的花纹。

由于染整用之器械未包含可动的机构，因此本书没有讨论染整程序的相关装置。根据上述各纺织程序，表 9-1 列出本书介绍之纺织器械对应的章节。

应用挠性传动的纺织机构包含蟠车、絮车、赶棉车、弹棉装置、手摇纺车、纬车、经架及木棉軠床等八项器械，上述器械皆为构造明确之机构（类型 I），兹分别叙述如下：

[2]陈维稷：《中国纺织科学技术史（古代部分）》，科学出版社，北京，1984 年。

表 9-1　纺织程序使用器械

纺织程序	使用器械	对应章节
纤维处理	木棉搅车、綟车	第六章第六节
	蟠车、絮车	第九章第四节
	赶棉车、弹棉装置	第九章第四节
	缫车	第十一章第一节
纺纱	手摇纺车、纬车	第九章第四节
	经架、木棉軠床	第九章第四节
	脚踏纺车、木棉线架、木棉纺车、小纺车	第十一章第二节
	大纺车、水转大纺车	第十一章第二节
织布	斜织机、腰机、布机、卧机	第十一章第三节
	提花机、花机、织机	第十一章第四节

一、蟠车

蟠车又称为拨车，是将麻纤维制成线纱的工具，属于纺织前纤维处理的缠纩程序，如图 9-12（a）所示❶。使用者一手持线纩，另一手拉动线纱缠在线纩上，线纴即跟着旋转，以便作业。

蟠车为三杆二接头的机构，包含机架（杆 1，K_F）、线纴（杆 2，K_L）和线纱（杆 3，K_T）。在接头方面，线纴以旋转接头（J_{R_z}）与机架相邻接，线纱以回绕接头（J_W）与线纴相邻接，图 9-12（b）所示为其构造简图。

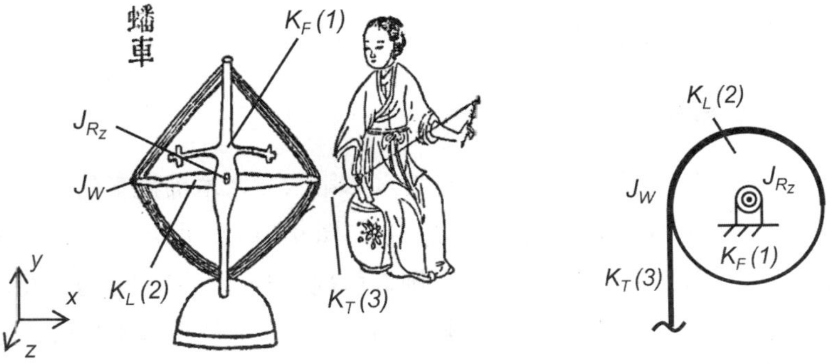

（a）原图❷　　（b）构造简图

图 9-12　蟠车

二、絮车

絮车用于煮茧，是抽取蚕丝的前置作业，如图 9-13（a）所示❸。

❶〔元〕王祯撰：《农书》，中华书局，第 1 版，北京，1991 年。

❷同❶。

❸同❶。

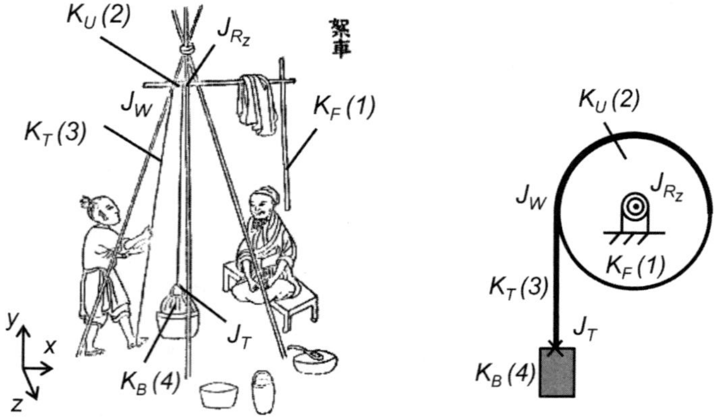

（a） 原图[1]　　　　（b） 构造简图

图 9-13　絮车

[1]〔元〕王祯撰：《农书》，中华书局，第 1 版，北京，1991 年。

在木架上置一滑轮，并勾上绳索，绳的一端绑缚布袋，内置蚕茧，并于架下摆设煮茧的汤瓮。使用时拉动绳索，即可控制蚕茧的浸泡及受热程度。

絮车为四杆三接头的机构，包含以木架为机架（杆 1，K_F）、滑轮（杆 2，K_U）、绳索（杆 3，K_T）和布袋（杆 4，K_B）。在接头方面，滑车以旋转接头（J_{R_z}）与机架相邻接，绳索以回绕接头（J_W）与线接头（J_T）和滑轮与布袋相邻接，图 9-13（b）所示为其构造简图。

三、赶棉车

《天工开物》[2]中的赶棉车与第六章第六节之木棉搅车的功能相同，皆为用于纺织前棉纤维的处理，如图 9-14（a）所示。木棉搅车需由二人同时以手操作；赶棉车则以脚踩踏杆产生往复运动，经由绳索旋转一根转轴，配合一手转动另一根转轴，使得两根转轴产生反方向旋转，空出一手可放入棉花，轧出棉核与棉籽，以提高工作效率。以脚踩踏杆使绳索转动转轴的方式，需在转轴上外加一个飞轮，以惯性力迫使转轴旋转（图中未画出飞轮）。

[2]〔明〕宋应星撰，潘吉星译注：《天工开物译注》，上海古籍出版社，上海，1998 年。

赶棉车可分为手动转轴与脚踏绳索传动两组机构。手动转轴机构为二杆一接头的机构，以木框为机架（杆 1，K_F），转轴为运动连杆（杆 2，K_L），转轴以旋转接头 J_{R_z} 与机架相邻接，其构造简图如图 9-14（b）所示。脚踏绳索传动为四杆四接头的机构，包含以木框为机架（杆 1，K_F）、踏杆（杆 2，K_{Tr}）、绳索（杆 3，K_T）和另一转轴（杆 4，K_{L_1}）。踏杆以旋转接头 J_{R_z} 与机架相邻接，绳索以线接头 J_T 与踏杆和转轴相邻接，转轴以旋转接头 J_{R_z} 与机架相邻接，其构造简图如图 9-14（c）所示，图 9-14（d）所示为赶棉车的实物装置。

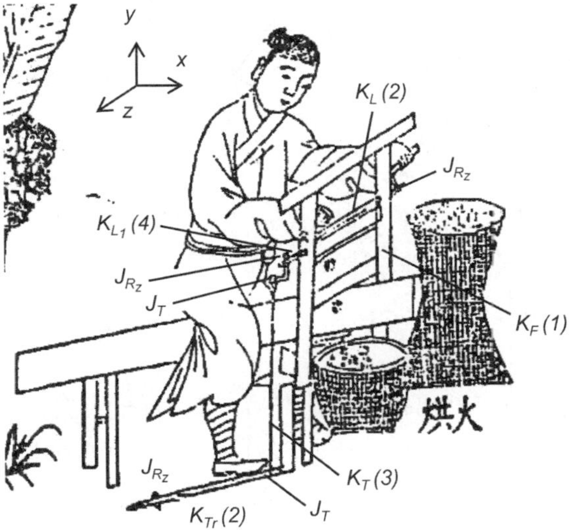

（a） 原图[1]

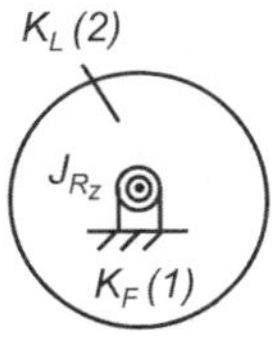

（b） 手动转轴构造简图

[1]〔明〕宋应星撰，潘吉星译注：《天工开物译注》，上海古籍出版社，上海，1998 年。

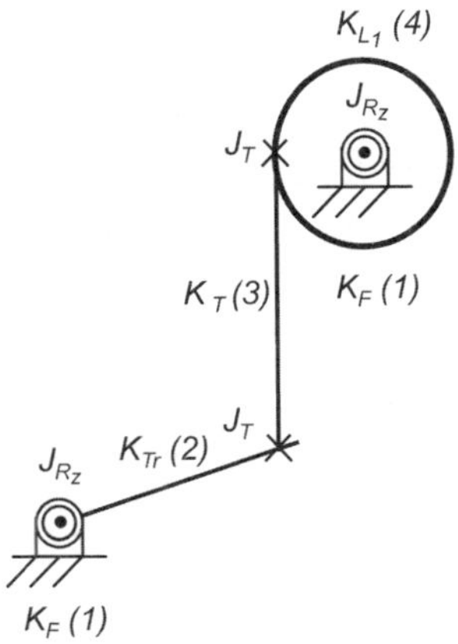

（c） 脚踏绳索传动构造简图

（d）实物装置图（摄于北京农业博物馆）

图 9-14 赶棉车

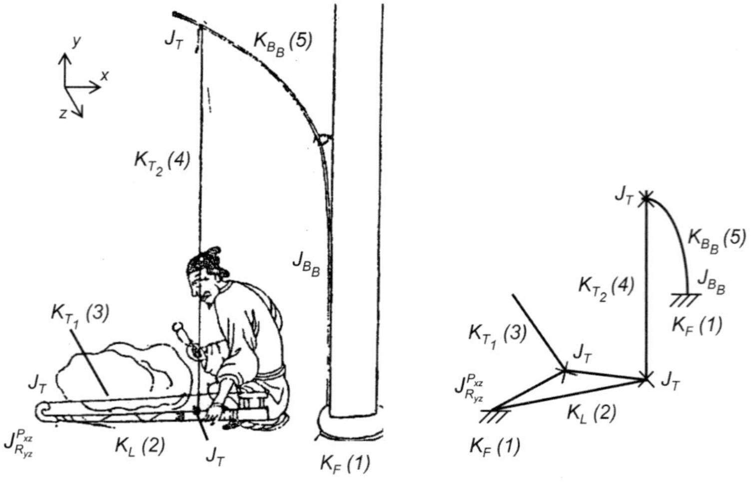

(a) 原图❶　　(b) 构造简图

图 9-15　弹棉装置

四、弹棉装置

棉花经木棉搅车或赶棉车轧出棉核与棉籽后，可用弹棉装置弹松棉絮，制作棉被与棉衣的棉花，加工至此即可。《天工开物》❷中的弹棉装置以皮弦或绳线两端紧系于木杆上，再用另一绳索系于木杆，另一端绑住竹子，竹子的另一端则固定于墙上，如图 9-15（a）所示。操作者拨动皮弦与摆动木杆，经由皮弦与竹子的弹性加强弹棉的效果。

虽然皮弦或绳线两端同时系于木杆，但仍为两根木杆间的邻接关系，取一组分析即可，因此弹棉装置为五杆五接头的机构，包含以墙与地面为支撑的机架（杆 1，K_F）、木杆（杆 2，K_L）、皮弦（杆 3，K_{T_1}）、绳索（杆 4，K_{T_2}）和竹子（杆 5，K_{BB}）。在接头方面，木杆以直接接触方式$J^{P_{xz}}_{R_{yz}}$与机架相邻接，皮弦以线接头 J_T 与木杆相邻接，绳索以线接头 J_T 分别与木杆和竹子相邻接，竹子则以竹接头 J_{BB} 与机架相邻接，图 9-15（b）所示为其构造简图。

五、手摇纺车与纬车

棉花经弹棉装置弹松后，在木板上将棉花搓成长条，或是蚕茧经缫丝与调丝等工序，即可经由手摇纺车或纬车纺成纱线，如图

❶〔明〕宋应星撰，潘吉星译注：《天工开物译注》，上海古籍出版社，上海，1998 年。

❷同❶。

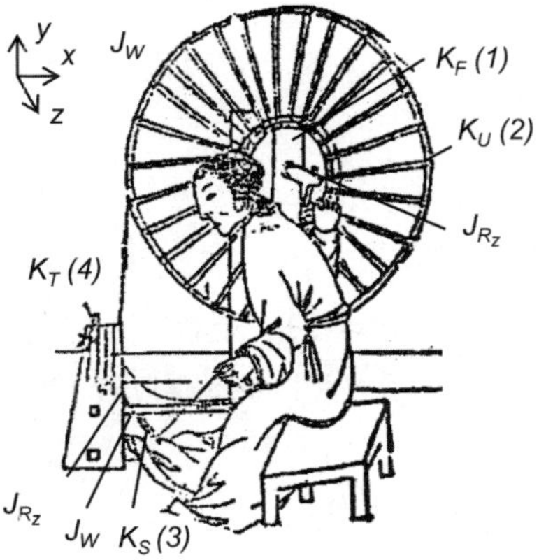

(a) 手摇纺车❶

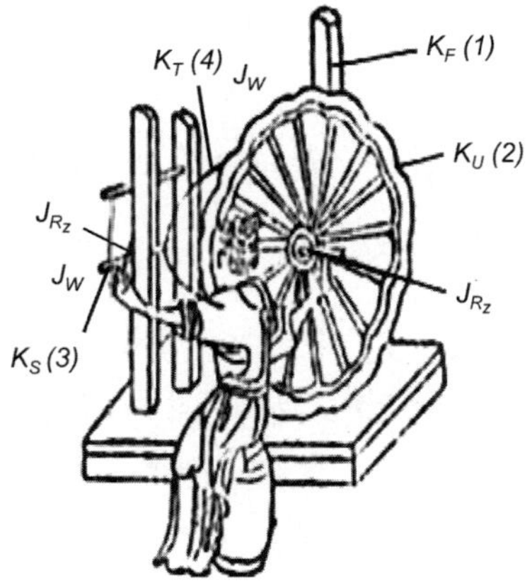

(b) 纬车❷

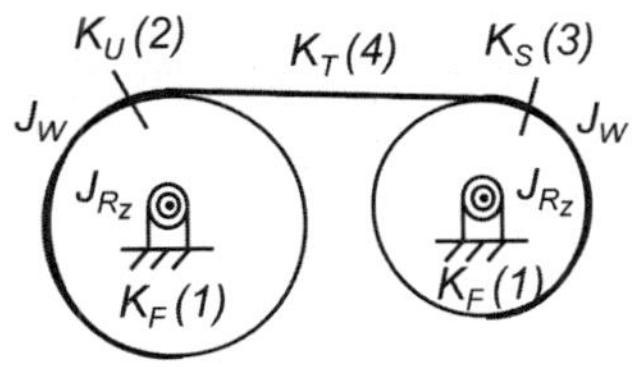

(c) 构造简图

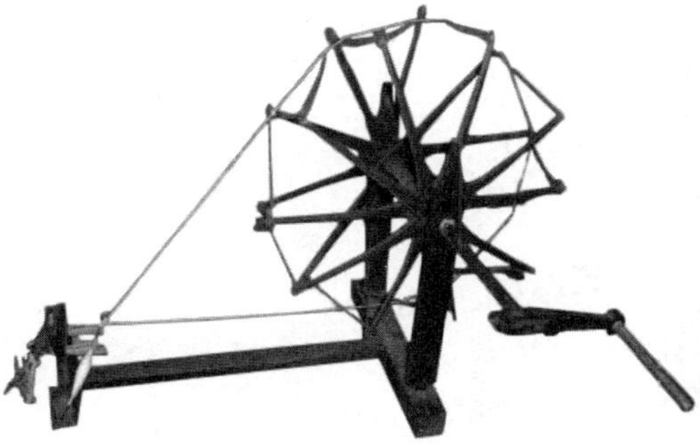

(d) 手摇纺车实物装置（摄于北京农业博物馆）

(e) 纬车实物装置（摄于北京农业博物馆）

图 9-16　手摇纺车与纬车

9-16（a)(b）❸❹所示。纱线可经由纺车将数根单股纱线绞合成多股纱线。纺纱时，转动具有手柄的大绳轮，经由绳索传动使得锭子旋转，进而牵引棉絮或纱线卷绕于锭子上。

手摇纺车与纬车皆为四杆四接头的机构，包含以木架为机架（杆 1，K_F)、大绳轮（杆 2，K_U)、锭子（杆 3，K_S）和绳索（杆 4，K_T)。在接头方面，大绳轮以旋转接头 J_{R_z} 与机架相邻接，绳索以回绕接头

❶〔明〕宋应星撰，潘吉星译注：《天工开物译注》，上海古籍出版社，上海，1998 年。

❷〔元〕王祯撰：《农书》，中华书局，第 1 版，北京，1991 年。

❸同❶。

❹同❷。

J_W 分别与大绳轮和锭子相邻接，锭子以旋转接头 J_{R_z} 与机架相邻接。图 9-16（c）所示为其构造简图，图 9-16（d）(e) 所示分别为手摇纺车与纬车的实物装置。

六、经架

经架用于牵引与卷绕蚕丝，是蚕丝纺纱处理的一道程序，如图 9-17（a）所示❶。处理此步骤前需先将丝线卷于丝篗，如图 9-17（b）❷，集多个丝篗一并进行整经。使用时转动手柄，将丝线由丝篗拉出，绕过木架，并排卷绕于整经架上，即可将众多丝线收整起来。

经架为四杆四接头的机构，包含以木架为机架（杆 1，K_F）、具有手柄的整经架（杆 2，K_{U_1}）、丝篗（杆 3，K_{U_2}）及丝线（杆 4，K_T）。在接头方面，整经架以旋转接头（J_{R_x}）与机架相邻接，丝线以回绕接头（J_W）分别与整经架和丝篗相邻接，而丝篗则以旋转接头（J_{R_y}）与机架相邻接，图 9-17（c）所示为其构造简图。

❶〔元〕王祯撰：《农书》，中华书局，第 1 版，北京，1991 年。

❷同❶。

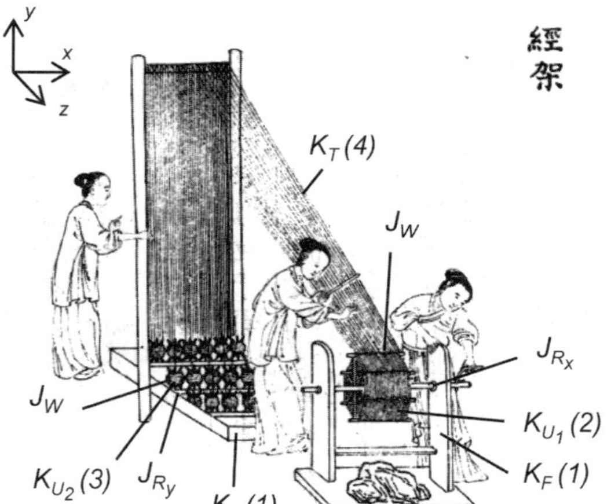

（a）经架❸

❸同❶。

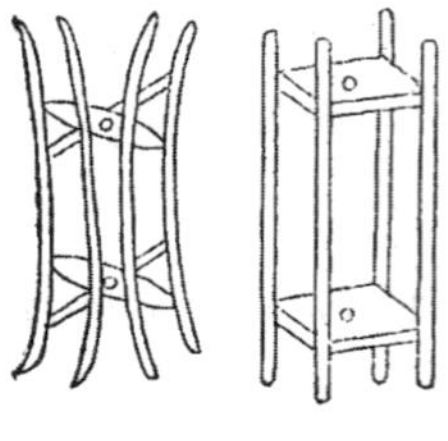

（b）丝篗❹

❹同❶。

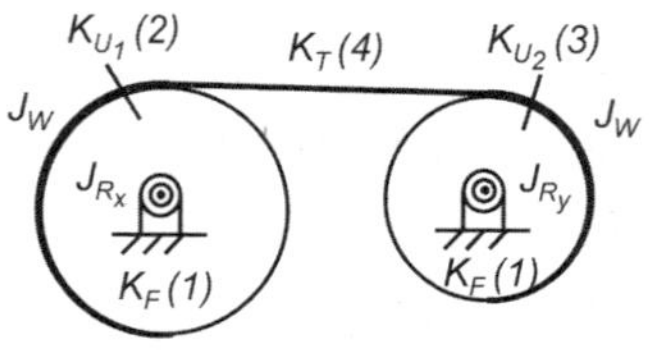

（c）构造简图

图 9-17　经架

七、木棉軠床

《农书》❶中的木棉軠床，如图 9-18（a）所示，功能与构造皆与经架相似，唯经架用于整理蚕丝，而木棉軠床则用于棉纱线的处理，图 9-18（b）所示为其构造简图。

❶〔元〕王祯撰：《农书》，中华书局，第 1 版，北京，1991 年。

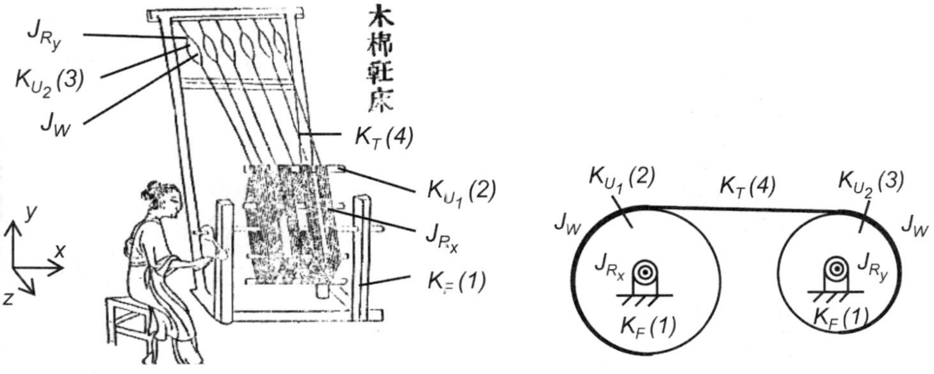

（a）原图❷　　（b）构造简图

❷同❶。

图 9-18　木棉軠床

第五节　小结

本章以现代机构学的观点，探讨第二章介绍之五本专书中应用挠性传动元件的 19 件机械装置，如表 9-2 所列，包含 2 件谷物加工器械、5 件汲水器械、4 件手工业器械及 8 件纺织器械；其中，18 件机械装置 [筛壳装置、驴砻、辘轳、手动翻车、脚踏翻车、高转筒车、水转筒车、入水（入井）装置、凿井装置、磨床装置、蟠车、絮车、赶棉车、弹棉装置、手摇纺车、纬车、经架、木棉軠床] 属于构造明确之机构（类型 I），榨油机则为接头类型不确定之机构（类型 II）。本章共有 21 张原图、20 张构造简图、1 张模拟图、4 张仿制图、1 张原型机模型图及 4 张实物装置图。动力来源方面包含人力、兽力及水力。

9-2　挠性传动机构（19 件）

书名 / 机构名称	《农书》	《武备志》	《天工开物》	《农政全书》	《钦定授时通考》
筛壳装置 图 9-1 类型 I			《粹精》		
驴砻 图 9-2 类型 I	《杵臼》		《粹精》	《农器》	
辘轳 图 9-3 类型 I	《灌溉》		《乃粒》	《水利》	《灌溉》
手动翻车 拔车 图 9-4 类型 I			《乃粒》		
脚踏翻车 踏车 图 9-5 类型 I	《灌溉》		《乃粒》	《水利》	《灌溉》
高转筒车 图 9-6 类型 I	《灌溉》		《乃粒》	《水利》	《灌溉》
水转筒车 图 9-7 类型 I	《灌溉》			《水利》 （无图）	
[illegible]水装置 入井装置 图 9-8 类型 I			《作咸》 《燔石》 《珠玉》		
凿井装置 图 9-9 类型 I			《作咸》		
磨床装置 图 9-10 类型 I			《珠玉》		
榨油机 图 9-11 类型 II			《膏液》		
蟠车 图 9-12 类型 I	《麻苎》			《蚕桑广类》	《桑余》
絮车 图 9-13 类型 I	《纩絮》			《蚕桑》	《蚕事》
赶棉车 图 9-14 类型 I			《乃服》		

续表

书名 机构名称	《农书》	《武备志》	《天工开物》	《农政全书》	《钦定授时通考》
弹棉装置 图 9-15 类型 I			《乃服》		
手摇纺车 纺缕 图 9-16 类型 I			《乃服》		
纬车 纺纬 图 9-16 类型 I	《织纴》		《乃服》	《蚕桑》	《蚕事》
经架 图 9-17 类型 I	《织纴》			《蚕桑》	《蚕事》
木棉軠床 图 9-18 类型 I	《纩絮》			《蚕桑广类》	《桑余》

第十章 弩

古中国弩是结合凸轮机构与挠性传动机构，发展出应用弹力发射利箭，进而攻击远距离目标的军用武器。春秋战国之后，弩的制造技术已经十分成熟，并有许多不同的类型，如标准弩❶、楚国弩❷及诸葛弩❸。由于古中国弩的类型多样且大量使用于各个朝代与不同地区，弩的构造有许多不同的设计。

本章应用前面所叙述的方法系统化复原符合古代工艺技术之弩的所有可行设计。本章首先简介古中国弩的发展史，接着分析各类弩的机构构造及归纳复原设计所需之设计限制，并以三种不同类型之弩为例进行说明。

第一节 历史发展

弩是古中国最重要的战争武器之一，主要包含标准弩、楚国弩及诸葛弩等三种类型。古中国弩利用弩弓与弓弦的弹力发射弓箭，以射击远距离的目标，其发射过程包含拉弓弦、置弓箭、释弓弦和射弓箭等四个步骤。

标准弩的组成主要包含机架（杆 1，K_F）、弩弓（杆 2，K_{CB}）、弓

❶ Hsiao, K.H., "Structural Synthesis of Ancient Chinese Original Crossbow," *Transactions of the Canadian Society for Mechanical Engineering*, Vol. 37, no. 2, pp. 259—271, 2013.

❷ Hsiao, K.H. and Yan, H.S., "Structural Synthesis of Ancient Chinese Chu State Repeating Crossbow," *Advances in Reconfigurable Mechanisms and Robots I*, pp. 749—758, Springer, London, 2012.

❸ Hsiao, K.H. and Yan, H.S., "Structural Synthesis of Ancient Chinese Zhuge Repeating Crossbow," *Explorations in the History of Machines and Mechanisms*, pp. 213—228, Springer, Netherlands, 2012.

弦（杆 3，K_T）和弩机等四个部分，图 10-1（a）所示为《武备志》[1]之标准弩的机构构造。机架（杆 1，K_F）使用坚木制作，钻有孔洞、缺口及箭槽，分别用于安装弩机、弩弓和弓箭。弩弓（杆 2，K_{CB}）为复合弓，由数片不同性质的木材组合而成，并在表面涂漆防腐，有些还附有精致美观的铜饰或玉饰，强度超过一般手持弓。弓弦（杆 3，K_T）多采用筋条、丝绳或肠衣制作。机架上装设的弩机属于凸轮机构，是标准弩的核心装置，用于勾住拉紧的弓弦；射手完成拉弓弦后，需放置弓箭并托握机架，进行瞄准与射击。由于弩机可使射手稳定地瞄准目标，射箭的准确度因此大为提升。弩机的组成主要包含郭（匣，杆 1，K_F）、悬刀（输入杆，杆 4，K_I）、牛（触发杆，杆 5，K_{PL}）和望山（连接杆，杆 6，K_L），大多以青铜制作，各个零件尺寸精确且具有交换性。

❶〔明〕茅元仪撰：《武备志》，海南出版社，海南，2001 年。

春秋时代晚期，标准弩已逐渐发展起来，到战国时代后开始广泛使用，2000 多年以来，标准弩一直是古中国军队的标准武器配备。最早具有弩机的标准弩出土于中国山东省曲阜市，可追溯至公元前 600 年[2]。图 10-1（b）所示为陕西省西安市西汉长安城遗址的铜弩机。

❷张春辉、游战洪、吴宗泽、刘元谅：《中国机械工程发明史》，第二编，清华大学出版社，北京，2004 年。

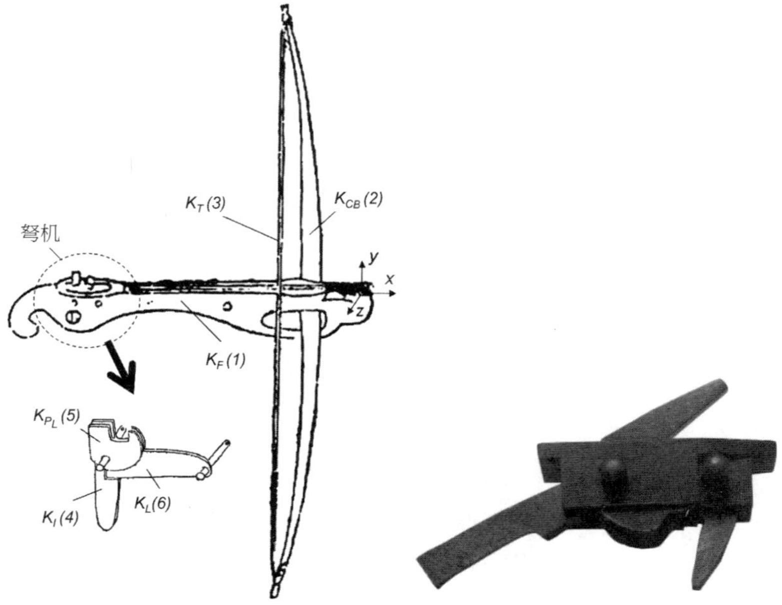

(a) 原图[3]　　(b) 铜弩机实物装置（摄于北京首都博物馆）

图 10-1　标准弩

❸同❶。

根据构造的类型，标准弩的发展可以汉朝为界，分为前后两个阶段。汉朝之前的弩机没有郭（匣），因此弩机的机件直接安装于木制机架上；汉朝之后的标准弩则有两个重要改良设计，其一是增加铜制的郭（匣），其二是弩机上刻有射程的度量表[1]。由于弩机机件安装在铜制的郭（匣），比装在木制机架提供更大的张力，弓箭的射程因此大大提升；加装射程刻度表，则可以提高射箭的准确度，使射手更容易命中目标。汉朝之后，各朝代之标准弩与弩机的构造大致相似，只是尺寸更大，射程也相对更远。

随着准确度的提升，人们进一步希望增加射箭的效率，因此产生了可以借由操作输入杆直接完成四个射箭步骤的连发弩。根据考古发现，最早的连发弩出土于中国湖北省江陵县，可追溯至公元前400年，如图10-2所示。由于出土地隶属于战国时代楚国，因此命名为楚国弩[2]，其组成包含机架（杆1，K_F）、弩弓（杆2，K_{CB}）、弓弦（杆3，K_T）、输入杆（杆4，K_I）、触发杆（杆5，K_{PL}）和连接杆（杆6，K_L）。箭匣固定于机架上，内装有20支箭，依序排列在两个弓箭通道中。触发杆与连接杆巧妙地装置于输入杆上，推动输入杆往前，连接杆勾住弓弦；拉动输入杆往后，使触发杆接触机架上的开启点，

（a） 实物装置

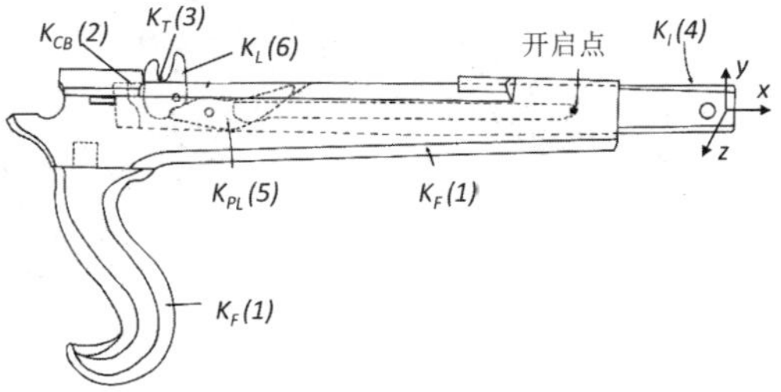

（b） 运动简图

图10-2 楚国弩[3]

[1]钟少异：《中国古代军事工程技术史（上古至五代）》，山西教育出版社，山西，2008年。

[2]荆州博物馆编：《荆州重要考古发现》，文物出版社，北京，2009年。

[3]同[2]。

进而释放弓弦射箭。每次射箭两发，箭匣的弓箭因重力依序落下，等待击发，然而古文献并无楚国弩的相关记录。

《三国志》[1]中记载另一类型的连发弩：“损益连弩，谓之‘元戎’，以铁为箭，长八寸，一弩十箭俱发。”又称诸葛亮（181—234）为发明者，因此后人称此装置为诸葛弩。图 10-3 所示为《武备志》[2]中的诸葛弩，其组成包含机架（杆 1，K_F）、弩弓（杆 2，K_{CB}）、弓弦（杆 3，K_T）、输入杆（杆 4，K_I）和箭匣（杆 5，K_{PL}）。经由输入杆的摇摆运动，使得箭匣产生往复运动，达到勾住弓弦与释放弓弦的作用。由于诸葛弩的射程较短，需于箭头涂上毒药，以增加攻击威力。宋朝之后，诸葛弩为军队的标准配备，直到甲午中日战争时清朝士兵仍在使用。诸葛弩发明之后，基本构造上并无太多改变，成为历史悠久的机械武器之一。

[1]〔晋〕陈寿撰：《三国志》，中华书局，北京，1975 年。

[2]〔明〕茅元仪撰：《武备志》，海南出版社，海南，2001 年。

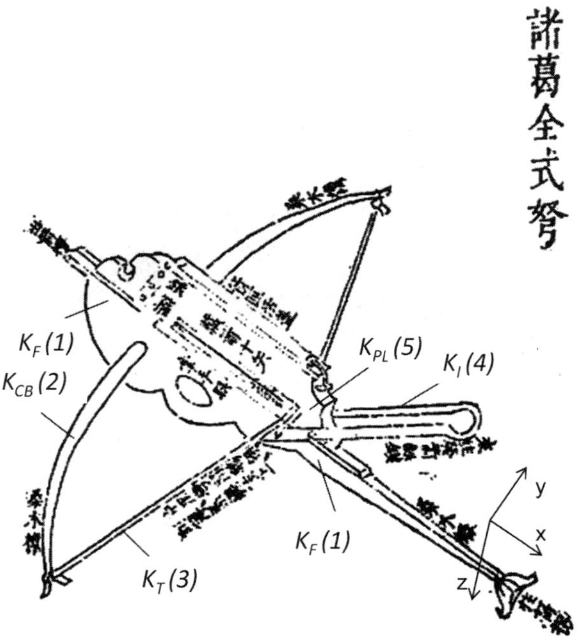

图 10-3　诸葛弩[3]

[3]同[2]。

第二节　构造分析

古中国弩的机构构造会随着射箭过程产生改变。标准弩与楚国弩通常具有六根杆件，包含机架 K_F（1）、弩弓 K_{CB}（2）、弓弦 K_T（3）、输入杆 K_I（4）、触发杆 K_{PL}（5）和连接杆 K_L（6），如图 10-1（a）与图 10-2 所示。诸葛弩无连接杆，并以箭匣勾住弓弦，构造简化为五杆机构，如图 10-3 所示。根据弩构造的变化，古中国弩的射箭过程可分为以下四个阶段❶：

1. 尚未拉弓阶段。

此阶段准备进行拉弓弦。此时的弩弓与弓弦暂时静止不动；输入杆、触发杆及连接杆调整成为拉弓弦的状态，如图 10-4（a_1）（b_1）（c_1）所示。当拉动弓弦瞬间，即进入下一阶段。

2. 进行拉弓阶段。

由于标准弩需以手直接拉弓弦，弓弦沿着机架的 x 轴滑动，用符号 J^{Px} 表示，此时弩机的各个机件暂时静止不动，如图 10-4（a_2）所示。连发弩的弓弦可以经由输入杆带动，自动完成拉弓弦的动作。其中，楚国弩以连接杆勾住弓弦，如图 10-4（b_2）所示；诸葛弩则以箭匣勾住弓弦，如图 10-4（c_2）所示。当完成拉弓弦，即进入下一阶段。

3. 完成拉弓阶段。

当标准弩的射手将弓弦拉至弩机上，并放置弓箭后，即可进行瞄准目标与发射弓箭，如图 10-4（a_3）所示；连发弩的弓箭借由重力直接落下，等待射击。当楚国弩的弓弦拉至极限位置，触发杆与机架以凸轮接头 J_A 相邻接，如图 10-4（b_3）所示。当诸葛弩的弓弦拉至极限位置，弓弦与机架以凸轮接头 J_A 相邻接，如图 10-4（c_3）所示。当弓弦释放的瞬间，即进入下一阶段。

4. 射箭阶段。

借由弩弓与弓弦的弹力进行弓箭发射，此时弓弦沿着机架的 x 轴滑动，用符号 J^{P_x} 表示，如图 10-4（a_4）（b_4）（c_4）所示。直到弓箭射出，弩弓与弓弦恢复到原始位置，完成一次射箭的过程，此时的

❶ Hsiao, K.H. and Yan, H.S., "Structural Analyses of Ancient Chinese Crossbows," *Journal of Science and Innovation*, Vol. 2, No. 1, pp. 1—8, 2012.

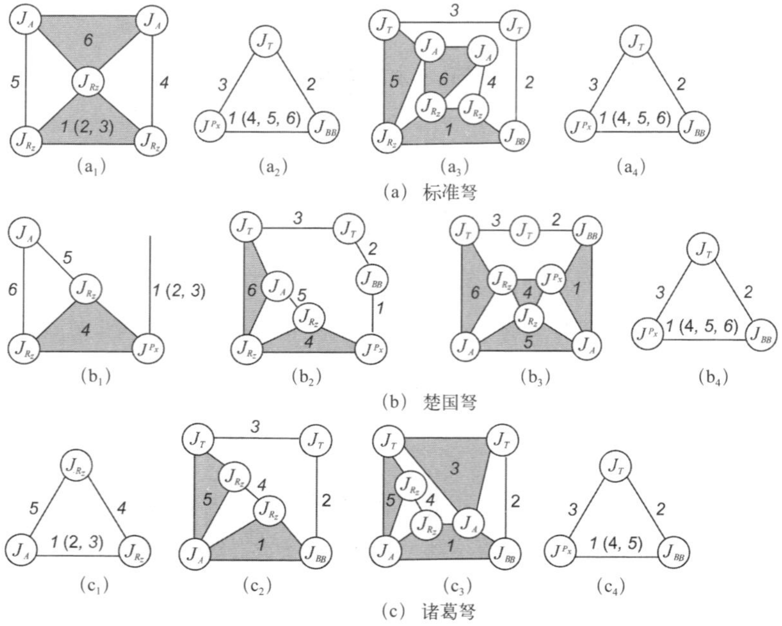

图 10-4 古中国弩构造变化[1]

输入杆、触发杆及连接杆暂时静止不动。

第三节 标准弩

根据现有出土文物与史料研究，标准弩的组成主要包含机架（杆 1，K_F）、弩弓（杆 2，K_{CB}）、弓弦（杆 3，K_T）、输入杆（杆 4，K_I）、触发杆（杆 5，K_{PL}）和连接杆（杆 6，K_L）。接头方面则包含一个竹接头（J_{BB}）、两个线接头（J_T）、两个凸轮接头（J_A）和三个旋转接头（J_{R_z}）。因此标准弩可视为六杆八接头的凸轮机构。由于弩与弩机广泛使用于古中国各地，标准弩的构造会因不同朝代或地域而产生不同的设计，属于杆件与接头的数量和类型皆为不确定的机构（类型Ⅲ）。再者，根据机构学的观点，若省略连接杆，弩机仍可经由机架、输入杆及触发杆巧妙的几何形状及运动学的关系勾住弓弦及储存弓弦的能量，并借由输入杆带动触发杆，释放弓弦与发射弓箭。

[1] Hsiao, K.H. and Yan, H.S., "Structural Analyses of Ancient Chinese Crossbows," *Journal of Science and Innovation*, Vol. 2, No. 1, pp. 1—8, 2012.

因此，根据不确定插图机构复原设计法，以具有五杆与六杆八接头的标准弩为例，进行复原设计。

步骤一：研究史料与机构并归纳其构造特性。

1. 此机构为五杆（杆 1 ～ 5）或六杆八接头（杆 1 ～ 6）的凸轮机构。

2. 机架（K_F）为多接头杆。弩弓（K_{CB}）为双接头杆，并以竹接头（J_{BB}）与机架（K_F）相邻接。

3. 弓弦（K_T）为双接头杆，以线接头（J_T）与弩弓（K_{CB}）相邻接。

4. 输入杆（K_I）以旋转接头（J_{R_z}）与机架（K_F）相邻接，且不与弓弦（K_T）相邻接。

5. 触发杆（K_{PL}）以不确定接头与机架（K_F）和输入杆（K_I）相邻接。

6. 连接杆（K_L）以不确定接头与输入杆（K_I）和触发杆（K_{PL}）相邻接。

步骤二：由步骤一的归纳可知，此器械为五杆或六杆八接头的机构，对应之五杆与六杆八接头的一般化运动链图谱，如图 10-5 所示。

步骤三：必须有一对相邻的双接头杆作为弩弓与弓弦，且需与作为机架的多接头杆相邻接，故步骤二得到的图谱中，仅图 10-5（b_2）（d_3）（d_4）及（d_6）符合需求。所有可行的特殊化链可经由以下步骤获得：

1. 机架、弩弓及弓弦（K_F、K_{CB} 及 K_T）

由于必须有一根多接头杆作为机架（K_F），且有一对相邻的双接头杆作为弩弓（K_{CB}）与弓弦（K_T）和机架相邻接，其中弩弓须以竹接头（J_{BB}）和线接头（J_T）分别与机架和弓弦相邻接，所以可如下指定机架、弩弓及弓弦：

（1）对于图 10-5（b_2）所示的一般化运动链，指定机架、弩弓及弓弦的结果有一个，如图 10-6（a_1）所示。

（2）对于图 10-5（d_3）所示的一般化运动链，指定机架、弩弓及弓弦的结果有两个，如图 10-6（a_2）（a_3）所示。

（3）对于图 10-5（d_4）所示的一般化运动链，指定机架、弩弓及弓弦的结果有一个，如图 10-6（a_4）所示。

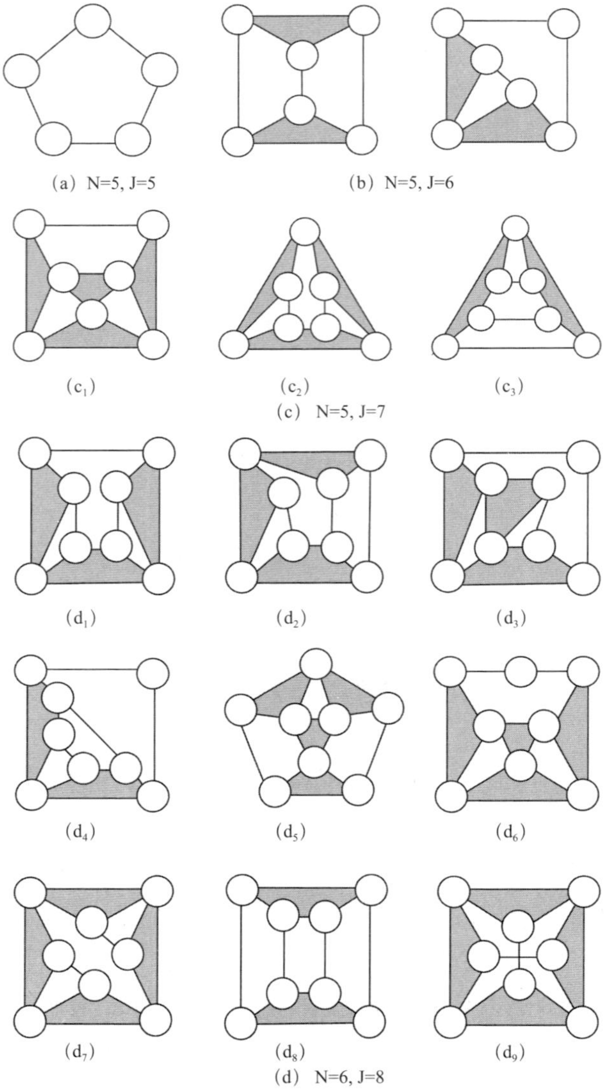

图 10-5　五杆与六杆八接头一般化运动链图谱

（4）对于图 10-5（d_6）所示的一般化运动链，指定机架、弩弓及弓弦的结果有一个，如图 10-6（a_5）所示。

因此，机架、弩弓及弓弦指定后的特殊化链有五个可行的结果，如图 10-6（a_1）～（a_5）所示。

2. 输入杆（K_I）

由于输入杆（K_I）必须以旋转接头（J_{R_z}）与机架（K_F）相邻接，且不与弓弦（K_T）相邻接，所以如下指定输入杆：

（1）对于图 10-6（a_1）所示的情形，指定输入杆的结果有一个，如图 10-6（b_1）所示。

（2）对于图 10-6（a_2）所示的情形，指定输入杆的结果有一个，如图 10-6（b_2）所示。

（3）对于图 10-6（a_3）所示的情形，指定输入杆的结果有两个，如图 10-6（b_3）（b_4）所示。

（4）对于图 10-6（a_4）所示的情形，指定输入杆的结果有一个，如图 10-6（b_5）所示。

（5）对于图 10-6（a_5）所示的情形，指定输入杆的结果有一个，如图 10-6（b_6）所示。

因此，机架、弩弓、弓弦及输入杆指定后的特殊化链有六个可行的结果，如图 10-6（b_1）～（b_6）所示。

3. 触发杆与连接杆（K_{PL} 与 K_L）

由于触发杆（K_{PL}）以不确定接头与机架（K_F）和输入杆（K_I）相邻接，若仍有尚未指定的杆件则为连接杆（K_L），连接杆以不确定接头与输入杆（K_I）和触发杆（K_{PL}）相邻接。所以如下指定出触发杆与连接杆：

（1）对于图 10-6（b_1）所示的情形，指定触发杆的结果有一个，如图 10-6（c_1）所示。

（2）对于图 10-6（b_2）所示的情形，指定触发杆与连接杆的结果有一个，如图 10-6（c_2）所示。

（3）对于图 10-6（b_3）所示的情形，指定触发杆与连接杆的结果有一个，如图 10-6（c_3）所示。

（4）对于图 10-6（b_4）所示的情形，没有与输入杆和触发杆相邻接的杆件能够指定为连接杆。

（5）对于图 10-6（b_5）所示的情形，指定触发杆与连接杆的结果有一个，如图 10-6（c_4）所示。

（6）对于图 10-6（b_6）所示的情形，指定触发杆与连接杆的结果有一个，如图 10-6（c_5）所示。

由于图 10-6（c_2）的连接杆（杆 6，K_L）及图 10-6（c_4）的触发

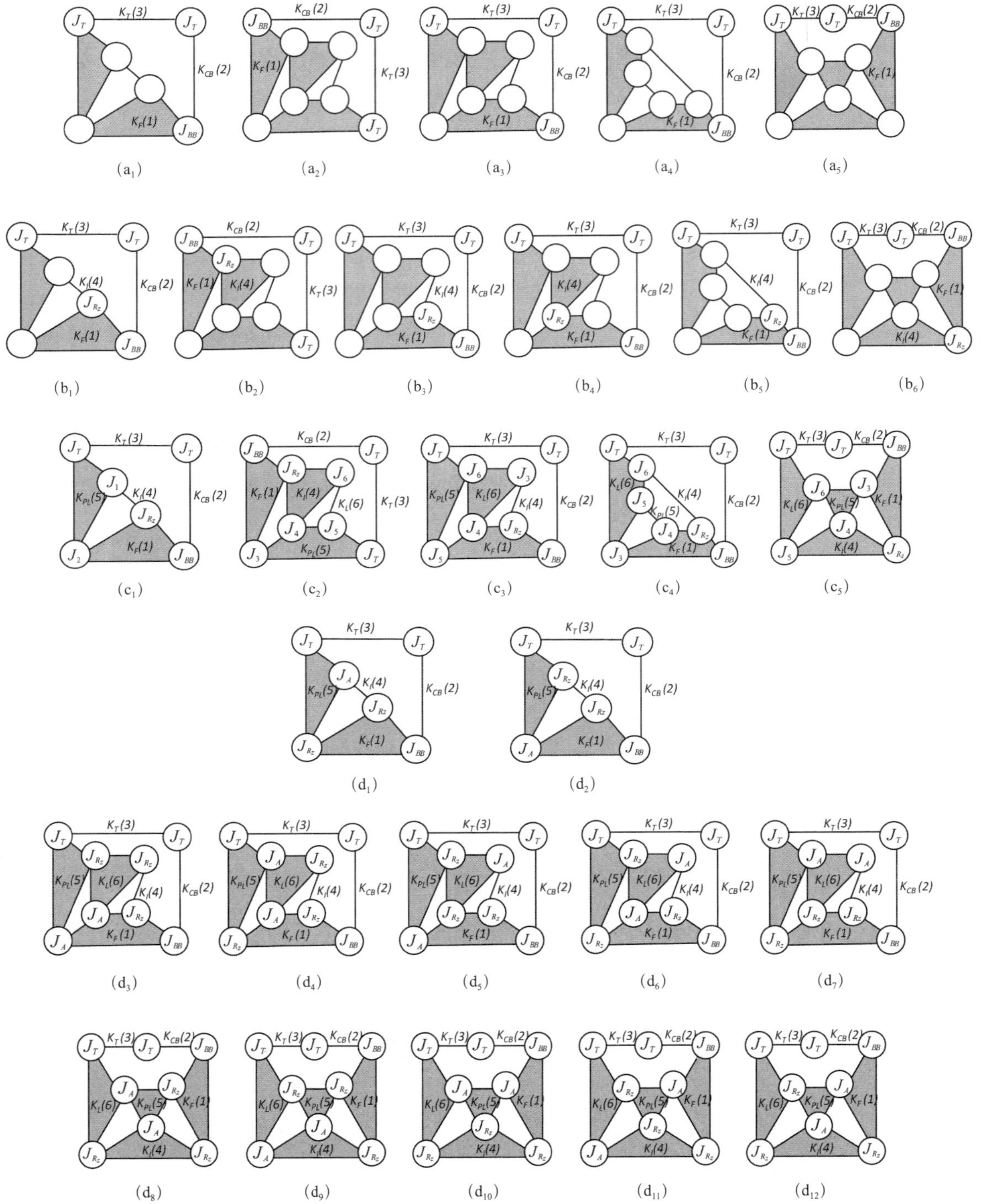
(a1) (a2) (a3) (a4) (a5)
(b1) (b2) (b3) (b4) (b5) (b6)
(c1) (c2) (c3) (c4) (c5)
(d1) (d2)
(d3) (d4) (d5) (d6) (d7)
(d8) (d9) (d10) (d11) (d12)

图 10-6　标准弩特殊化

杆（杆 5，K_{PL}）在弩机作动的过程中，没有产生作用，退化成为如图 10-6（c_1）的五杆构形，因此，机架、弩弓、弓弦、输入杆、触发杆及连接杆指定后的特殊化链有三个可行的结果，如图 10-6（c_1）（c_3）（c_5）所示。

步骤四：定义一组直角坐标系统，如图 10-1（a）所示。标准弩的击发方式是以手指轻扣输入杆，经触发杆与连接杆的带动，释放置于触发杆或连接杆的弓弦，进而发射弓箭。不确定的接头具有多种可能性，皆可达到发射弓箭的功能。

1. 考虑不确定接头 J_1 与 J_2 各有旋转接头 J_{R_z} 和凸轮接头 J_A 两种可能类型，且不可相同。

2. 不确定接头 J_3 有旋转接头 J_{R_z} 与凸轮接头 J_A 两种可能类型，分别讨论如下：

若 J_3 为旋转接头 J_{R_z} 时，J_4 必须为凸轮接头 J_A；此时 J_5 与 J_6 则各有旋转接头 J_{R_z} 和凸轮接头 J_A 两种可能的类型，且不可相同。

若 J_3 为凸轮接头 J_A 时，J_4、J_5 及 J_6 其中一接头为凸轮接头 J_A，其余为旋转接头 J_{R_z}。

经由指定不确定接头 J_1（J_{R_z} 与 J_A）、J_2（J_{R_z} 与 J_A）、J_3（J_{R_z} 与 J_A）、J_4（J_{R_z} 与 J_A）、J_5（J_{R_z} 与 J_A）及 J_6（J_{R_z} 与 J_A）的可能类型至图 10-6（c_1）（c_3）（c_5）的特殊化链，产生 12 个可行的结果，如图 10-6（d_1）～（d_{12}）所示。

步骤五：考虑机构之运动与功能的要求，将每一个具指定接头特殊化链具体化，获得满足古代工艺技术水准的可行设计图谱，并绘制其模型图画，如图 10-7（a）～（l）所示。图 10-8（a）（b）所示分别为标准弩的仿制图与原型机模型。

第四节　楚国弩

根据实际出土文物，楚国弩的组成主要包含机架（杆 1，K_F）、弩弓（杆 2，K_{CB}）、弓弦（杆 3，K_T）、输入杆（杆 4，K_I）、触发杆（杆 5，K_{PL}）和连接杆（杆 6，K_L）。接头方面则包含一个竹接头（J_{BB}）、两个线接头（J_T）、两个凸轮接头（J_A）及三个旋转接头（J_{R_z}），因此楚国弩

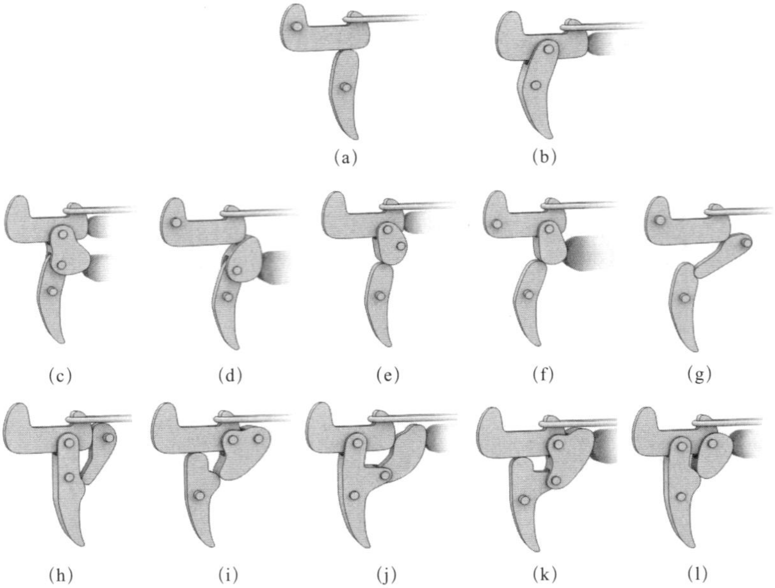

图 10-7　标准弩模型图谱[1]

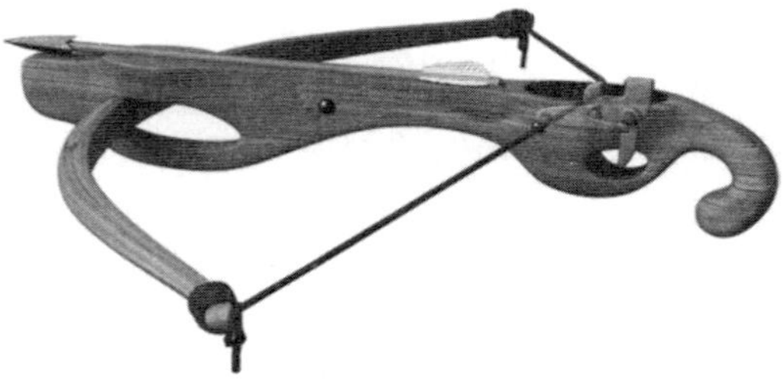

(a)　仿制图

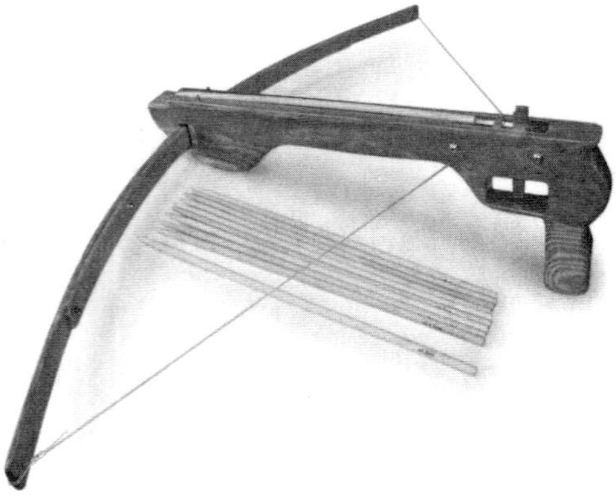

(b)　原型机模型

图 10-8　标准弩

[1] Hsiao, K.H., "Structural Synthesis of Ancient Chinese Original Crossbow," *Transactions of the Canadian Society for Mechanical Engineering*, Vol. 37, no. 2, pp. 259—271, 2013.

可视为六杆八接头的凸轮机构。连接杆的功能为勾住弓弦，并由输入杆拉至极限位置，使得触发杆碰触开启点，进而释放弓弦。然而，诸葛弩以触发杆（箭匣）取代连接杆，直接勾住弓弦的概念，也可能应用在不同的楚国弩设计中，因此，楚国弩杆件数可能是五杆或六杆，属于杆件与接头的数量和类型皆不确定的机构（类型Ⅲ）。以下根据不确定插图机构复原设计法，以具有五杆与六杆八接头的楚国弩为例，进行复原设计。

步骤一：研究史料与机构并归纳其构造特性。

1. 此机构为五杆（杆 1-5）或六杆八接头（杆 1-6）的凸轮机构。

2. 机架（K_F）为三接头杆。

3. 弩弓（K_{CB}）为双接头杆，以竹接头（J_{BB}）与机架（K_F）相邻接。

4. 弓弦（K_T）为双接头杆，以线接头（J_T）与弩弓（K_{CB}）相邻接。

5. 输入杆（K_I）以滑行接头（J^{P_x}）与机架（K_F）相邻接，且不与弓弦（K_T）相邻接。

6. 触发杆（K_{PL}）以凸轮接头（J_A）与机架（K_F）相邻接。

步骤二：由步骤一的归纳，此器械为五杆或六杆八接头的机构，对应之五杆与六杆八接头的一般化运动链图谱，如图 10-5 所示。

步骤三：必须有一对相邻的双接头杆作为弩弓与弓弦，且需与作为机架的三接头杆相邻接，故步骤二得到的图谱中，仅图 10-5（b_2）（d_3）（d_6）符合需求。所有可行的特殊化链可经由以下步骤获得：

1. 机架、弩弓及弓弦（K_F、K_{CB} 及 K_T）

由于必须有一根三接头杆作为机架（K_F），且有一对相邻的双接头杆作为弩弓（K_{CB}）与弓弦（K_T）和机架相邻接，其中弩弓须以竹接头（J_{BB}）与线接头（J_T）分别和机架与弓弦相邻接，所以可如下指定机架、弩弓及弓弦：

（1）对于图 10-5（b_2）所示的一般化运动链，指定机架、弩弓及弓弦的结果有一个，如图 10-9（a_1）所示。

（2）对于图 10-5（d_3）所示的一般化运动链，指定机架、弩弓及弓弦的结果有一个，如图 10-9（a_2）所示。

（3）对于图 10-5（d_6）所示的一般化运动链，指定机架、弩弓及弓弦的结果有一个，如图 10-9（a_3）所示。

因此，机架、弩弓及弓弦指定后的特殊化链有三个可行的结果，如图 10-9（a_1）～（a_3）所示。

2. 输入杆（K_I）

由于输入杆（K_I）必须以滑行接头（J^{P_x}）与机架（K_F）相邻接，且不与弓弦（K_T）相邻接，所以如下指定输入杆：

（1）对于图 10-9（a_1）所示的情形，指定输入杆的结果有一个，如图 10-9（b_1）所示。

（2）对于图 10-9（a_2）所示的情形，指定输入杆的结果有一个，如图 10-9（b_2）所示。

（3）对于图 10-9（a_3）所示的情形，指定输入杆的结果有一个，如图 10-9（b_3）所示。

因此，机架、弩弓、弓弦及输入杆指定后的特殊化链有三个可行的结果，如图 10-9（b_1）～（b_3）所示。

3. 触发杆与连接杆（K_{P_L} 与 K_L）

由于触发杆（K_{PL}）以凸轮接头（J_A）与机架（K_F）相邻接，若仍有尚未指定的杆件则为连接杆（K_L），所以如下指定触发杆与连接杆：

（1）对于图 10-9（b_1）所示的情形，指定触发杆的结果有一个，如图 10-9（c_1）所示。

（2）对于图 10-9（b_2）所示的情形，指定触发杆与连接杆的结果有一个，如图 10-9（c_2）所示。

（3）对于图 10-9（b_3）所示的情形，指定触发杆与连接杆的结果有一个，如图 10-9（c_3）所示。

因此，机架、弩弓、弓弦、输入杆、触发杆及连接杆指定后的特殊化链有三个可行的结果，如图 10-9（c_1）（c_2）（c_3）所示。

步骤四：定义一组直角坐标系统，如图 10-2（b）所示。楚国弩可以经由输入杆的往复运动，完成射箭的步骤。不确定的接头具有多种可能性，皆可达到发射弓箭的功能。

1. 不确定接头 J_1 只有一种可能的类型，即输入杆以旋转接头 J_{R_z} 和触发杆相邻接。

2. 不确定接头 J_2、J_3 及 J_4 各有两种可能的类型，若一接头为凸轮接头 J_A，则其余为旋转接头 J_{R_z}。

经由指定不确定接头 J_1（J_{R_z}）、J_2（J_{R_z} 与 J_A）、J_3（J_{R_z} 与 J_A）及 J_4

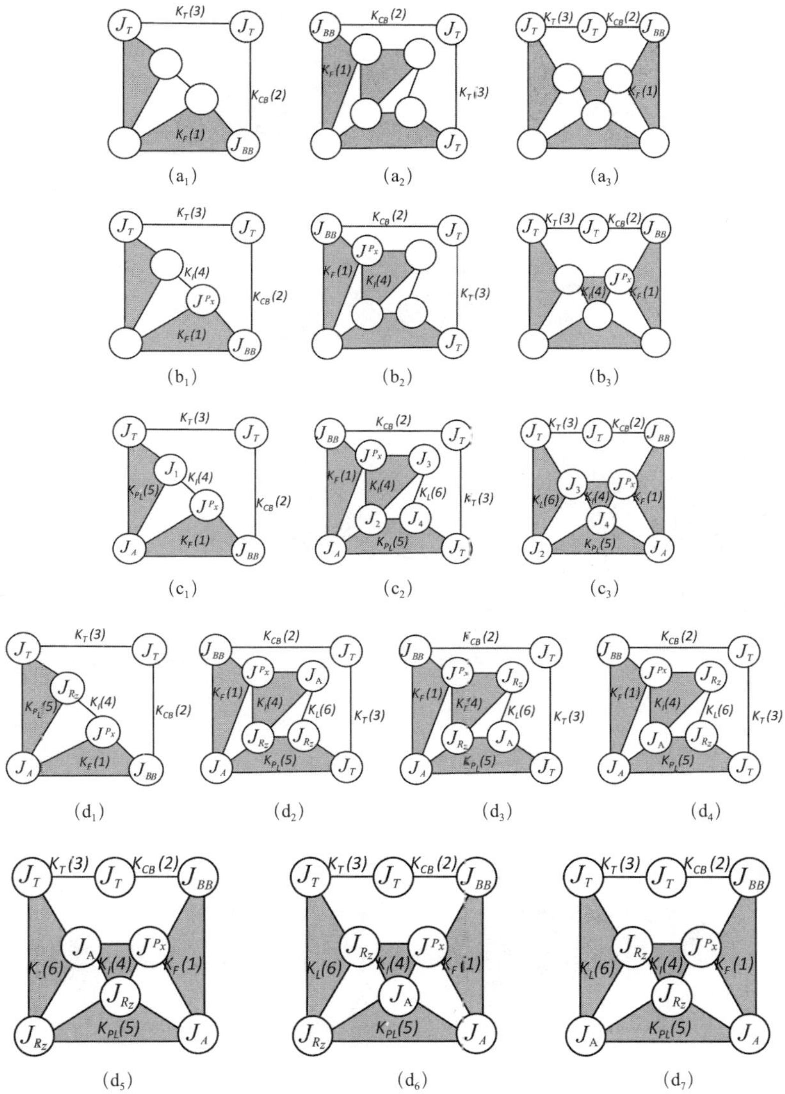

图 10-9　楚国弩特殊化

（J_{R_z} 与 J_A）的可能类型至图 10-9（c_1）～（c_3）的特殊化链，产生七个可行的结果，如图 10-9（d_1）～（d_7）所示。

步骤五：考虑机构之运动与功能的要求，将每一个具有指定接头的特殊化链具体化，获得满足古代工艺技术水准的可行设计图谱，并绘制其模型图画，如图 10-10（a）～（g）所示，图 10-11（a）（b）所示分别为楚国弩的仿制图与原型机模型。

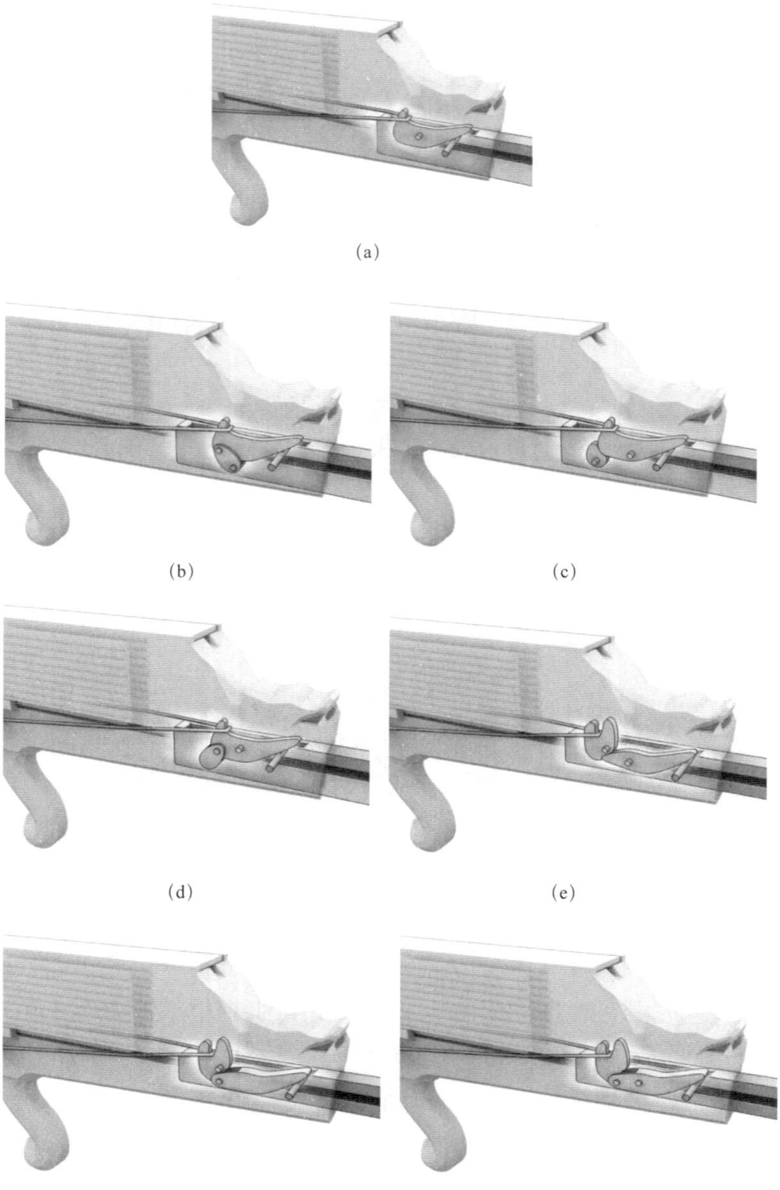

(a) (b) (c) (d) (e) (f) (g)

图 10-10　楚国弩模型图谱❶

❶ Hsiao, K.H. and Yan, H.S., "Structural Synthesis of Ancient Chinese Chu State Repeating Crossbow," *Advances in Reconfigurable Mechanisms and Robots I*, pp. 749—758, Springer, London, 2012.

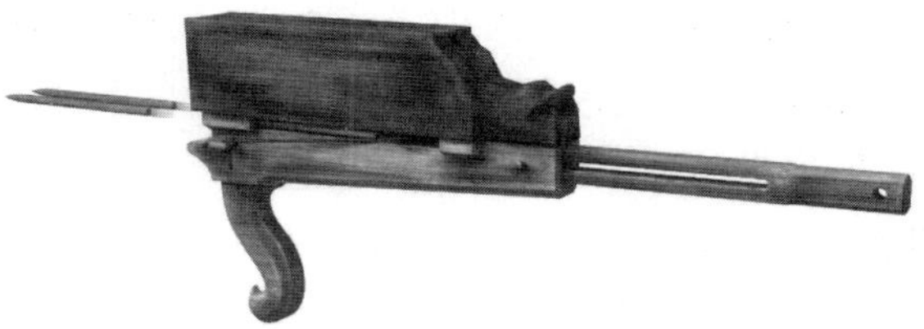

(a) 仿制图

(b) 原型机模型

图 10-11　楚国弩

第五节　诸葛弩

由于现有文献对于诸葛弩的箭匣是否可动并无明确说明，因此将其分为可动式箭匣诸葛弩与固定式箭匣诸葛弩两类，皆属于杆件与接头的数量和类型皆不确定的机构（类型Ⅲ），兹分别说明如下。

一、可动式箭匣

经由输入杆的摇摆运动，使箭匣产生往复运动，此时箭匣需具备拉住弓弦，并与机架的开启点配合，完成释放弓弦的功能，其组成包含机架（杆 1，K_F）、弩弓（杆 2，K_{CB}）、弓弦（杆 3，K_T）、输入杆

（杆 4，K_I）及具有拉弓弦功能的箭匣（杆 5，K_{PL}）。以下根据不确定插图机构复原设计法，进行复原设计。

步骤一：研究史料与机构并归纳其构造特性。

1. 此机构为五杆（杆 1 ～ 5）的凸轮机构。

2. 机架（K_F）为三接头杆。

3. 弩弓（K_{CB}）为双接头杆，并以竹接头（J_{BB}）与机架（K_F）相邻接。

4. 弓弦（K_T）为双接头杆，以线接头（J_T）分别与弩弓（K_{CB}）和箭匣（K_{PL}）相邻接。

5. 输入杆（K_I）以不确定接头与机架（K_F）相邻接。

6. 箭匣（K_{PL}）为三接头杆，以凸轮接头（J_A）与不确定接头分别和机架（K_F）与输入杆（K_I）相邻接。

步骤二：由步骤一的归纳，此器械为五杆的机构，对应之五杆的一般化运动链图谱，如图 10-5（a）（b）（c）所示。

步骤三：必须有一对相邻的双接头杆作为弩弓与弓弦，且需与作为机架的三接头杆相邻接，故步骤二得到的图谱中，仅图 10-5（b_2）符合需求。所有可行的特殊化链可经由以下步骤获得：

1. 机架、弩弓及弓弦（K_F、K_{CB} 及 K_T）

由于必须有一根三接头固定杆作为机架（K_F），且有一对相邻的双接头杆作为弩弓（K_{CB}）与弓弦（K_T）和机架相邻接，其中弩弓需以竹接头（J_{BB}）和线接头（J_T）分别与机架和弓弦相邻接，对于图 10-5（b_2）所示的一般化运动链，指定机架、弩弓及弓弦的结果有一个，如图 10-12（a）所示。

2. 输入杆（K_I）

由于输入杆（K_I）必须以不确定接头与机架（K_F）相邻接，对于图 10-12（a）所示的情形，指定输入杆的结果有两个，如图 10-12（b_1）（b_2）所示。

3. 箭匣（K_{PL}）

由于箭匣（K_{PL}）为三接头杆，以凸轮接头（J_A）与不确定接头分别与机架（K_F）和输入杆（K_I）相邻接。所以如下指定箭匣：

（1）对于图 10-12（b_1）所示的情形，指定箭匣的结果有一个，如图 10-12（c）所示。

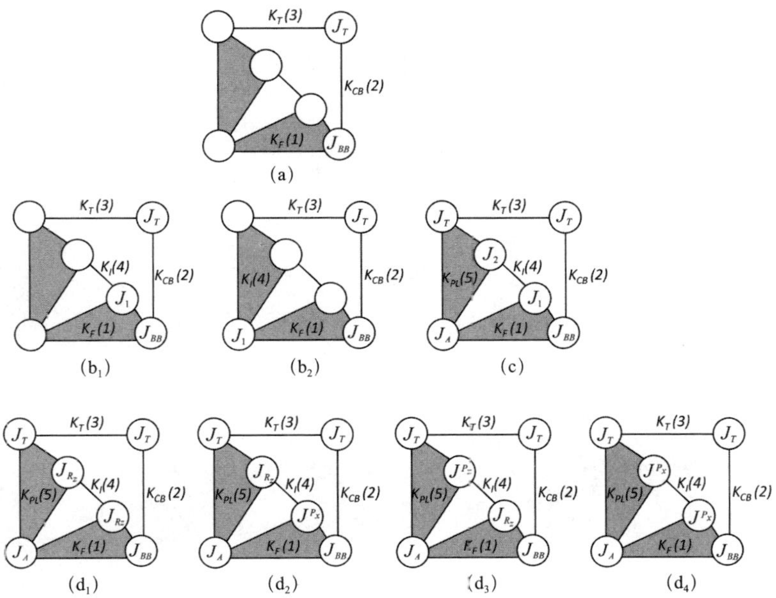

图 10-12　可动式箭匣诸葛弩特殊化

（2）对于图 10-12（b_2）所示的情形，没有三接头杆能够指定为箭匣。

因此，机架、弩弓、弓弦、输入杆及箭匣指定后的特殊化链有一个可行的结果，如图 10-12（c）所示。

步骤四：定义一组直角坐标系统，如图 10-3 所示。箭匣的作用可以勾拉弓弦，并释放弓弦射箭。不确定的接头具有多种可能性，皆可达到发射弓箭的功能。考虑不确定接头 J_1 与 J_2 各有两种可能的类型，其一是以旋转接头 J_{R_z} 与机架相邻接，其二是以滑行接头 J^{P_x} 与机架相邻接。经由指定不确定接头 J_1（J_{R_z} 与 J^{P_x}）与 J_2（J_{R_z} 与 J^{P_x}）的可能类型至图 10-12（c）的特殊化链，产生四个结果，如图 10-12（d_1）～（d_4）所示。

步骤五：由于双滑块机构具有无法确实传动的问题，且较少出现于古中国，所以图 10-12（d_4）并不符合。移除该图之后，共有三个可行的具指定接头特殊化链，如图 10-12（d_1）～（d_3）所示。将每一个具指定接头特殊化链具体化，获得满足古代工艺技术水准的可行设计图谱，并绘制其模型图画，如图 10-13（a）～（c）所示，图 10-14（a）（b）所示分别为其仿制图与原型机模型。

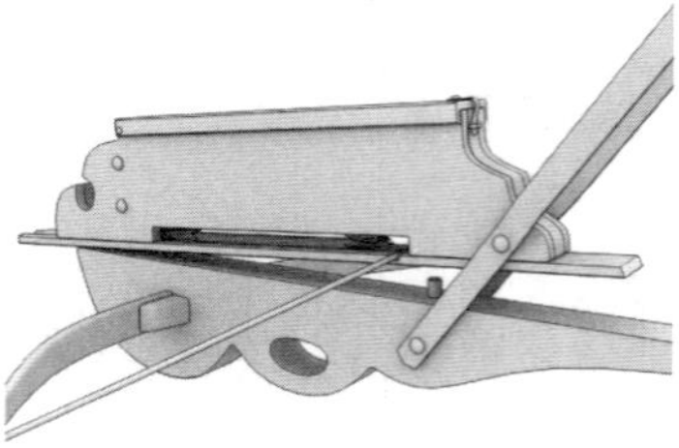

（a）

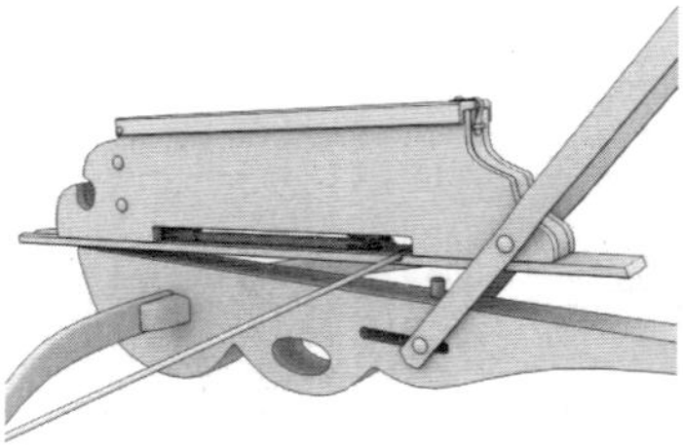

（b）

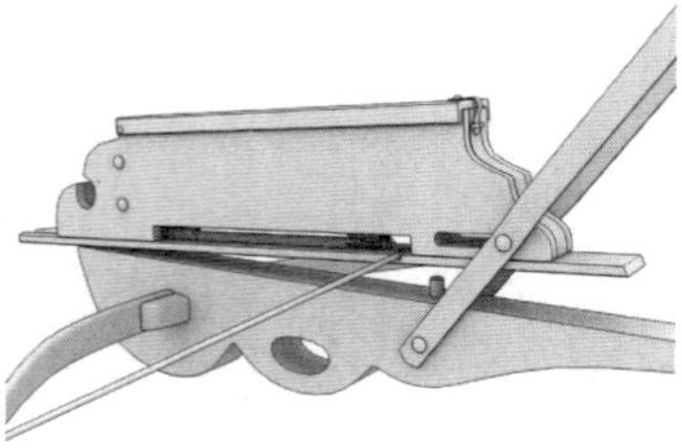

（c）

图 10-13　可动式箭匣诸葛弩模型图谱

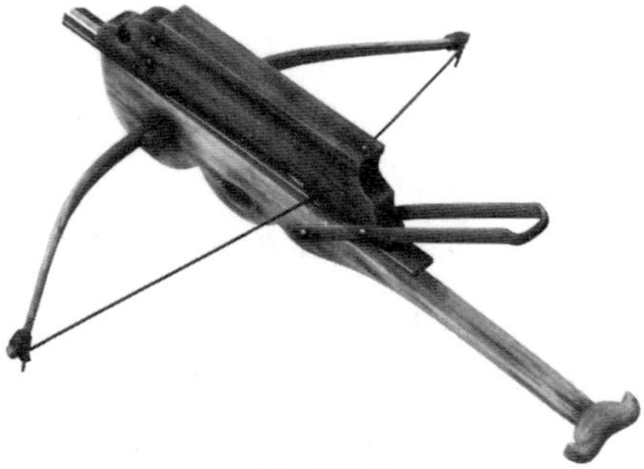

（a）仿制图

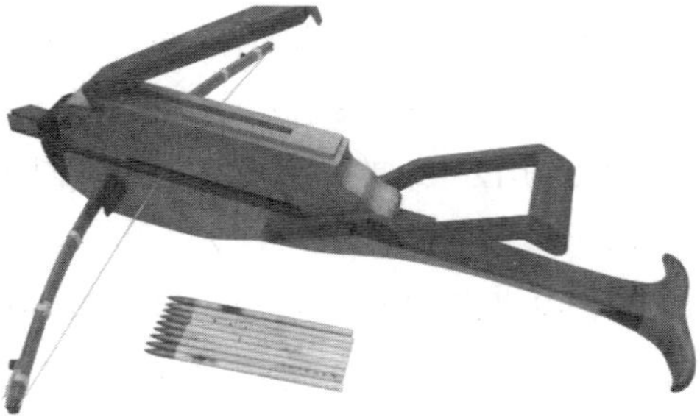

（b）原型机模型

图 10-14　可动式箭匣诸葛弩❶

❶ Hsiao, K.H. and Yan, H.S., "Structural Synthesis of Ancient Chinese Zhuge Repeating Crossbow," *Explorations in the History of Machines and Mechanisms*, pp. 213—228, Springer, Netherlands, 2012.

二、固定式箭匣

若箭匣固定于机架上，弓箭落下的过程更稳定，可提升射箭的准确度，此时输入杆需具备拉住弓弦，并与机架的开启点配合，完成释放弓弦的功能，其组成包含机架（杆 1，K_F）、弩弓（杆 2，K_{CB}）、弓弦（杆 3，K_T）和输入杆（杆 4，K_I）。此外，增加具有拉弓弦功能的触发杆（杆 5，K_{PL}）可提升射箭效率，并见于其他连发弩的设计中，因此固定式箭匣诸葛弩杆件数可能是四杆或五杆的机构。以下根据不确定插图机构复原设计法，进行复原设计。

步骤一：不同于可动式箭匣诸葛弩的构造特性。

1. 此机构为四杆（杆 1-4）或五杆（杆 1 ～ 5）的凸轮机构。

2. 若为四杆机构，机架（K_F）为双接头杆；若为五杆机构，机架（K_F）为三接头杆。

3. 弓弦（K_T）为双接头杆，以线接头（J_T）分别与弩弓（K_{CB}）和输入杆（K_I）或触发杆（K_{PL}）相邻接。

4. 触发杆为三接头杆，以凸轮接头（J_A）和不确定接头分别与机架（K_F）和输 入杆（K_I）相邻接。

步骤二：由步骤一的归纳可知，此器械为四杆或五杆的机构，对应之四杆或五杆的一般化运动链图谱，如图 10-5（a)(b)(c）及图 10-15 所示。

步骤三：必须有一对相邻的双接头杆作为弩弓与弓弦；若为五杆机构，则此相邻的双接头杆须与作为机架的三接头杆相邻接，故步骤二得到的图谱中仅图 10-5（b_2）与图 10-15（a）符合要求。所有可行的特殊化链可经由以下步骤获得：

1. 机架、弩弓及弓弦（K_F、K_{CB} 及 K_T）

由于必须有一对相邻的双接头杆作为弩弓（K_{CB}）与弓弦（K_T），

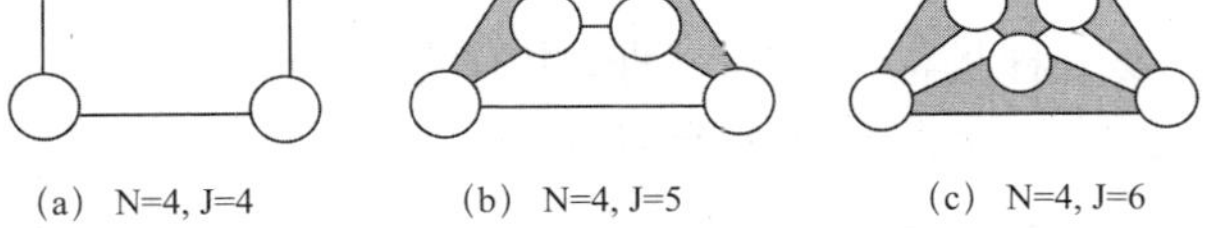

图 10-15　四杆一般化运动链图谱

且若为五杆机构，此相邻的双接头杆须与作为机架（K_F）的三接头杆相邻接，其中弩弓须以竹接头（J_{BB}）与线接头（J_T）分别和机架与弓弦相邻接，所以可如下指定机架、弩弓及弓弦：

（1）对于图 10-15（a）所示的一般化运动链，指定机架、弩弓及弓弦的结果有一个，如图 10-16（a_1）所示。

（2）对于图 10-5（b_2）所示的一般化运动链，指定机架、弩弓及弓弦的结果有一个，如图 10-16（a_2）所示。

因此，机架、弩弓及弓弦指定后的特殊化链有两个可行的结果，如图 10-16（a_1）（a_2）所示。

2. 输入杆（K_I）

由于输入杆（K_I）以不确定接头与机架（K_F）相邻接，所以如下指定出输入杆：

（1）对于图 10-16（a_1）所示的情形，指定输入杆的结果有一个，如图 10-16（b_1）所示。

（2）对于图 10-16（a_2）所示的情形，指定输入杆的结果有两个，如图 10-16（b_2）（b_3）所示。

因此，机架、弩弓、弓弦及输入杆指定后的特殊化链有三个可行的结果，如图 10-16（b_1）～（b_3）所示。

3. 触发杆（K_{PL}）

由于触发杆（K_{PL}）需为三接头杆，且以凸轮接头（J_A）和不确定接头分别与机架（K_F）和输入杆（K_I）相邻接，所以如下指定出触发杆：

（1）对于图 10-16（b_2）所示的情形，指定触发杆的结果有一个，如图 10-16（c）所示。

（2）对于图 10-16（b_3）所示的情形，没有三接头杆能够指定为触发杆。

因此，机架、弩弓、弓弦、输入杆及触发杆指定后的特殊化链有一个可行的结果，如图 10-16（c）所示。

步骤四：定义一组直角坐标系统，如图 10-3 所示。四杆机构中的输入杆及五杆机构中的触发杆，其作用皆为勾拉弓弦，并释放弓弦射箭。不确定的接头具有多种可能性，皆可达到发射弓箭的功能。考虑不确定接头 J_3 有两种可能的类型，其一是以滑行接头 J^{P_x}

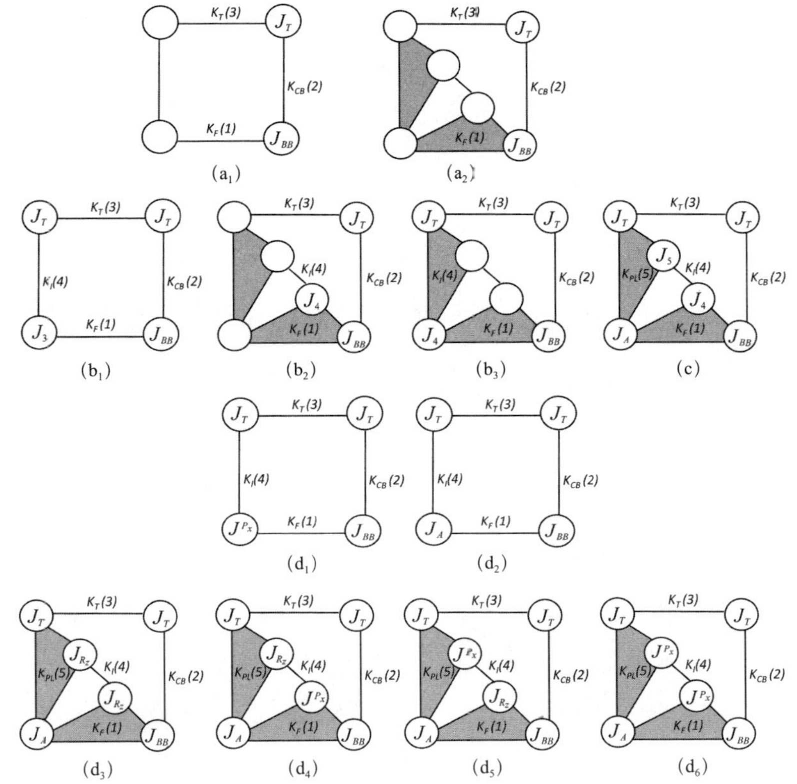

图 10-16　固定式箭匣诸葛弩特殊化

与机架相邻接，其二是以凸轮接头 J_A 与机架相邻接。考虑不确定接头 J_4 与 J_5 各有两种可能的类型，其一是以旋转接头 J_{R_z} 与机架相邻接，其二是以滑行接头 J^{P_x} 与机架相邻接。经由指定不确定接头 J_3（J^{P_x} 与 J_A）、J_4（J_{R_z} 与 J^{P_x}）及 J_5（J_{R_z} 与 J^{P_x}）的可能类型至图 10-16（b_1）(c) 的特殊化链，产生六个结果，如图 10-16（d_1）～（d_6）所示。

步骤五：由于双滑块机构具有无法确实传动的问题，且较少出现于古中国，所以图 10-16（d_6）并不符合。移除该图之后，共有五个可行的具指定接头特殊化链，如图 10-16（d_1）～（d_5）所示。将每一个具指定接头特殊化链具体化，获得满足古代工艺技术水准的可行机构图谱，并绘制其模型图画，如图 10-17（a）～（e）所示。

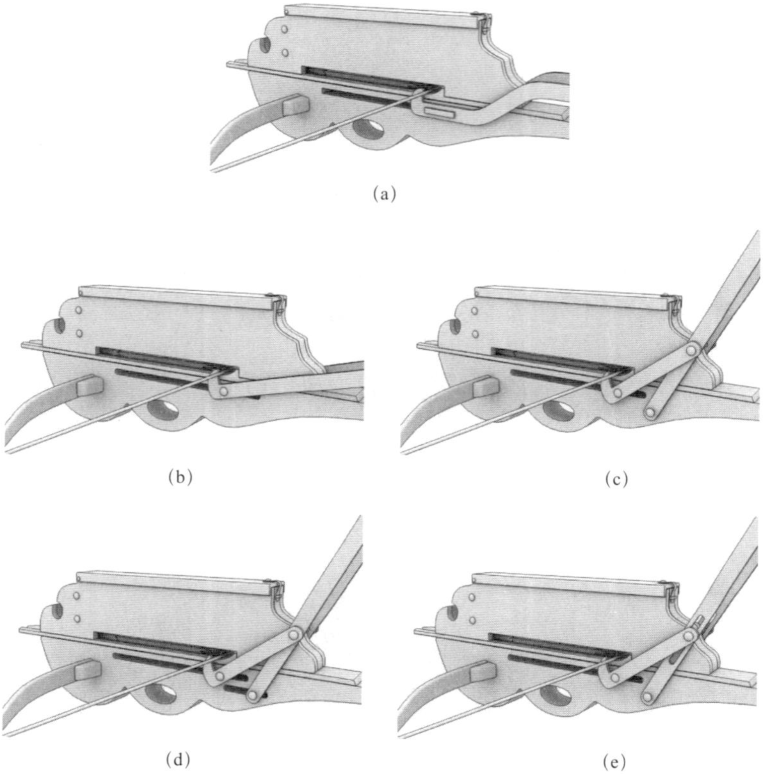

图 10-17 固定式箭匣诸葛弩模型图谱❶

第六节 小结

古中国弩使用凸轮与挠性元件，借助弩弓与弓弦的弹力，发射弓箭攻击目标，是古中国最具代表性的武器之一。本章探讨标准弩、楚国弩及诸葛弩等三种不同类型的弩，如表 10-1 所列，皆属于杆件与接头的数量和类型不确定的机构（类型Ⅲ）。标准弩使用时间最早且范围最广；楚国弩是最早的连发弩，但未见于古文献资料中；诸葛弩直到清朝仍是军队的武器配备。本章共有 2 张原图、4 张模拟图、3 张仿制图、3 张原型机模型图及 2 张实物装置图。根据

❶ Hsiao, K.H. and Yan, H.S., "Structural Synthesis of Ancient Chinese Zhuge Repeating Crossbow," *Explorations in the History of Machines and Mechanisms*, pp. 213—228, Springer, Netherlands, 2012.

不确定插图机构复原设计法，有系统地进行复原设计，可得到各种弩的可行设计图谱。

表 10-1 弩（3 件）

书名 机构名称	《农书》	《武备志》	《天工开物》	《农政全书》	《钦定授时通考》
标准弩 图 10-1 类型Ⅲ		《军资乘》 《阵练制》	《佳兵》		
楚国弩 （无古文献记载） 图 10-2 类型Ⅲ					
诸葛弩 图 10-3 类型Ⅲ		《军资乘》	《佳兵》		

第十一章 复杂纺织机械

古中国发明有许多纺织机械，有些纺织机械的构造较为复杂，如缫车、脚踏纺车、皮带传动纺车、斜织机及提花机，这些复杂纺织机械都是由多种机构组合而成，因此难以归类于特定的机械元件中。

本章系统介绍复原设计中符合古代工艺技术之复杂纺织机械的所有可行设计。本章首先简述各项器械的用途与组成，接着分析纺织机械的机构构造及归纳复原设计所需之设计限制，并以不同类型之纺织机械为例进行说明。

第一节 缫车

缫车又称缲车，用于蚕丝纤维的抽取与卷绕，图 11-1 所示为《农书》[1]中缫车的原图。其构造组成包含煮茧盆、钱眼板、具有偏心凸耳的鼓、导丝杆、环绳、具有曲柄的軖轴、踏板及数根传动连杆。蚕丝由煮茧盆中的蚕茧抽出，通过钱眼板及导丝杆上的沟孔，卷绕在軖轴上。另有一个立式滑车称为鼓，中有凹槽，上有一个偏心的凸耳。以一条环绳套于軖轴上，另一端套于鼓的凹槽；鼓的凸

[1]〔元〕王祯撰：《农书》，收录于百部丛书集成（严一萍主编），据影乾隆武英殿聚珍版丛书本，艺文出版社，1969 年。

耳则连接导丝杆。当脚踩踏板驱动时，借由连杆带动軖轴转动，同时将动力传至环绳、鼓及导丝杆，使导丝杆往复移动。由于丝线先通过导丝杆上的沟孔再缠绕于軖轴，因此导丝杆的往复摆动可使軖轴上收集的丝线达到依序排列，并均匀分布于一定范围内的效果[1][2]。

根据功能的分类，缫车可分为脚踏连杆机构与丝线导引机构两组子机构[3]，兹分别说明如下。

脚踏连杆机构

脚踏连杆机构包含机架（杆 1，K_F）、踏板（杆 2，K_{Tr}）、具有曲柄的軖轴（杆 3，K_{CR}）和一或两根传动连杆（杆 4，K_{L_1} 与杆 5，K_{L_2}）。由于缫车插图有许多不清楚的地方，使得无法明确由插图得知踏板的往复摇摆运动如何转换成軖轴的旋转运动，此组子机构归类为杆件与接头的数量和类型皆不确定的机构（类型Ⅲ）。定义一组直角坐标系统，如图 11-1 所示，z 轴为軖轴的轴向方向，x 轴与 y 轴分别定义为軖床的水平方向与垂直方向。以下根据不确定插图机构复原设计法，进行复原设计。

步骤一：归纳其构造特性。

1. 此机构为平面四杆（杆 1 ～ 4）或五杆（杆 1 ～ 5）的机构。

2. 踏板（K_{Tr}）为双接头杆，并以旋转接头（J_{R_z}）与机架（K_F）相

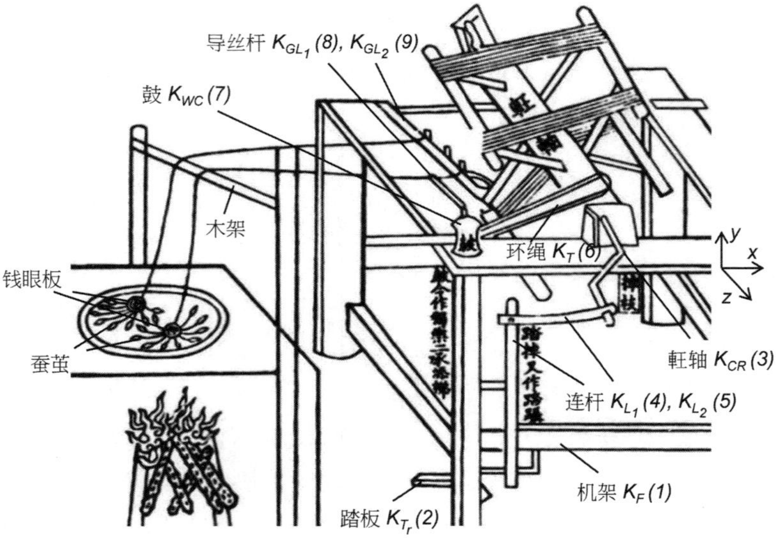

图 11-1 缫车[4]

[1] 陈维稷：《中国纺织科学技术史（古代部分）》，科学出版社，北京，1984 年。

[2] Needham, J., *Science and Civilisation in China*, Vol. IV: Ⅱ, Cambridge University Press, Cambridge, 1954.

[3] Hsiao, K.H., Chen, Y.H., and Yan, H.S., "Structural Synthesis of Ancient Chinese Foot-operated Silk-reeling Mechanism," *Frontiers of Mechanical Engineering in China*, Vol. 5, No. 3, pp. 279—288, 2010.

[4]〔元〕王祯撰：《农书》，收录于百部丛书集成（严一萍主编），据影乾隆武英殿聚珍版丛书本，艺文出版社，1969 年。

邻接。

3. 軒轴（K_{CR}）为双接头杆，并以旋转接头（J_{R_z}）与机架（K_F）相邻接。

4. 至少一根双接头杆作为传动连杆，并以旋转接头（J_{R_z}）分别与踏板（K_{Tr}）和軒轴（K_{CR}）相邻接。

步骤二：由步骤一的归纳，此器械为四杆或五杆的机构，故找出四杆与五杆的一般化运动链图谱，如图 11-2 所示。

步骤三：必须有一对相邻的双接头杆，分别作为踏板与连杆或连杆与軒轴，故步骤二得到的图谱中，仅图 11-2（a)(d)(f）符合需求。所有可行的特殊化链可经由如下步骤获得：

1. 固定杆（K_F）

由于必须有一根固定杆作为机架，且须有一对相邻的双接头杆与固定杆相邻接，所以可如下指定固定杆：

（1）对于图 11-2（a）所示的一般化运动链，指定固定杆的结果有一个，如图 11-3（a_1）所示。

（2）对于图 11-2（d）所示的一般化运动链，指定固定杆的结果

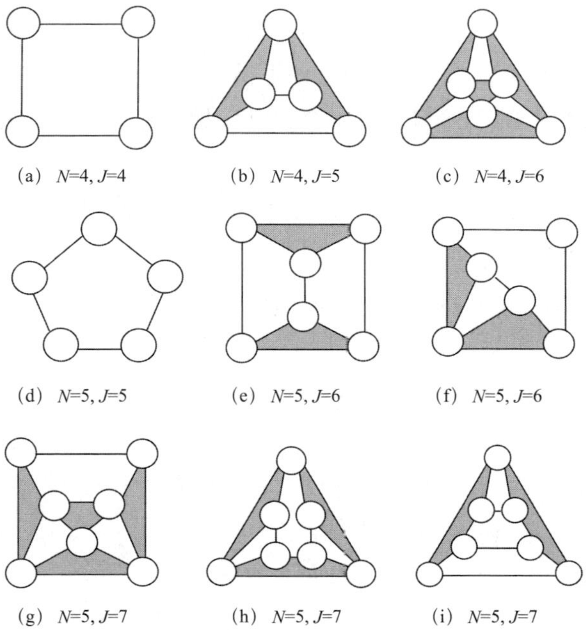

图 11-2　四杆与五杆一般化运动链图谱

有一个，如图 11-3（a_2）所示。

（3）对于图 11-2（f）所示的一般化运动链，指定固定杆的结果有一个，如图 11-3（a_3）所示。

因此，固定杆指定后的特殊化链有三个可行的结果，如图 11-3（a_1）～（a_3）所示。

2. 踏板（K_{Tr}）

由于必须有一根双接头杆作为踏板，且踏板必须以旋转接头（J_{R_z}）与机架（K_F）相邻接，所以如下指定踏板：

（1）对于图 11-3（a_1）所示的情形，指定踏板的结果有一个，如图 11-3（b_1）所示。

（2）对于图 11-3（a_2）所示的情形，指定踏板的结果有一个，如图 11-3（b_2）所示。

（3）对于图 11-3（a_3）所示的情形，指定踏板的结果有两个，如图 11-3（b_3）（b_4）所示。

因此，固定杆与踏板指定后的特殊化链有四个可行的结果，如图 11-3（b_1）～（b_4）所示。

3. 軖轴（K_{CR}）

由于必须有一根双接头杆作为軖轴，且軖轴必须以旋转接头（J_{R_z}）与机架（K_F）相邻接，所以如下指定出軖轴：

（1）对于图 11-3（b_1）所示的情形，指定軖轴的结果有一个，如图 11-3（c_1）所示。

（2）对于图 11-3（b_2）所示的情形，指定軖轴的结果有一个，如图 11-3（c_2）所示。

（3）对于图 11-3（b_3）所示的情形，指定軖轴的结果有一个，如图 11-3（c_3）所示。

（4）对于图 11-3（b_4）所示的情形，指定軖轴的结果有一个，如图 11-3（c_4）所示。

因此，固定杆、踏板及軖轴指定后的特殊化链有四个可行的结果，如图 11-3（c_1）～（c_4）所示。

4. 连杆 1 与连杆 2（K_{L_1} 与 K_{L_2}）

由于必须有一根双接头杆作为连杆 1，且连杆 1 必须以旋转接头（J_{R_z}）与踏板（K_{Tr}）相邻接，或以旋转接头（J_{R_z}）与曲柄（K_{CR}）相邻接。再者，尚未指定的杆件为连杆 2，所以如下指定连杆 1 与连杆 2：

（1）对于图 11-3（c_1）所示的情形，指定连杆 1 的结果有一个，如图 11-3（d_1）所示。图 11-3（d_1）中所有的杆件与接头皆已定义，完成特殊化流程。

（2）对于图 11-3（c_2）所示的情形，指定连杆 1、连杆 2 及不确定接头 J_1 的结果有一个，如图 11-3（d_2）所示。

（3）对于图 11-3（c_3）所示的情形，指定连杆 1、连杆 2 及不确定接头 J_2、J_3、J_4 的结果有一个，如图 11-3（d_3）所示。

（4）对于图 11-3（c_4）所示的情形，指定连杆 1、连杆 2 及不确定接头 J_5、J_6、J_7 的结果有一个，如图 11-3（d_4）所示。

因此，固定杆、踏板、軖轴、连杆 1 及连杆 2 指定后的特殊化链有四个可行的结果，如图 11-3（d_1）～（d_4）所示。

步骤四：坐标系统定义如图 11-1 所示。缫车脚踏连杆机构的作动方式是将踏板的往复运动，经连杆机构转换为曲柄的转动。不确定的接头具有多种可能性，皆可达到文献中描述的功能；由于该机构为平面机构，故不确定接头的类型亦为平面接头。

1. 考虑不确定接头 J_1、J_2 及 J_5 各只有一种可能的类型，即连杆 1 以旋转接头 J_{R_z} 与连杆 2 相邻接。

2. 考虑不确定接头 J_3 与 J_4 各有两种可能的类型，且不可相同。当一个接头为旋转接头 J_{R_z} 时，另一个接头除旋转外也可滑动，是为销接头（$J_{R_z}^{P_x}$）。

3. 考虑不确定接头 J_6 与 J_7 各有两种可能的类型，且不可相同。当一个接头为旋转接头 J_{R_z} 时，另一个接头除旋转外也可滑动，是为销接头（$J_{R_z}^{P_x}$）。

透过指定不确定接头 J_1（J_{R_z}）、J_2（J_{R_z}）、J_3（J_{R_z} 与 $J_{R_z}^{P_x}$）、J_4（J_{R_z} 与 $J_{R_z}^{P_x}$）、J_5（J_{R_z}）、J_6（J_{R_z} 与 $J_{R_z}^{P_x}$）及 J_7（J_{R_z} 与 $J_{R_z}^{P_x}$）的可能类型至图 11-3（d_2）～（d_4）的特殊化链，产生五个结果，如图 11-3（e_1）～（e_5）所示。

步骤五：根据式（3.1），图 11-3（e_1）所示自由度为二，具有传动不确定的问题，去除后，包含图 11-3（d_1）与图 11-3（e_2）～（e_5）共五个可行的具指定接头特殊化链。考虑机构之运动与功能的要求，将每一个具指定接头特殊化链具体化，获得满足古代工艺技术水准

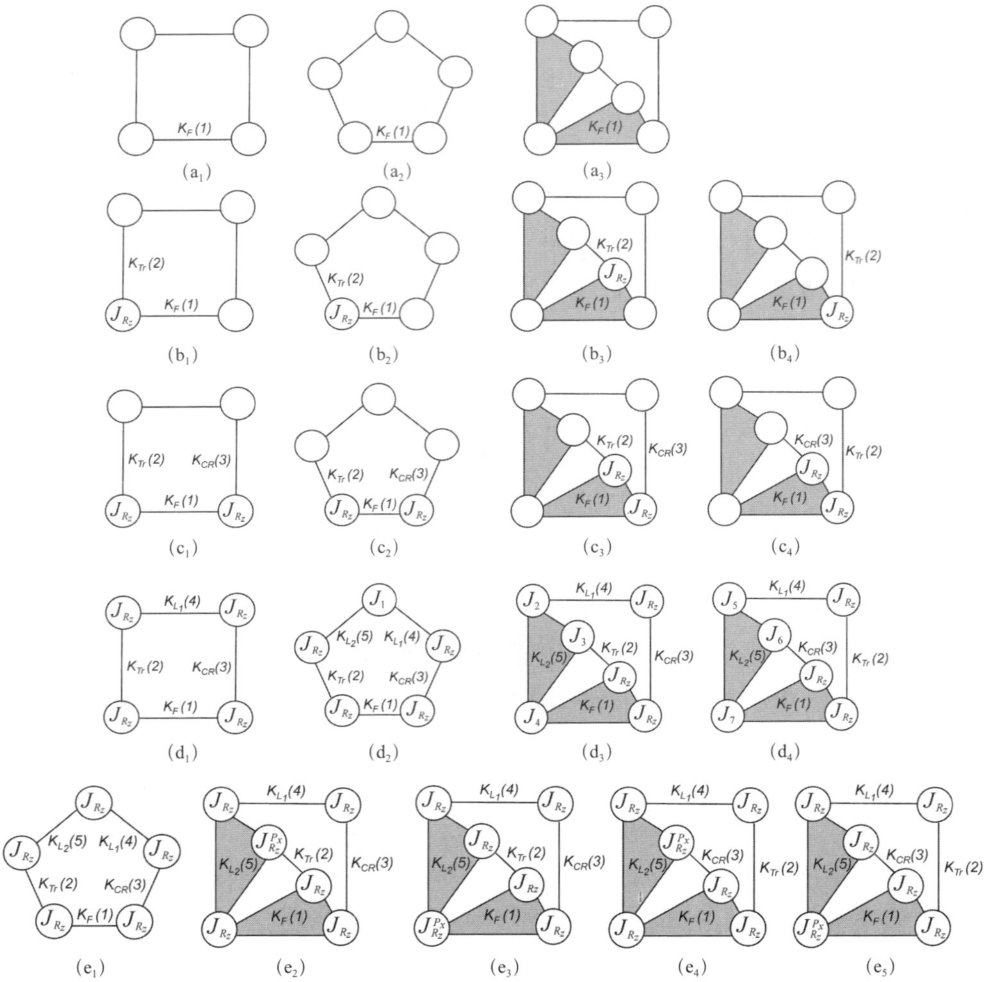

图 11-3　缫车脚踏连杆机构特殊化

的可行图谱，并绘制其模型图画，如图 11-4（a）～（e）所示。

丝线导引机构

丝线导引机构包含机架（杆 1，K_F）、軖轴（杆 3，K_{CR}）、环绳（杆 6，K_T）、具有偏心凸耳的鼓（杆 7，K_{WC}）及一或两根导丝杆（杆 8，K_{GL_1} 与杆 9，K_{GL_2}）。由于缫车插图有许多不清楚的地方，使得无法明确由图像得知导丝杆如何使丝线依序排列于軖轴，此组子机构亦归类为杆件与接头的数量和类型皆不确定的机构（类型Ⅲ）。以下根据不确定插图机构复原设计法，进行复原设计。

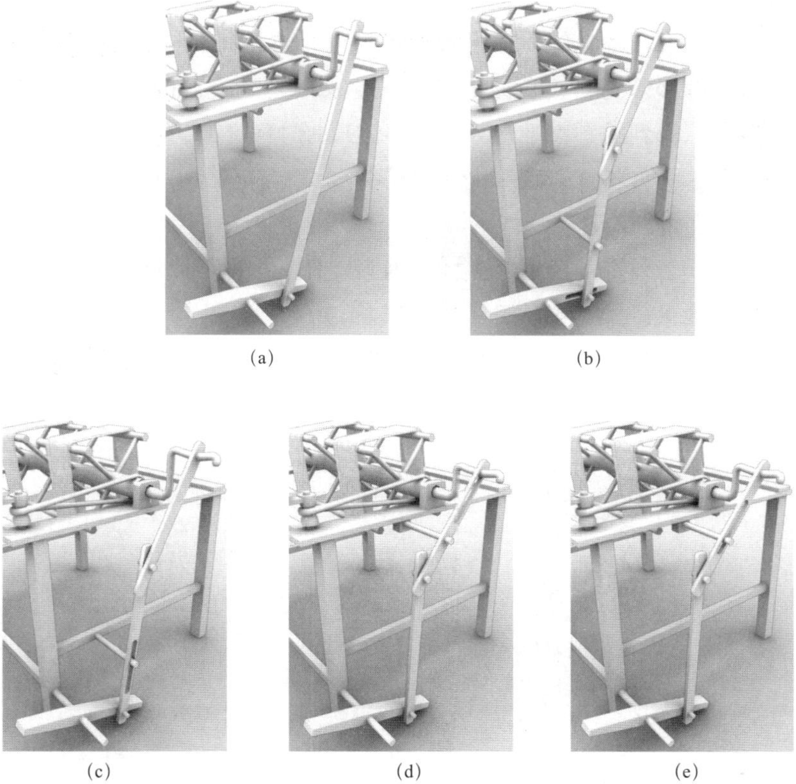

图 11-4 缫车脚踏连杆机构模型图谱

步骤一：归纳其构造特性。

1. 此机构为平面五杆（杆 1、3、6 ～ 8）或六杆（杆 1、3、6 ～ 9）的机构。

2. 軖轴（K_{CR}）为双接头杆，并以旋转接头（J_{R_z}）与机架（K_F）相邻接。

3. 环绳（K_T）为双接头杆，并以回绕接头（J_W）分别与軖轴（K_{CR}）和鼓（K_{WC}）相邻接。

4. 鼓（K_{WC}）为三接头杆，以旋转接头（J_{R_y}）和不确定接头分别与机架（K_F）和导丝杆 1（K_{GL_1}）相邻接。

5. 导丝杆以不确定接头与机架（K_F）相邻接。

步骤二：由步骤一的归纳可知，此器械为五杆或六杆的机构，故找出五杆与六杆的一般化运动链图谱，如图 11-2（d）～（i）与图

11-5 所示。

步骤三：必须有一对相邻的双接头杆作为軠轴与环绳，且该对双接头杆必须与作为机架的多接头杆及作为鼓的三接头杆相邻接。故步骤二得到的图谱中，仅图 11-2（f）、图 11-5（b）及图 11-5（f）符合需求。所有可行的特殊化链可经由如下步骤获得：

1. 固定杆（K_F）

由于必须有一根多接头杆作为固定杆（机架），且必须有一对相邻的双接头杆与固定杆相邻接，所以可如下指定固定杆：

（1）对于图 11-2（f）所示的一般化运动链，指定固定杆的结果有一个，如图 11-6（a_1）所示。

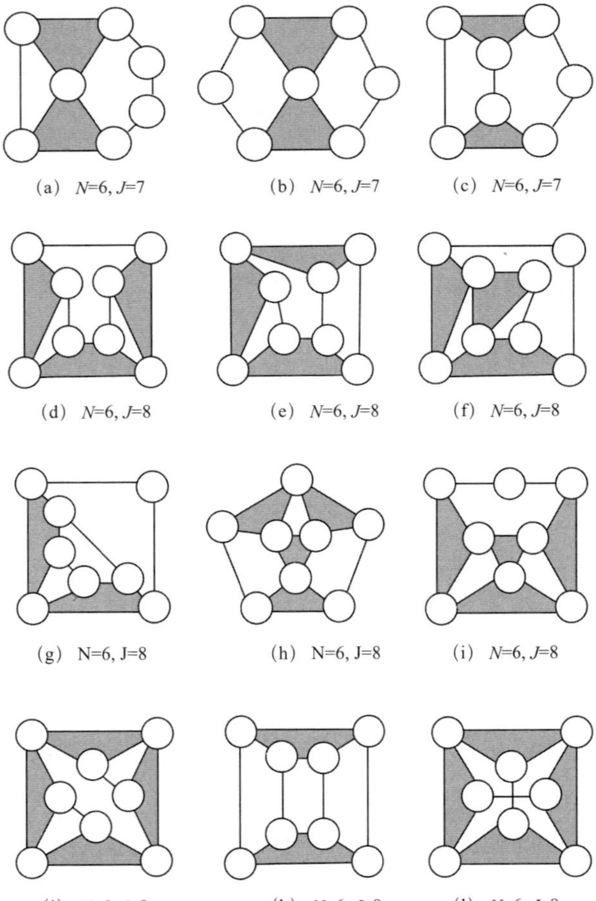

(a) N=6, J=7　(b) N=6, J=7　(c) N=6, J=7

(d) N=6, J=8　(e) N=6, J=8　(f) N=6, J=8

(g) N=6, J=8　(h) N=6, J=8　(i) N=6, J=8

(j) N=6, J=8　(k) N=6, J=8　(l) N=6, J=8

图 11-5　六杆七接头与六杆八接头一般化运动链图谱

（2）对于图 11-5（b）所示的一般化运动链，指定固定杆的结果有一个，如图 11-6（a_2）所示。

（3）对于图 11-5（f）所示的一般化运动链，指定固定杆的结果有两个，如图 11-6（a_3）（a_4）所示。

因此，固定杆指定后的特殊化链有四个可行的结果，如图 11-6（a_1）～（a_4）所示。

2. 軠轴与环绳（K_{CR} 与 K_T）

由于必须有一对相邻的双接头杆分别作为軠轴与环绳，軠轴必须以旋转接头（J_{R_z}）和回绕接头（J_W）分别与机架（K_F）和环绳（K_T）相邻接，所以如下指定軠轴与环绳：

（1）对于图 11-6（a_1）所示的情形，指定軠轴与环绳的结果有一个，如图 11-6（b_1）所示。

（2）对于图 11-6（a_2）所示的情形，指定軠轴与环绳的结果有一个，如图 11-6（b_2）所示。

（3）对于图 11-6（a_3）所示的情形，指定軠轴与环绳的结果有一个，如图 11-6（b_3）所示。

（4）对于图 11-6（a_4）所示的情形，指定軠轴与环绳的结果有一个，如图 11-6（b_4）所示。

因此，固定杆、軠轴及环绳指定后的特殊化链有四个可行的结果，如图 11-6（b_1）～（b_4）所示。

3. 鼓（K_{WC}）

由于必须有一根三接头杆作为鼓，且鼓必须以旋转接头（J_{R_y}）和回绕接头（J_W）分别与机架（K_F）和环绳（K_T）相邻接，所以可如下指定鼓：

（1）对于图 11-6（b_1）所示的情形，指定鼓的结果有一个，如图 11-6（c_1）所示。

（2）对于图 11-6（b_2）所示的情形，指定鼓的结果有一个，如图 11-6（c_2）所示。

（3）对于图 11-6（b_3）所示的情形，指定鼓的结果有一个，如图 11-6（c_3）所示。

（4）对于图 11-6（b_4）所示的情形，没有与机架（K_F）和环绳（K_T）相邻接的三接头杆能够指定为鼓。

因此，固定杆、軠轴、环绳及鼓指定后的特殊化链有三个可行的结果，如图 11-6（c_1）～（c_3）所示。

4. 导丝杆 1 与导丝杆 2（K_{GL_1} 与 K_{GL_2}）

由于导丝杆 1 必须与鼓（K_{WC}）相邻接，若仍有尚未指定的杆件则为导丝杆 2，所以如下指定导丝杆 1 与导丝杆 2：

（1）对于图 11-6（c_1）所示的情形，指定导丝杆 1 及不确定接头 J_8 与 J_9 的结果有一个，如图 11-6（d_1）所示。

（2）对于图 11-6（c_2）所示的情形，指定导丝杆 1、导丝杆 2 及不确定接头 J_{10}、J_{11}、J_{12} 的结果有一个，如图 11-6（d_2）所示。

（3）对于图 11-6（c_3）所示的情形，指定导丝杆 1、导丝杆 2 及不确定接头 J_{13}、J_{14}、J_{15}、J_{16} 的结果有一个，如图 11-6（d_3）所示。

因此，固定杆、軠轴、环绳、导丝杆 1 及导丝杆 2 指定后的特殊化链有三个可行的结果，如图 11-6（d_1）～（d_3）所示。

步骤四：坐标系统定义如图 11-1 中所示。缫车丝线导引机构的作动方式是将軠轴的旋转运动，经环绳与鼓的带动，转换为导丝杆的往复运动，使軠轴上收集的丝线达到依序排列，并均匀分布于一定范围内的效果。不确定的接头具有多种可能性，皆可达到文献中描述的功能；由于该机构为平面机构，故不确定接头亦属于平面接头的类型。

1. 考虑不确定接头 J_8 与 J_9 各有两种可能的类型，且不可相同。当一接头为旋转接头 J_{R_y} 时，另一接头除旋转外也可滑动，是为销接头（$J_{R_y}^{P_z}$）。

2. 考虑不确定接头 J_{10} 只有一种可能的类型，即导丝杆 1 以旋转接头 J_{R_y} 与鼓相邻接。

3. 考虑不确定接头 J_{11} 与 J_{12} 各有两种可能的类型，可为旋转接头 J_{R_y} 或是滑行接头 J^{P_z}。

4. 考虑不确定接头 J_{13} 与 J_{14} 各有两种可能的类型，且不可相同。当一接头为旋转接头 J_{R_y} 时，另一接头除旋转外也可滑动，是为销接头（$J_{R_y}^{P_z}$）。

5. 考虑不确定接头 J_{15} 与 J_{16} 各有两种可能的类型，且不可相同。当一接头为旋转接头 J_{R_y} 时，另一接头除旋转外也可滑动，是为销接头（$J_{R_y}^{P_z}$）。

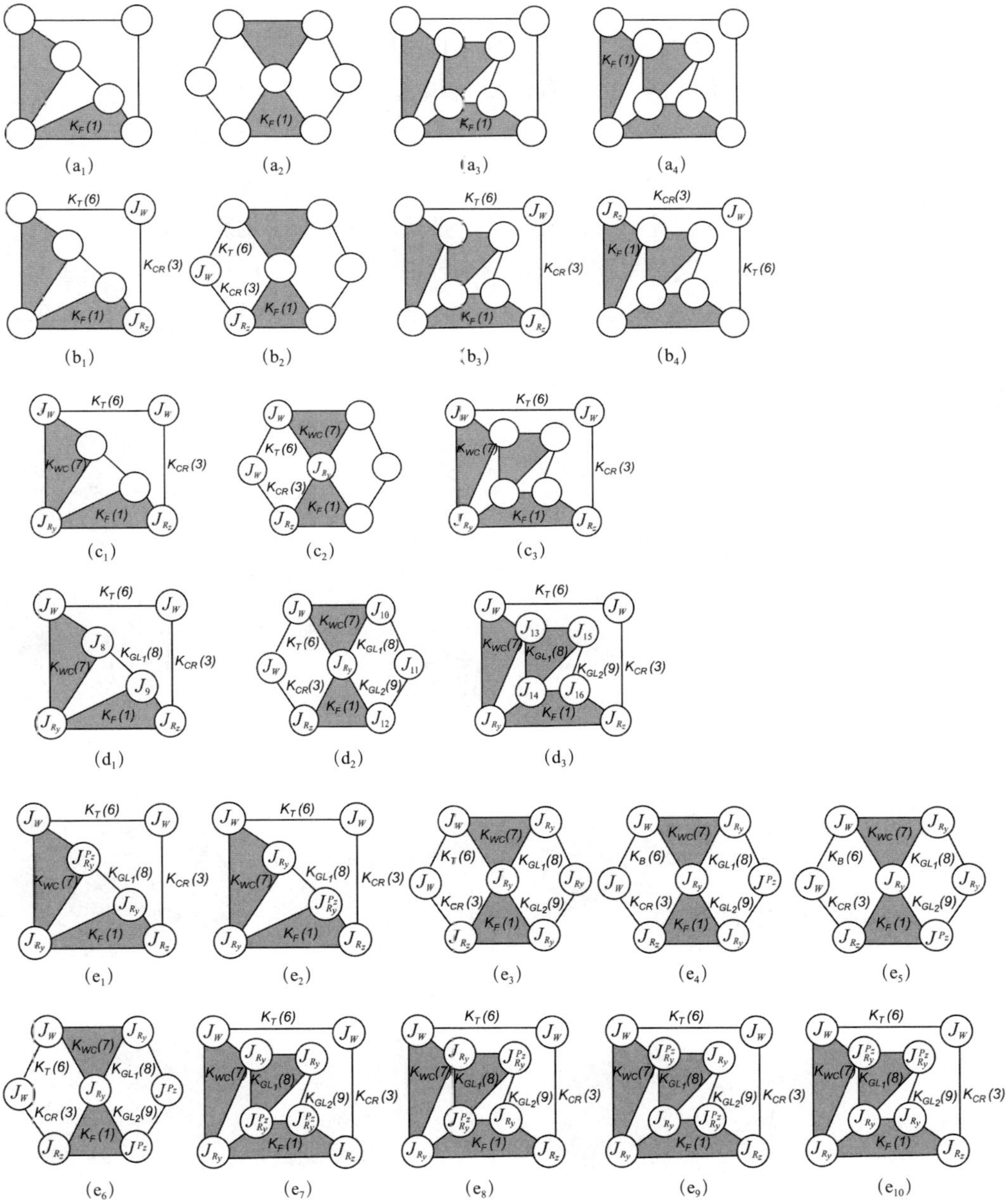

图 11-6　缫车丝线导引机构特殊化

经由指定不确定接头 J_8（J_{R_y} 与 $J_{R_y}^{P_z}$）、J_9（J_{R_y} 与 $J_{R_y}^{P_z}$）、J_{10}（J_{R_y}）、J_{11}（J_{R_y} 与 J^{Pz}）、J_{12}（J_{R_y} 与 J^{Pz}）、J_{13}（J_{R_y} 与 $J_{R_y}^{P_z}$）、J_{14}（J_{R_y} 与 $J_{R_y}^{P_z}$）、J_{15}（J_{R_y} 与 $J_{R_y}^{P_z}$）及 J_{16}（J_{R_y} 与 $J_{R_y}^{P_z}$）的可能类型至图 11-6（d_1）～（d_3）的特殊化链，产生 10 个结果，如图 11-6（e_1）～（e_{10}）所示。

步骤五：由于双滑块机构具有无法确实传动的问题，且较少出现于古中国，所以图 11-6（e_6）并不符合。移除该图之后，包含图 11-6（e_1）～（e_5）与图 11-6（e_7）～（e_{10}），共有九个可行的具指定接头特殊化链。将每一个具指定接头特殊化链具体化，获得满足古代工艺技术水准的可行设计图谱，并绘制其模型图画，如图 11-7（a）～（i）所示。此外，图 11-8 所示为《农书》[1]中缫车的仿制图。

[1]〔元〕王祯撰：《农书》，收录于百部丛书集成（严一萍主编），据影乾隆武英殿聚珍版丛书本，艺文出版社，1969 年。

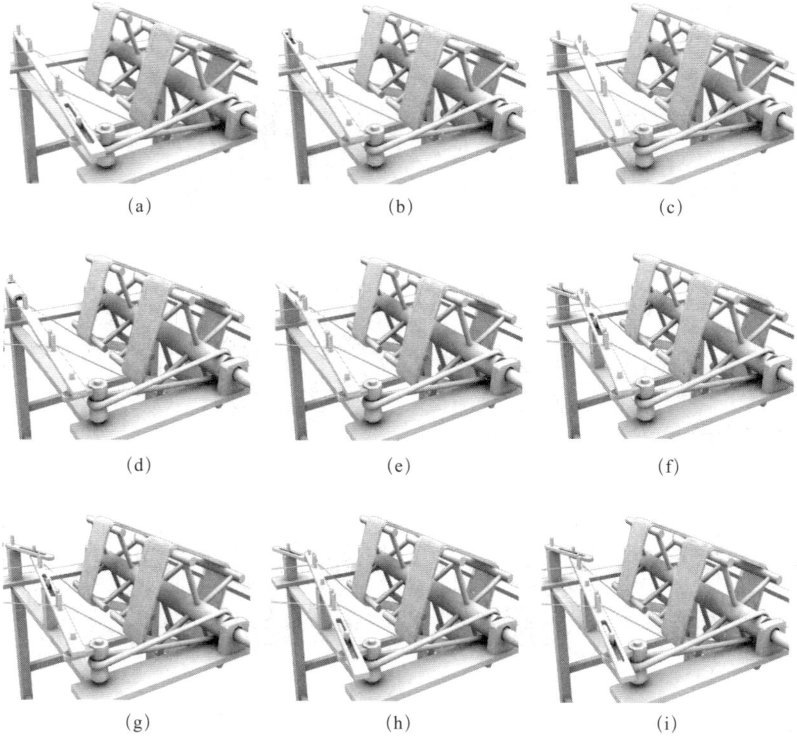

图 11-7　缫车丝线导引机构模型图谱

图 11-8 缫车仿制图[1]

第二节 纺车

纺车用于纺纱程序，依动力源与使用元件的不同可分为手摇纺车、脚踏纺车及皮带传动纺车等三类，手摇纺车的介绍可见于第九章第四节，后两类纺车分别叙述如下。

一、脚踏纺车

脚踏纺车以脚踏带动大绳轮，取代手摇驱动方式，空出双手可使纺纱更有效率并提升纱线质量。脚踏连杆纺车出现在各种纺织类专书中且有许多不同的名称，包含木棉线架、小纺车、木棉纺车等，如图 11-9 所示[2][3]。其功能是将一根或数根蚕丝、棉线或麻缕纤维，透过捻揉合股成线，并将纺成的纱线卷绕收集于锭子上。

图 11-9（a）所示为《天工开物》[4]中的脚踏纺车，纺纱者踩动踏杆带动大绳轮，透过大绳轮上的绳线，同时带动两个锭子旋转[5][6]，使得四条单股纱线经由纺纱者的揉合，变成双股纱线卷绕在锭子上，其基本构造包含机架（杆 1，K_F）、踏杆（杆 2，K_{Tr}）、大绳轮（杆 3，K_U）、绳线（杆 4，K_T）和锭子（杆 5，K_S）。

由于插图描绘不清楚，踏杆与大绳轮之间可能另有一根连杆

[1] Hsiao, K.H., Chen, Y.H., and Yan, H.S., "Structural Synthesis of Ancient Chinese Foot-operated Silk-reeling Mechanism," *Frontiers of Mechanical Engineering in China*, Vol. 5, No. 3, pp. 279—288, 2010.

[2] Song, Y.X., *Chinese Technology in the Seventeen Century* (in Chinese, trans. Sun, E.Z. and Sun, S.C.), New York, Dover Publications, 1966.

[3]〔元〕王祯撰：《农书》，中华书局，第 1 版，北京，1991 年。

[4]同[2]。

[5]陈维稷：《中国纺织科学技术史（古代部分）》，科学出版社，北京，1984 年。

[6]张春辉、游战洪、吴宗泽、刘元谅：《中国机械工程发明史》，第二编，清华大学出版社，北京，2004 年。

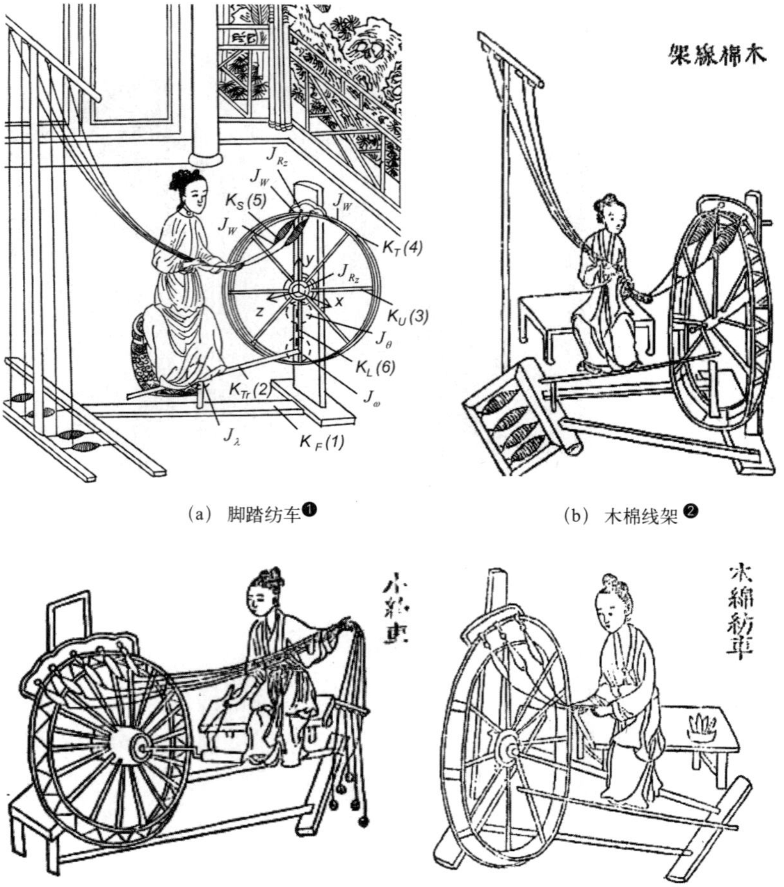

（a）脚踏纺车❶　　（b）木棉线架❷

（c）小纺车❸　　（d）木棉纺车❹

图 11-9　脚踏纺车

（杆 6，K_L）传递踏杆的动力❺，驱使大绳轮旋转，因此脚踏纺车归类为杆件与接头的数量和类型皆不确定的机构（类型Ⅲ）。以下根据不确定插图机构复原设计法，进行复原设计。

步骤一：归纳其构造特性。

1. 此机构为五杆（杆 1 ～ 5）或六杆（杆 1 ～ 6）的机构。

2. 踏杆（K_{Tr}）为双接头杆，并以不确定接头与机架（K_F）相邻接。

3. 踏杆（K_{Tr}）以不确定接头与连接杆（K_L）或大绳轮（K_U）相邻接。

4. 大绳轮（K_U）为三接头杆，以旋转接头（J_{R_z}）和回绕接头（J_W）

❶ Song, Y.X., *Chinese Technology in the Seventeen Century* （in Chinese, trans. Sun, E.Z. and Sun, S.C.）, New York, Dover Publications, 1966.

❷〔元〕王祯撰：《农书》，中华书局，第 1 版，北京，1991 年。

❸同❷。

❹同❷。

❺ Hsiao, K.H. and Yan, H.S., “Structural Identification of the Uncertain Joints in the Drawings of Tain Gong Kai Wu,” *Journal of the Chinese Society of Mechanical Engineers*, Taipei, Vol. 31, No. 5, pp. 383—392, 2010.

分别与机架（K_F）和绳线（K_T）相邻接。

5. 锭子（K_S）为双接头杆，并以旋转接头（J_{R_z}）和回绕接头（J_W）分别与机架（K_F）和绳线（K_T）相邻接。

步骤二：由步骤一的归纳可知，此器械为五杆或六杆的机构，故找出对应的五杆与六杆的一般化运动链图谱，如图 11-2（d）～（i）与图 11-5 所示。

步骤三：必须至少有三根双接头杆分别作为踏杆、绳线及锭子，且必须只有两根相邻接的三接头杆，分别作为机架与大绳轮。故步骤二得到的图谱中，仅图 11-2（f）与图 11-5（a)(b）符合需求。所有可行的特殊化链可经由如下步骤获得：

1. 固定杆（K_F）

由于必须有一根三接头杆作为固定杆，且固定杆必须与一根三接头杆和两根双接头杆相邻接，所以可如下指定固定杆：

（1）对于图 11-2（f）所示的一般化运动链，指定固定杆的结果有一个，如图 11-10（a_1）所示。

（2）对于图 11-5（a）所示的一般化运动链，指定固定杆的结果有一个，如图 11-10（a_2）所示。

（3）对于图 11-5（b）所示的一般化运动链，指定固定杆的结果有一个，如图 11-10（a_3）所示。

因此，固定杆指定后的特殊化链有三个可行的结果，如图 11-10（a_1）～（a_3）所示。

踏杆（K_{Tr}）

由于必须有一根双接头杆作为踏杆，且踏杆以不确定接头与机架（K_F）相邻接，所以如下指定踏杆：

（1）对于图 11-10（a_1）所示的情形，指定踏杆与不确定接头的结果有两个，如图 11-10（b_1)（b_2）所示。

（2）对于图 11-10（a_2）所示的情形，指定踏杆与不确定接头的结果有两个，如图 11-10（b_3)（b_4）所示。

（3）对于图 11-10（a_3）所示的情形，指定踏杆与不确定接头的结果有一个，如图 11-10（b_5）所示。

因此，固定杆与踏杆指定后的特殊化链有五个可行的结果，如图 11-10（b_1）～（b_5）所示。

2. 大绳轮（K_U）

由于必须有一根三接头杆作为大绳轮，且大绳轮以旋转接头（J_{R_z}）与机架（K_F）相邻接，所以如下指定大绳轮：

（1）对于图 11-10（b_1）所示的情形，指定大绳轮与不确定接头的结果有一个，如图 11-10（c_1）所示。

（2）对于图 11-10（b_2）所示的情形，指定大绳轮的结果有一个，如图 11-10（c_2）所示。

（3）对于图 11-10（b_3）所示的情形，指定大绳轮与不确定接头的结果有一个，如图 11-10（c_3）所示。

（4）对于图 11-10（b_4）所示的情形，指定大绳轮的结果有一个，如图 11-10（c_4）所示。

（5）对于图 11-10（b_5）所示的情形，指定大绳轮的结果有一个，如图 11-10（c_5）所示。

因此，固定杆、踏杆及大绳轮指定后的特殊化链有五个可行的结果，如图 11-10（c_1）～（c_5）所示。

3. 绳线（K_T）

由于必须有一根双接头杆作为绳线，绳线必须以回绕接头（J_W）与大绳轮（K_U）相邻接，且不能与机架（K_F）或踏杆（K_{Tr}）相邻接。所以如下指定出绳线：

（1）对于图 11-10（c_1）所示的情形，指定绳线的结果有一个，如图 11-10（d_1）所示。

（2）对于图 11-10（c_2）所示的情形，没有不与机架或踏杆相邻接的双接头杆能够指定为绳线。

（3）对于图 11-10（c_3）所示的情形，指定绳线的结果有一个，如图 11-10（d_2）所示。

（4）对于图 11-10（c_4）所示的情形，指定绳线的结果有一个，如图 11-10（d_3）所示。

（5）对于图 11-10（c_5）所示的情形，指定绳线的结果有一个，如图 11-10（d_4）所示。

因此，固定杆、踏杆、大绳轮及绳线指定后的特殊化链有四个可行的结果，如图 11-10（d_1）～（d_4）所示。

4. 锭子与连杆（K_S 与 K_L）

由于必须有一根双接头杆作为锭子，且锭子必须以回绕接头（J_W）和旋转接头（J_{R_z}）分别与绳线（K_T）和机架（K_F）相邻接；再者，尚未指定的杆件为连杆（K_L）。所以如下指定锭子与连杆：

（1）对于图 11-10（d_1）所示的情形，指定锭子的结果有一个，如图 11-10（e_1）所示。

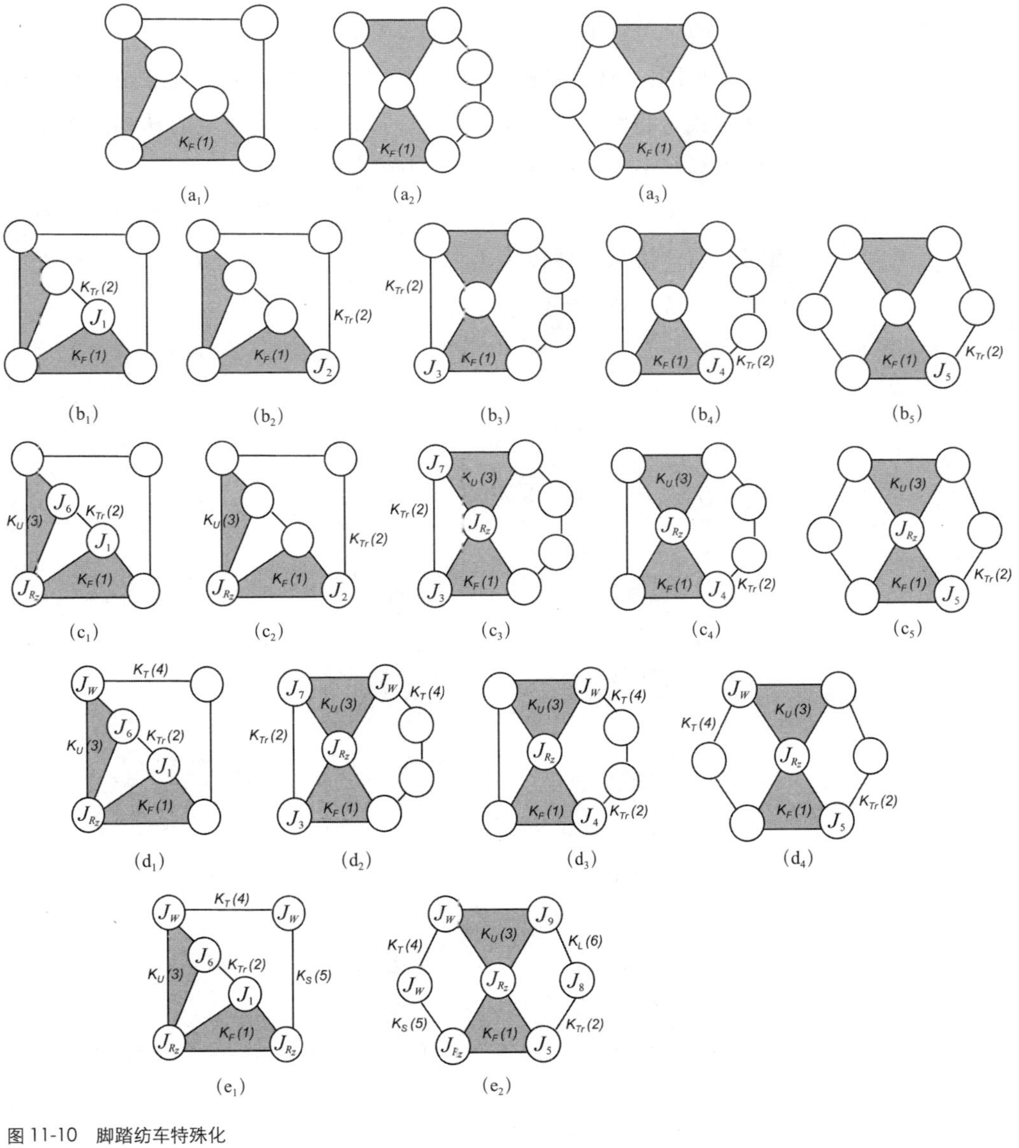

图 11-10　脚踏纺车特殊化

（2）对于图 11-10（d_2）所示的情形，没有与机架（K_F）和绳线（K_T）相邻接的双接头杆能够指定为锭子。

（3）对于图 11-10（d_3）所示的情形，没有与机架（K_F）和绳线（K_T）相邻接的双接头杆能够指定为锭子。

（4）对于图 11-10（d_4）所示的情形，指定锭子、连接杆及不确定接头的结果有一个，如图 11-10（e_2）所示。

因此，固定杆、踏杆、大绳轮、绳线、锭子及连杆指定后的特殊化链有两个可行的结果，如图 11-10（e_1）（e_2）所示。

步骤四：坐标系统定义如图 11-9（a）中所示。脚踏纺车机构的作动方式是将踏杆的往复摇摆运动，转换为大绳轮的转动。不确定的接头具有多种可能性，皆可达到文献中描述的功能。

1. 考虑不确定接头 J_1 与接头 J_6 各有两种可能的类型，且不可相同。当一接头为球接头 $J_{R_{xyz}}$ 时，另一接头除可绕 x 轴、y 轴转动外，亦可沿 z 轴滑动，表示为 $J_{R_{xy}}^{P_z}$ 。

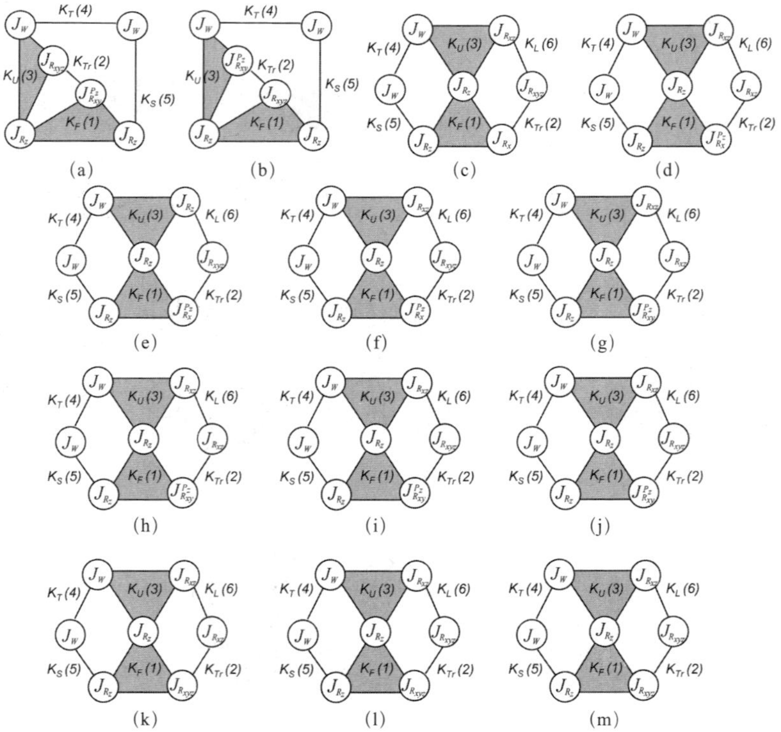

图 11-11　脚踏纺车具指定接头特殊化链图谱

2. 考虑不确定接头 J_5 有四种可能的类型，其一是踏杆以旋转接头 J_{R_x} 与机架相邻接；其二是踏杆不仅旋转，亦可沿 z 轴滑动，表示为 $J_{R_x}^{P_z}$；其三是踏杆可绕 x 轴、y 轴转动，亦可沿 z 轴滑动，表示为 $J_{R_{xy}}^{P_z}$；其四是踏杆可绕 x 轴、y 轴及 z 轴转动，表示为 $J_{R_{xyz}}$。

3. 考虑不确定接头 J_8 有两种可能的类型，其一是连接杆以旋转接头 $J_{R_{xz}}$ 与踏杆相邻接；其二是连接杆可绕 x 轴、y 轴及 z 轴转动，表示为 $J_{R_{xyz}}$。

4. 考虑不确定接头 J_9 有两种可能的类型，其一是连接杆以旋转

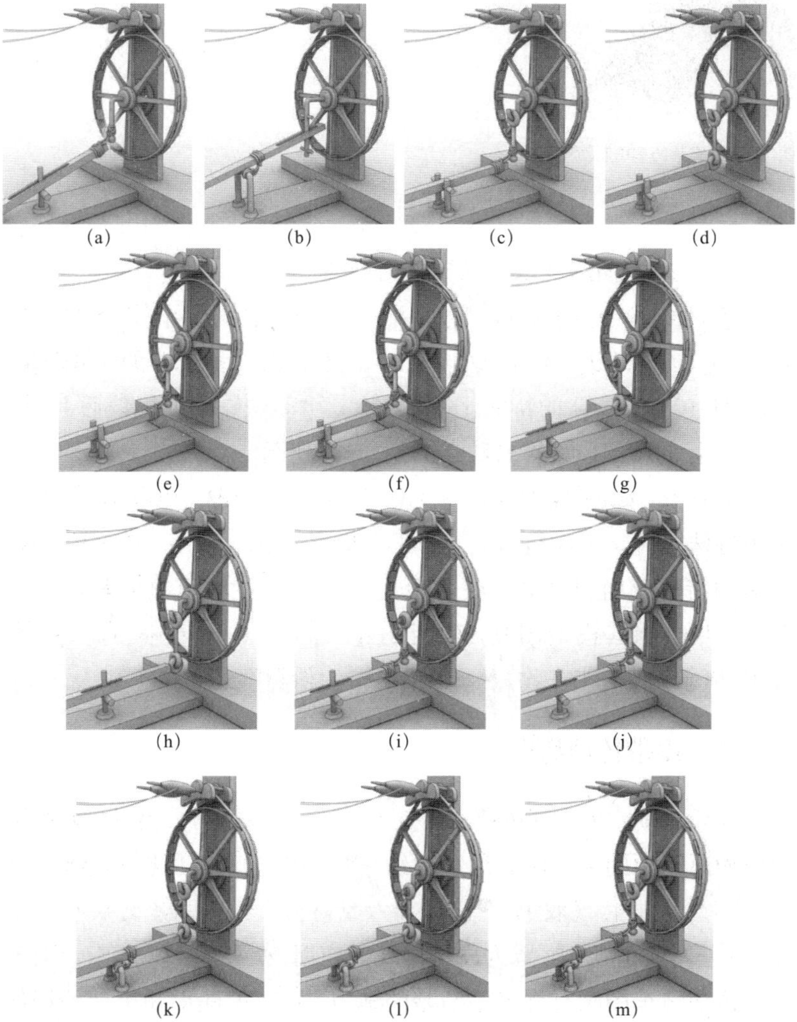

(a) (b) (c) (d) (e) (f) (g) (h) (i) (j) (k) (l) (m)

图 11-12 脚踏纺车模型图谱

图 11-13　脚踏纺车仿制图[1]

接头 $J_{R_{xz}}$ 与大绳轮相邻接，其二是为旋转接头 J_{R_z}。

透过指定不确定接头 J_1（$J_{R_{xyz}}$ 与 $J^{P_z}_{R_{xy}}$）、J_5（J_{R_x}、$J^{P_z}_{R_x}$、$J^{P_z}_{R_{xy}}$ 及 $J_{R_{xyz}}$）、J_6（$J_{R_{xyz}}$ 与 $J^{P_z}_{R_{xy}}$）、J_8（$J_{R_{xz}}$ 与 $J_{R_{xyz}}$）及 J_9（$J_{R_{xz}}$ 与 J_{R_z}）的可能类型至图 11-10（e_1）（e_2）的特殊化链，排除其中无法作动的呆链后，产生 13 个可行的结果，如图 11-11（a）～（m）所示。

步骤五：如图 11-11（a）～（m）所示，共有 13 个可行的具指定接头特殊化链。考虑机构之运动与功能的要求，将每一个具有指定接头的特殊化链具体化，获得满足古代工艺技术水准的可行设计图谱，并绘制其模型图画，如图 11-12（a）～（m）所示。此外，图 11-13 所示为《天工开物》[2]中脚踏纺车的仿制图。

二、皮带传动纺车

宋元时期（960—1368）最先进的纺纱机械是用人力、畜力及水力作为原动力的大纺车。这种大纺车最初用于麻缕加捻与合线，之后用于蚕丝加工。《农书》[3]记载人力或畜力大纺车与水转大纺车两种，其基本构造相同，皆为皮带传动的应用，如图 11-14 所示。由于皮带传动纺车图画有许多不清楚的地方，导致无法得知确切的杆件数目以及杆件之间的组合与传动关系，属于杆件与接头的数量和类

[1] Hsiao, K.H. and Yan, H.S., “Structural Identification of the Uncertain Joints in the Drawings of Tain Gong Kai Wu,” *Journal of the Chinese Society of Mechanical Engineers*, Taipei, Vol. 31, No. 5, pp. 383—392, 2010.

[2] Song, Y.X., *Chinese Technology in the Seventeen Century* (in Chinese, trans. Sun, E.Z. and Sun, S.C.), New York, Dover Publications, 1966.

[3]〔元〕王祯撰：《农书》，中华书局，第 1 版，北京，1991 年。

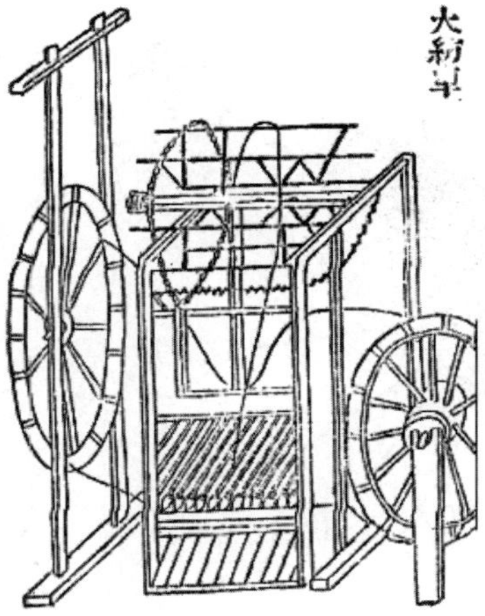

（a）人力或畜力大纺车❶

（b）水转大纺车❷

图 11-14　皮带传动纺车

❶〔元〕王祯撰：《农书》，中华书局，第 1 版，北京，1991 年。

❷同❶。

型皆不确定的机构（类型Ⅲ）。图 11-15（a）所示为现有的复原概念，可协助厘清皮带传动纺车的构造❸。

❸张春辉、游战洪、吴宗泽、刘元谅：《中国机械工程发明史》，第二编，清华大学出版社，北京，2004 年。

皮带传动纺车的主要组成包含机架、两个带轮、传动皮带、数个锭子、具旋鼓的纱框及纱线。以人力、畜力或水力转动左侧的主动带轮，通过传动皮带带动纱框与锭子，完成加捻与卷绕麻缕。根据功能的分类，皮带传动纺车可分为带轮皮带传动、纺纱锭子传动及带轮纱框传动三组子机构，兹分别说明如下。

带轮皮带传动机构

带轮皮带传动机构包含机架（杆 1，K_F）、主动带轮（杆 2，K_{U_1}）、从动带轮（杆 3，K_{U_2}）和传动皮带（杆 4，K_{T_1}）。主动带轮以旋转接头 J_{R_z} 与机架相邻接，传动皮带以回绕接头 J_W 分别与主动带轮和从动带轮相邻接，从动带轮则以旋转接头 J_{R_z} 与机架相邻接，图 11-16（a）所示为其构造简图。

纺纱锭子传动机构

纺纱锭子传动机构包含机架（杆 1，K_F）、具旋鼓的纱框（杆 5，K_{S_1}）、锭子（杆 6，K_{S_2}）和纱线（杆 7，K_{T_2}）。具旋鼓的纱框则以旋转接头 J_{R_x} 与机架相邻接，锭子以旋转接头 J_{R_z} 与机架相邻接，纱线以回绕接头 J_W 分别与具旋鼓的纱框和锭子相邻接，图 11-16（b）所示

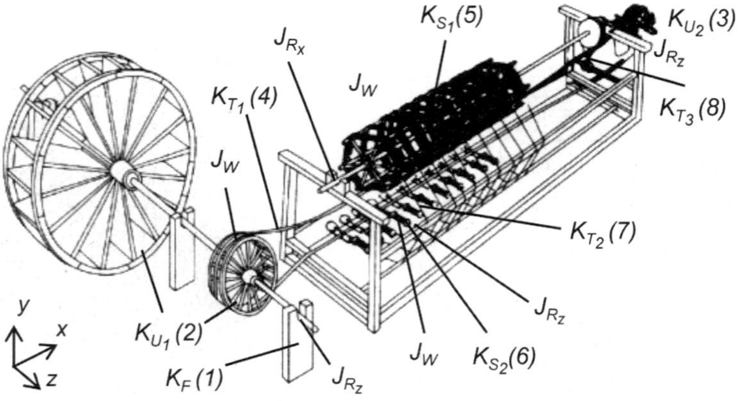

（a）现有复原概念❶

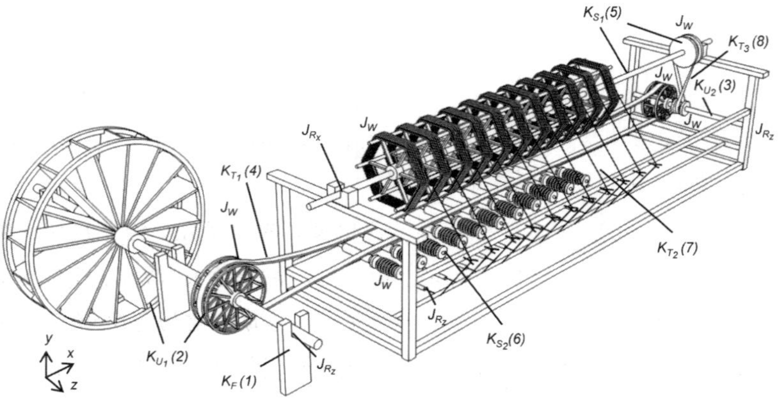

（b）第一种可能复原设计

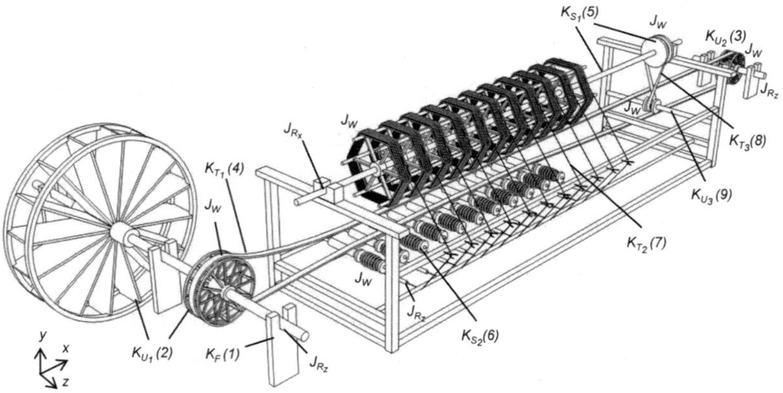

（c）第二种可能复原设计

图 11-15　水转大纺车复原图

❶张春辉、游战洪、吴宗泽、刘元谅：《中国机械工程发明史》，第二编，清华大学出版社，北京，2004 年。

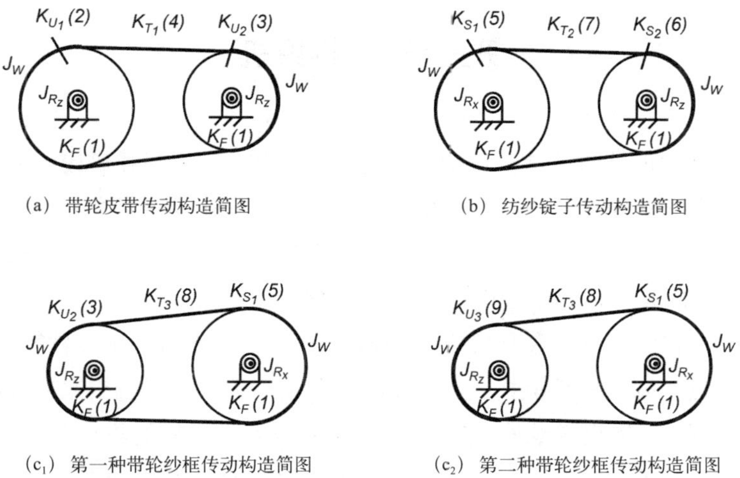

（a） 带轮皮带传动构造简图　　（b） 纺纱锭子传动构造简图

（c_1） 第一种带轮纱框传动构造简图　　（c_2） 第二种带轮纱框传动构造简图

图 11-16　皮带传动纺车构造简图

为其构造简图。

带轮纱框传动机构

有关带轮纱框传动机构相关资料过于简要，且图 11-15（a）所示的水转大纺车亦绘制不清，因此带轮纱框传动机构有两种可能构造，兹分别说明如下：

第一种可能构造的机件包含机架（杆 1，K_F）、与从动带轮同轴的小带轮（杆 3，K_{U_2}）、具有旋鼓的纱框（杆 5，K_{S_1}）和绳线（杆 8，K_{T_3}）。在从动带轮轴上，另增制一个与旋鼓配合的小带轮，并借由绳线传动旋鼓，达到带动纱框的目的。小带轮以旋转接头 J_{R_z} 与机架相邻接，绳线以回绕接头 J_W 分别与小带轮和旋鼓相邻接，旋鼓则以旋转接头 J_{R_x} 与机架相邻接，图 11-16（c_1）所示为其构造简图，图 11-15（b）所示为其对应的复原图。

第二种可能构造的机件包含机架（杆 1，K_F）、具有旋鼓的纱框（杆 5，K_{S_1}）、绳线（杆 8，K_{T_3}）和新增独立带轮（杆 9，K_{U_3}）。传动皮带摩擦新增独立带轮，并经由绳线传动，达到带动纱框的目的。独立带轮以旋转接头 J_{R_z} 与机架相邻接，绳线以回绕接头 J_W 分别与独立带轮和旋鼓相邻接，旋鼓则以旋转接头 J_{R_x} 与机架相邻接，图 11-16（c_2）所示为其构造简图，图 11-15（c）所示为其对应的复原图。

第三节　斜织机

斜织机是通过踏板传动绳索与连杆的作用，达到开启梭道的目的，以利织布工作进行的机器，是古中国织布机械的典型。由于斜织机发展成熟且应用广泛，因此出现许多不同的类型与名称，比如腰机、布机、卧机等，如图 11-17 所示[1][2]。

织布的程序包含开启梭道、投纬、压纬及卷布等四个步骤[3]。斜织机包含脚踏提综机构、压纬机构及卷布机构三个子机构来完成织布的程序，做出平织布纹[4]，图 11-18 所示为斜织机的组成与分类。经线一端卷绕于经线卷上，另一端穿过综线的综眼孔，综架则包含上综框、下综框和具有综眼孔的综线。织布者踩踏板，经由传动索与天平杆的带动，使得综架在脚踏提综机构中产生上升或下降的运动。当综架上升或下降综线时，同时也使得经线上升或下降，梭道随着产生。纬线置于梭中，梭的两端成尖头，以利于梭穿过梭道口。投梭时，纬线落在经线上。每次投梭后，需用压纬机构的压纬杆压紧纬线，使纬线成为织布的一部分。随着织布的操作，新制成的织布卷绕于布卷机构上，经线也从经架上同时释放。

根据文献记载，古中国斜织机可依踏板（或称为蹑）与综框的数目分为四类，兹分别说明如下：

1. 双蹑单综：其组成包含机架、两个踏板、一个综框、天平杆、压纬杆、经线卷、布卷及机件间传动用的绳索，如图 11-18（a）所示。此类型中，传动索 1、上综框、综线、下综框及传动索 1-1 可视为同一杆件，并与天平杆和踏板相邻接。

2. 单蹑单综：单蹑单综有两种型态。一种是由上述的双蹑单综型的斜织机，去掉传动索 2 与踏板 2，称为单蹑单综 1 型，如图 11-18（b）所示。此类型中，传动索 1、上综框、综线、下综框及传动索 1-1 可视为同一杆件，并与踏板和天平杆相邻接。另一种是双蹑单综型斜织机去掉传动索 1-1 与踏板 1，称为单蹑单综 2 型，如图 11-18（c）所示。此类型中，传动索 1、上综框、综线及下综框可视为同一杆件，并与天平杆和经线相邻接。由于经线固定不动，可视为机

[1] Song, Y.X., *Chinese Technology in the Seventeen Century* (in Chinese, trans. Sun, E.Z. and Sun, S.C.), New York, Dover Publications, 1966.

[2]〔元〕王祯撰：《农书》，中华书局，第 1 版，北京，1991 年。

[3] 陈维稷：《中国纺织科学技术史（古代部分）》，科学出版社，北京，1984 年。

[4] Hsiao, K.H., Chen, Y.H., Tsai, P.Y., and Yan, H.S., "Structural Synthesis of Ancient Chinese Foot-operated Slanting Loom," *Proceedings of the Institution of Mechanical Engineers*, Part C, *Journal of Mechanical Engineering Science*, Vol. 225, pp. 2685—2699, 2011.

(a) 腰机[1]

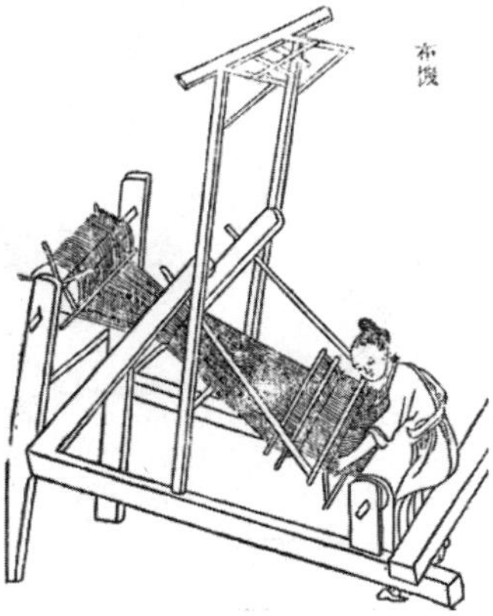

(b) 布机[2]

(c) 卧机[3]

图 11-17 斜织机

[1] Song, Y.X., *Chinese Technology in the Seventeen Century* (in Chinese, trans. Sun, E.Z. and Sun, S.C.), New York, Dover Publications, 1966.

[2]〔元〕王祯撰：《农书》，中华书局，第 1 版，北京，1991 年。

[3]同[2]。

架的一部分。

3. 单蹑半综：由上述的双蹑单综型斜织机，去掉下综框、传动索 1-1 及踏板 1，称为单蹑半综型，如图 11-18（d）所示。此类型中，传动索 1、上综框及综线可视为同一杆件，并与天平杆和经线相邻接。由于经线固定不动，可视为机架的一部分。

4. 双蹑双综：由上述的双蹑单综型斜织机，于传动索 2 上加置

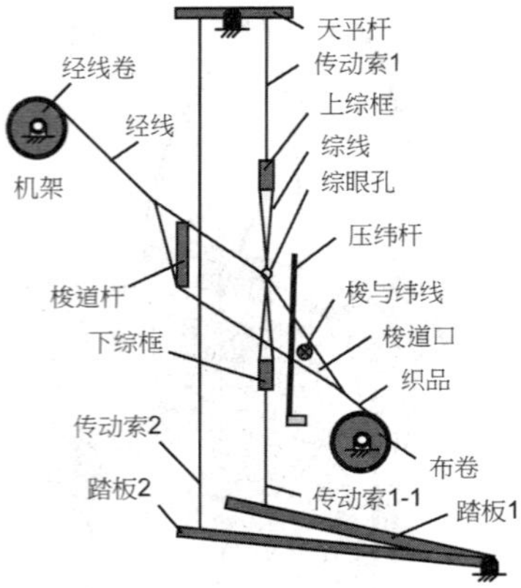

(a) 双蹑单综

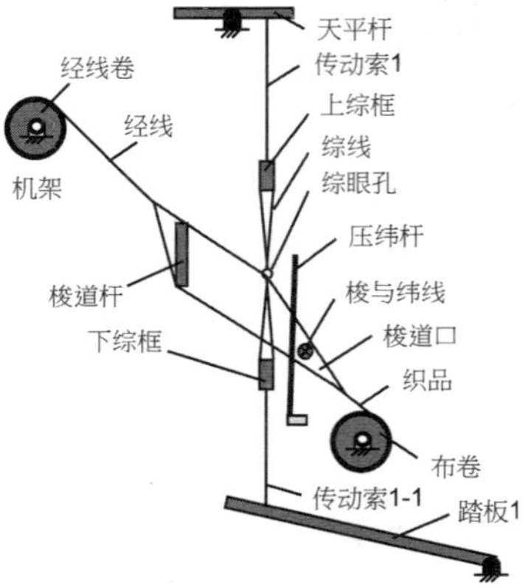

(b) 单蹑单综 1 型

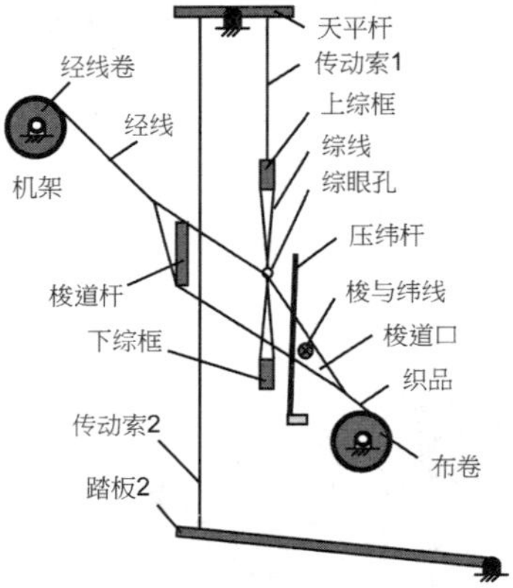

(c) 单蹑单综 2 型

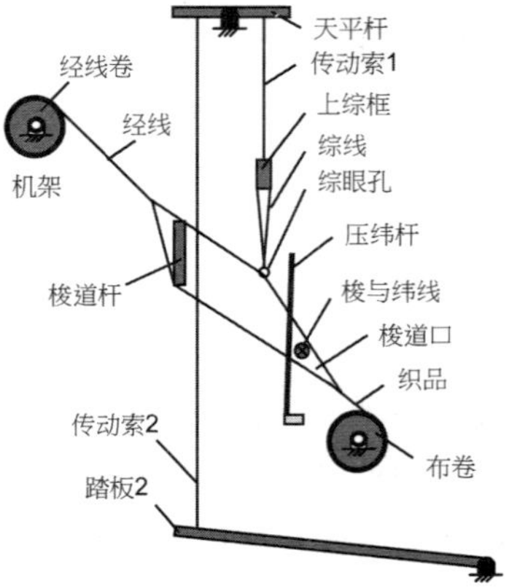

(d) 单蹑半综

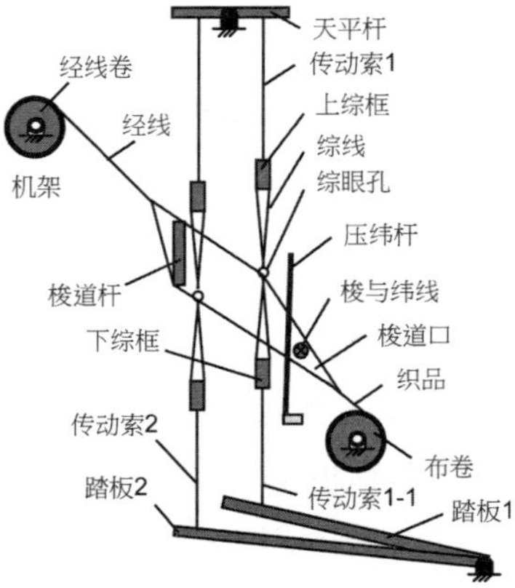

(e) 双蹑双综

图 11-18 斜织机组成与分类

1 组综架，称为双蹑双综型，如图 11-18（e）所示。

根据功能应用，斜织机可分为脚踏提综机构、压纬机构及卷布机构三组子机构，兹分别说明如下。

脚踏提综机构

织布的质量与梭道的开合有直接的关系，而脚踏提综机构即是控制梭道的主要组成部分。根据斜织机之踏板与综架的数量，可分为五种基本类型。最简易的类型是属于四杆机构的单蹑单综 1 型，包含机架、一个踏板、一条传动索和天平杆。其中，单蹑单综 2 型与单蹑半综为五杆机构，包含机架、一个踏板、两条传动索和天平杆。双蹑单综与双蹑双综均为六杆机构，包含机架、两个踏板、两条传动索和天平杆。由于斜织机的插图中有许多不清楚的地方，例如无法明确得知踏板与传动索的确切数量，脚踏提综机构属于杆件与接头的数量和类型皆不确定的机构（类型Ⅲ）。以下根据不确定插图机构复原设计法，进行复原设计。

步骤一：归纳其构造特性。

1. 此机构为平面或空间四杆（杆 1 ～ 4）、五杆（杆 1 ～ 5）或六杆（杆 1 ～ 6）的机构。

2. 踏板 1（K_{Tr_1}）为双接头杆，并以不确定接头与机架（K_F）相邻接。

3. 传动索 1（K_{T_1}）为双接头杆，并以线接头（J_T）分别与踏板 1（K_{Tr_1}）和天平杆（K_{SL}）相邻接。

4. 天平杆（K_{SL}）以不确定接头与机架（K_F）相邻接。

5. 传动索 2（K_{T_2}）为双接头杆，并以线接头（J_T）分别与天平杆（K_{SL}）和踏板 2（K_{Tr_2}）相邻接。在单蹑单综 2 型与单蹑半综型态中，一条传动索以线接头（J_T）和滑行接头（$J^{P_{yz}}$）分别与天平杆（K_{SL}）和机架（K_F）相邻接。

6. 踏板 2（K_{Tr_2}）为双接头杆，并以不确定接头与机架（K_F）相邻接。

步骤二：由步骤一的归纳，此器械为四杆、五杆或六杆的机构，故找出四杆、五杆及六杆的一般化运动链图谱，如图 11-2 与图 11-5 所示。

步骤三：必须有一对双接头杆作为踏板与传动索。当杆件数为五杆时，必须有一根三接头杆作为天平杆，并与一对双接头杆相邻接。当杆件数为六杆时，必须有两对双接头杆分别作为两个踏板与两条传动索。故步骤二得到的图谱中，仅图 11-2（a)(f）及图 11-5（b）符合需求。所有可行的特殊化链可经由以下步骤获得：

1. 固定杆（K_F）

由于必须有一根固定杆作为机架，且固定杆必须与一对或两对双接头杆相邻接，所以可如下指定固定杆：

（1）对于图 11-2（a）所示的一般化运动链，指定固定杆的结果有一个，如图 11-19（a_1）所示。

（2）对于图 11-2（f）所示的一般化运动链，指定固定杆的结果有一个，如图 11-19（a_2）所示。

（3）对于图 11-5（b）所示的一般化运动链，指定固定杆的结果有一个，如图 11-19（a_3）所示。

因此，固定杆指定后的特殊化链有三个可行的结果，如图 11-19（a_1）～（a_3）所示。

2. 踏板 1 与传动索 1（K_{Tr_1} 与 K_{T_1}）

由于必须有一对双接头杆作为踏板 1 与传动索 1，且踏板 1 必须以不确定接头（J_1）和线接头（J_T）分别与机架（K_F）和传动索 1（K_{T_1}）相邻接，所以如下指定踏板 1 与传动索 1：

（1）对于图 11-19（a_1）所示的情形，指定踏板 1、传动索 1 及不确定接头 J_1 的结果有一个，如图 11-19（b_1）所示。

（2）对于图 11-19（a_2）所示的情形，指定踏板 1、传动索 1 及不确定接头 J_1 的结果有一个，如图 11-19（b_2）所示。

（3）对于图 11-19（a_3）所示的情形，指定踏板 1、传动索 1 及不确定接头 J_1 的结果有一个，如图 11-19（b_3）所示。

因此，固定杆、踏板 1 及传动索 1 指定后的特殊化链有三个可行的结果，如图 11-19（b_1）～（b_3）所示。

3. 天平杆（K_{SL}）

由于天平杆必须以线接头（J_T）和不确定接头（J_2）分别与传动索 1（K_{T_1}）和机架（K_F）相邻接，所以如下指定天平杆：

（1）对于图 11-19（b_1）所示的情形，指定天平杆与不确定接头 J_2 的结果有一个，如图 11-19（c_1）所示。

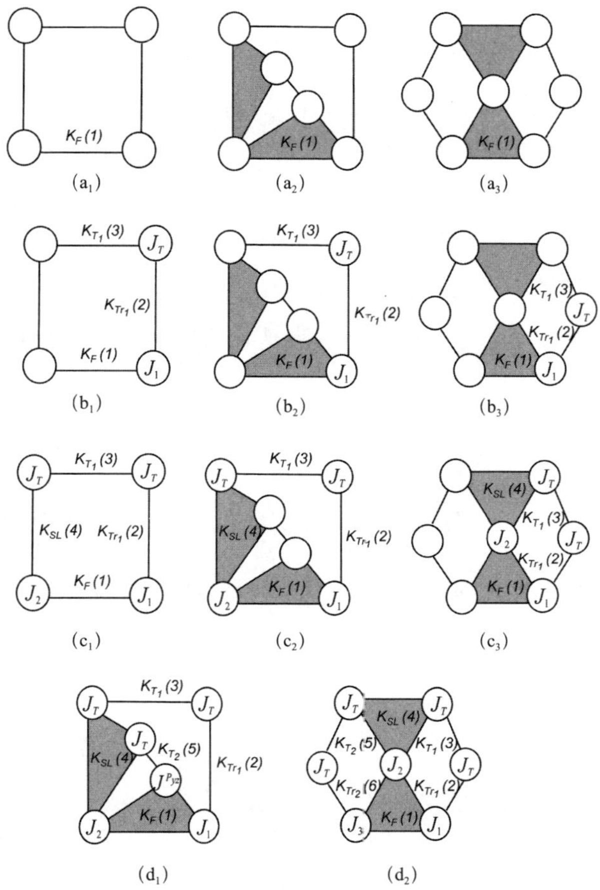

图 11-19　斜织机脚踏提综机构特殊化

（2）对于图 11-19（b_2）所示的情形，指定天平杆与不确定接头 J_2 的结果有一个，如图 11-19（c_2）所示。

（3）对于图 11-19（b_3）所示的情形，指定天平杆与不确定接头 J_2 的结果有一个，如图 11-19（c_3）所示。

因此，固定杆、踏板 1、传动索 1 及天平杆指定后的特殊化链有三个可行的结果，如图 11-19（c_1）～（c_3）所示。

4. 踏板 2 与传动索 2（K_{Tr_2} 与 K_{T_2}）

由于传动索 2（K_{T_2}）必须以线接头（J_T）与天平杆（K_{SL}）相邻接，若仍有尚未指定的杆件则为踏板 2，所以如下指定踏板 2 与传动索 2：

（1）对于图 11-19（c_2）所示的情形，指定传动索 2 的结果有一个，如图 11-19（d_1）所示。

（2）对于图 11-19（c_3）所示的情形，指定踏板 2、传动索 2 及不确定接头 J_3 的结果有一个，如图 11-19（d_2）所示。

因此，固定杆、踏板 1、传动索 1、天平杆、传动索 2 及踏板 2 指定后的特殊化链有两个可行的结果，如图 11-19（d_1）（d_2）所示。

步骤四：坐标系统定义如图 11-17（a）中所示。斜织机脚踏提综机构的作动方式是踏板的摇摆运动，经绳索与连杆的传动，转换为综架的升降运动。不确定的接头具有多种可能性，皆可达到文献中描述的功能。

1. 考虑不确定接头 J_1 与 J_3 各有三种可能的类型，其一是以旋转

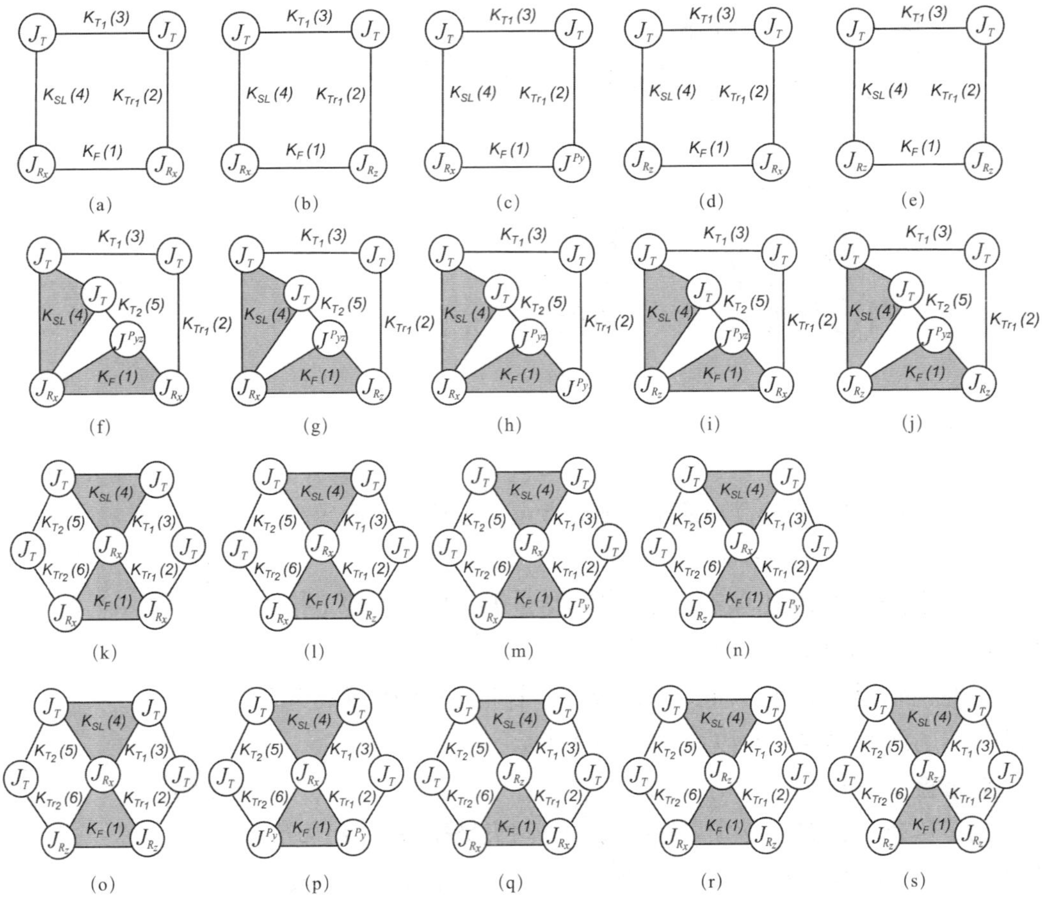

图 11-20　斜织机脚踏提综机构具指定接头特殊化链图谱

接头 J_{R_x} 与机架相邻接，其二是以旋转接头 J_{R_z} 与机架相邻接，其三是以滑行接头 J^{P_y} 与机架相邻接。

2. 考虑不确定接头 J_2 有两种可能的类型，其一是以旋转接头 J_{Rx} 与机架相邻接，其二是以旋转接头 J_{R_z} 与机架相邻接。

3. 由于踏板配置的问题，当天平杆以旋转接头 J_{R_z} 与机架相邻接时，传动索 1 与传动索 2 即不适合以滑行接头 J^{P_y} 和机架相邻接。

通过指定不确定接头 J_1（J_{R_x}、J_{R_z} 及 J^{P_y}）、J_2（J_{R_x} 与 J_{R_z}）及 J_3（J_{R_x}、J_{R_z} 及 J^{P_y}）的可能类型至图 11-19（c_1）（d_1）及（d_2）的特殊化链，产生 19 个可行的结果，如图 11-20（a）～（s）所示。

步骤五：如图 11-20（a）～（s），共有 19 个可行的具指定接头特殊化链。考虑机构之运动与功能的要求，将每一个具指定接头特殊化链具体化，获得满足古代工艺技术水准的可行设计图谱，并绘制其模型图画，如图 11-21（a）～（s）所示。

压纬机构

为使织品的结构密实，在每一道穿梭的步骤之后，必须使用压纬杆将纬线压实。最简易的压纬机构为二杆机构，仅包含机架与压纬杆。若装置中以一根竹子作为挠性元件，以便压纬杆使用后回复原位，则此压纬机构可为三杆机构，包含机架、压纬杆及作为弹性元件的竹子。压纬机构中亦可加入一至两根连接杆，成为三杆或四杆的机构，组成包含机架、压纬杆及一或两根连接杆。压纬机构作为斜织机的子机构，亦归类为杆件与接头的数量和类型皆不确定的机构（类型Ⅲ）。以下根据不确定插图机构复原设计法，进行复原设计。

步骤一：归纳其构造特性。

1. 此机构为一平面二杆（杆 1，7）、三杆（杆 1，7 ～ 8）或四杆（杆 1，7 ～ 9）的机构。

2. 压纬杆（K_{RC}）为双接头杆，并以不确定接头与机架（K_F）或竹子（K_{BB}）相邻接。

3. 竹子（K_{BB}）为双接头杆，并以竹接头（J_{BB}）和不确定接头分别与机架（K_F）和压纬杆（K_{RC}）相邻接。竹子杆件只用于三杆的一般化运动链中。

4. 连接杆为双接头杆，并以不确定接头与机架（K_F）相邻接。此一般化运动链须为封闭链。

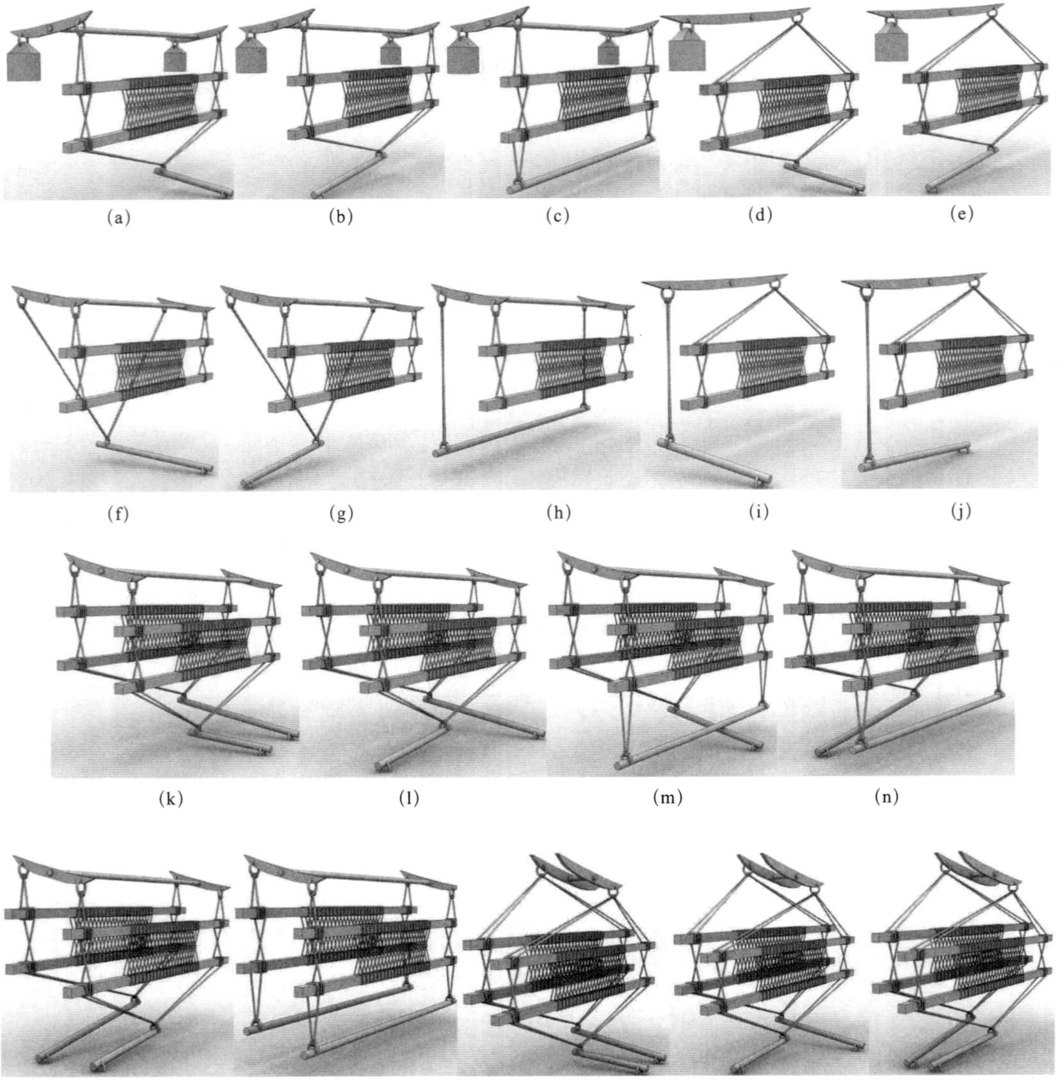

(a) (b) (c) (d) (e)

(f) (g) (h) (i) (j)

(k) (l) (m) (n)

(o) (p) (q) (r) (s)

图 11-21　斜织机脚踏提综机构模型图谱

步骤二：由步骤一的归纳可知，此器械为二杆、三杆或四杆机构，故找出二杆、三杆及四杆的一般化运动链图谱，如图 11-2（a）～（c）与图 11-22 所示。

步骤三：必须有一对双接头杆分别作为压纬杆与机架，或压纬杆与竹子。故步骤二得到的图谱中，仅图 11-2（a）与图 11-22

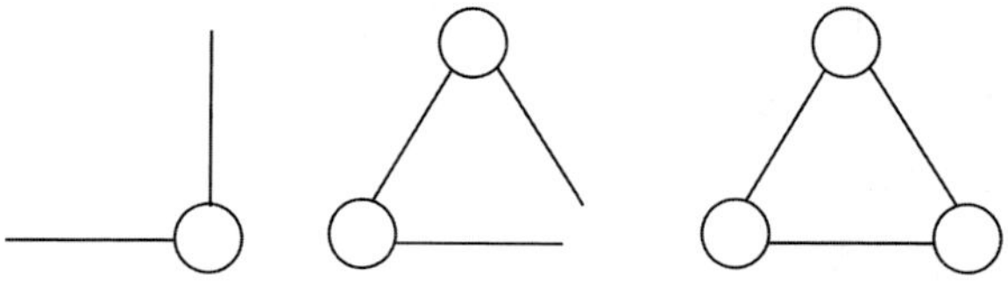

图 11-22　二杆与三杆一般化运动链图谱

(a)～(c)符合需求。所有可行的特殊化链可经由以下步骤获得：

1. 固定杆（K_F）

由于必须有一根固定杆作为机架，所以可如下指定固定杆：

(1)对于图 11-22(a)所示的一般化运动链，指定固定杆的结果有一个，如图 11-23(a_1)所示。

(2)对于图 11-22(b)所示的一般化运动链，指定固定杆的结果有两个，如图 11-23(a_2)(a_3)所示。

(3)对于图 11-22(c)所示的一般化运动链，指定固定杆的结果有一个，如图 11-23(a_4)所示。

(4)对于图 11-2(a)所示的一般化运动链，指定固定杆的结果有一个，如图 11-23(a_5)所示。

因此，固定杆指定后的特殊化链有五个可行的结果，如图 11-23(a_1)～(a_5)所示。

2. 压纬杆（K_{RC}）

由于压纬杆必须以不确定接头与机架（K_F）或竹子（K_{BB}）相邻接，所以如下指定压纬杆：

(1)对于图 11-23(a_1)所示的情形，指定压纬杆与不确定接头 J_4 的结果有一个，如图 11-23(b_1)所示。

(2)对于图 11-23(a_2)所示的情形，指定压纬杆与不确定接头 J_5 的结果有两个，如图 11-23(b_2)(b_3)所示。

(3)对于图 11-23(a_3)所示的情形，指定压纬杆与不确定接头 J_5 的结果有一个，如图 11-23(b_4)所示。

(4)对于图 11-23(a_4)所示的情形，指定压纬杆与不确定接头 J_6 的结果有一个，如图 11-23(b_5)所示。

(5)对于图 11-23(a_5)所示的情形，指定压纬杆与不确定接头 J_7 的结果有一个，如图 11-23(b_6)所示。

因此，固定杆与压纬杆指定后的特殊化链有六个可行的结果，如图 11-23（b_1）～（b_6）所示。

3. 竹子（K_{BB}）

由于竹子必须以竹接头（J_{BB}）和不确定接头分别与机架（K_F）和压纬杆（K_{RC}）相邻接，并且须在三杆的一般化运动链中。所以如下指定竹子：

（1）对于图 11-23（b_2）所示的情形，没有与机架和压纬杆相邻接的杆件能够指定为竹子。

（2）对于图 11-23（b_3）所示的情形，指定竹子的结果有一个，如图 11-23（c_1）所示。

（3）对于图 11-23（b_4）所示的情形，没有与机架和压纬杆相邻接的杆件能够指定为竹子。

（4）对于图 11-23（b_5）所示的情形，指定竹子与不确定接头 J_8 的结果有一个，如图 11-23（c_2）所示。

因此，固定杆、压纬杆及竹子指定后的特殊化链有两个可行的结果，如图 11-23（c_1）（c_2）所示。

4. 连接杆 1 与连接杆 2（K_{L_1} 与 K_{L_2}）

由于连接杆 1 必须与机架（K_F）相邻接，且此一般化运动链必须为封闭链，若仍有尚未指定的杆件则为连接杆 2。所以如下指定连接杆 1 与连接杆 2：

（1）对于图 11-23（b_5）所示的情形，指定连接杆 1 及不确定接头 J_9 与 J_{10} 的结果有一个，如图 11-23（d_1）所示。

（2）对于图 11-23（b_6）所示的情形，指定连接杆 1、连接杆 2 及不确定接头 J_{11}、J_{12} 及 J_{13} 的结果有一个，如图 11-23（d_2）所示。

因此，固定杆、压纬杆、竹子、连接杆 1 及连接杆 2 指定后的特殊化链有两个可行的结果，如图 11-23（d_1）（d_2）所示。

步骤四：坐标系统定义如图 11-17（a）所示。斜织机压纬机构的作用是使纬线紧密排列，以避免织品的结构松散。不确定的接头具有多种可能性，皆可达到文献中描述的功能。由于该机构为平面机构，故不确定接头亦属于平面接头的类型。

1. 考虑不确定接头 J_4、J_5、J_6 及 J_7 各有两种可能的类型，可为旋转接头 J_{R_x} 或是线接头 J_T。

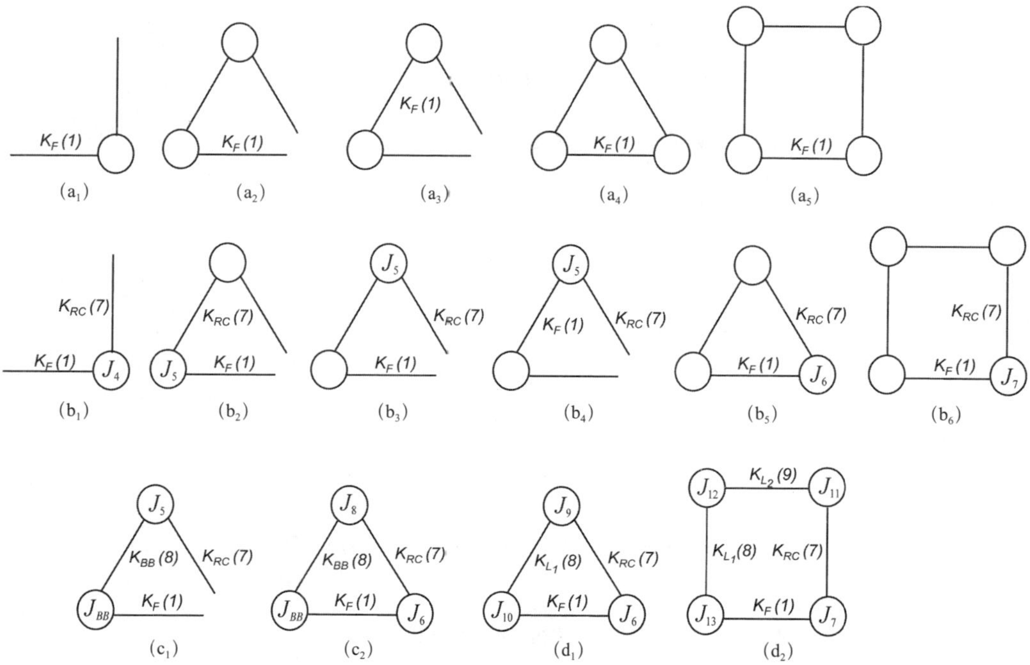

图 11-23　斜织机压纬机构特殊化

2. 考虑不确定接头 J_8 只有一种可能的类型，即压纬杆以旋转接头 J_{R_x} 与竹子相邻接。

3. 考虑不确定接头 J_9 与 J_{10} 各有两种可能的类型，且不可相同。当一接头为旋转接头 J_{R_x} 时，另一接头除旋转外也可滑动，是为销接头 $J_{R_x}^{P_z}$。

4. 考虑不确定接头 J_{11}、J_{12} 及 J_{13} 只有一种可能的类型，即旋转接头 J_{Rx}。

透过指定不确定接头，J_4、J_5、J_6 及 J_7（J_{R_x} 与 J_T）、J_8（J_{R_x}）、J_9 与 J_{10}（J_{R_x} 与 $J_{R_x}^{P_z}$）、J_{11}、J_{12} 及 J_{13}（J_{R_x}）的可能类型至图 11-23（b_1）（c_1）（c_2）（d_1）（d_2）的特殊化链，产生 12 个可行的结果，如图 11-24（a）～（l）所示。

步骤五：如图 11-24（a）～（l），共有 12 个可行的具有指定接头的特殊化链。考虑机构之运动与功能的要求，将每一个具有指定接头的特殊化链具体化，获得满足古代工艺技术水准的可行设计图谱，并绘制其模型图画，如图 11-25（a）～（l）所示。

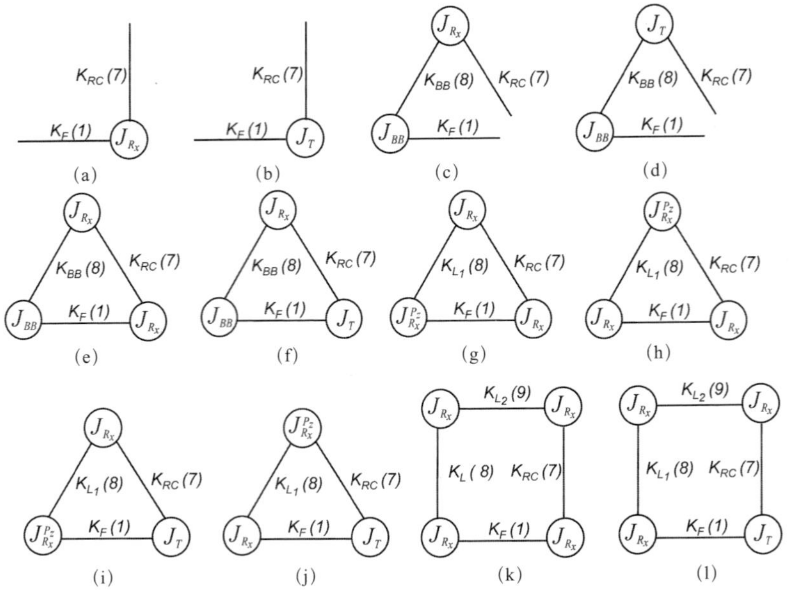

图 11-24　斜织机压纬机构具指定接头特殊化链图谱

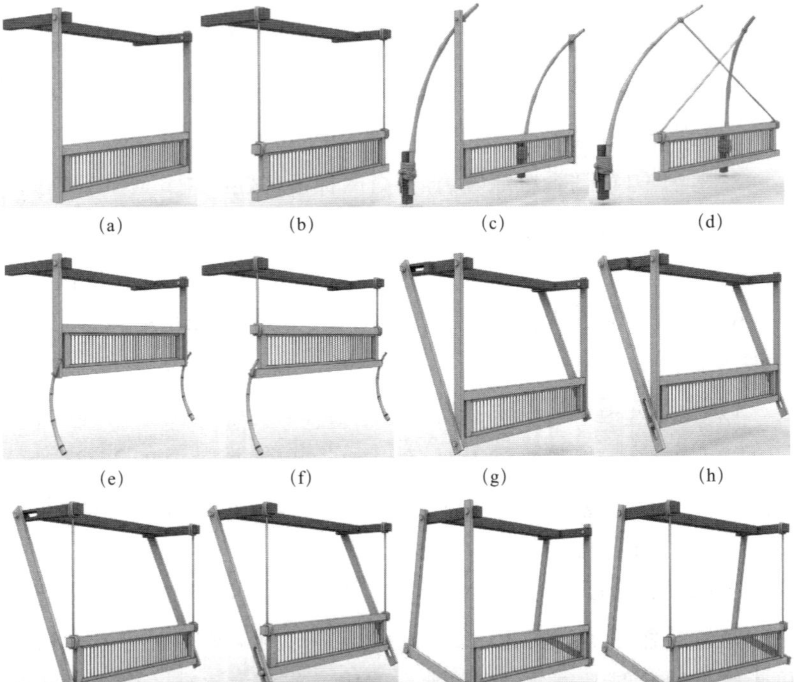

图 11-25　斜织机压纬机构模型图谱

卷布机构

为使斜织机上的经线维持张紧的状态，并收集完成经纬交织的布匹，是以设置卷布机构，其构造包含机架（杆 1，K_F）、经线卷（杆 2，K_{U_1}）、布卷（杆 3，K_{U_2}）和经线（杆 4，K_T）。在接头方面，经线卷以旋转接头 J_{R_x} 与机架相邻接，经线以回绕接头 J_W 分别与经线卷和布卷相邻接，布卷则以旋转接头 J_{R_x} 与机架相邻接，图 11-26 所示为其构造简图。

图 11-27 所示为《天工开物》[1]中腰机的仿制图，而图 11-28 所示则为双蹑双综型的斜织机实物装置图。

[1] Song, Y.X., *Chinese Technology in the Seventeen Century* (in Chinese, trans. Sun, E.Z. and Sun, S.C.), New York, Dover Publications, 1966.

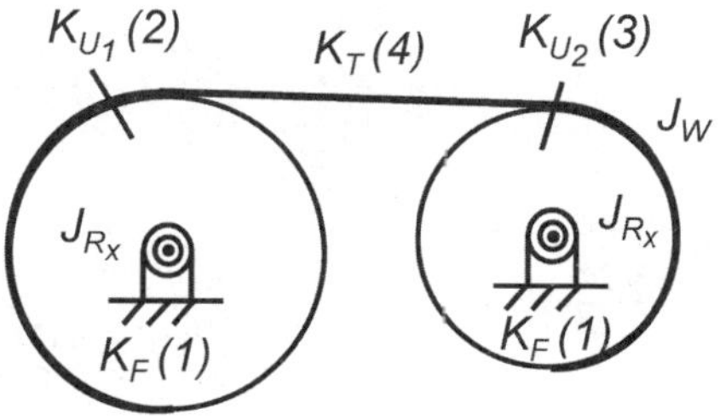

图 11-26　斜织机卷布机构构造简图

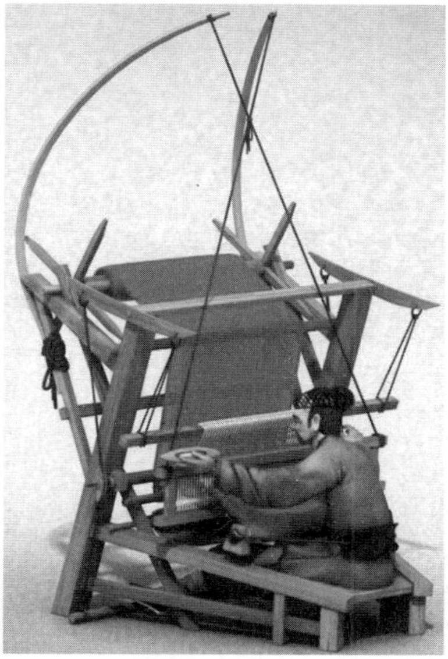

图 11-27　腰机仿制图[2]

图 11-28　双蹑双综型斜织机实物装置图（摄于江苏南通纺织博物馆）

[2] Hsiao, K.H., Chen, Y.H., Tsai, P.Y., and Yan, H.S., "Structural Synthesis of Ancient Chinese Foot-operated Slanting Loom," *Proceedings of the Institution of Mechanical Engineers*, Part C, *Journal of Mechanical Engineering Science*, Vol. 225, pp. 2685—2699, 2011.

第四节　提花机

提花机是一种可以织出复杂花纹图样的大型织布机，其类型有花机、织机，如图 11-29 所示[1][2]。本章第三节所述的斜织机是以踏板控制综架的升降，作出梭道口以便纬线穿过，达到经纬线垂直交

[1] Song, Y.X., *Chinese Technology in the Seventeen Century* （in Chinese, trans. Sun, E.Z. and Sun, S.C.）, New York, Dover Publications, 1966.

[2]〔元〕王祯撰：《农书》，中华书局，第 1 版，北京，1991 年。

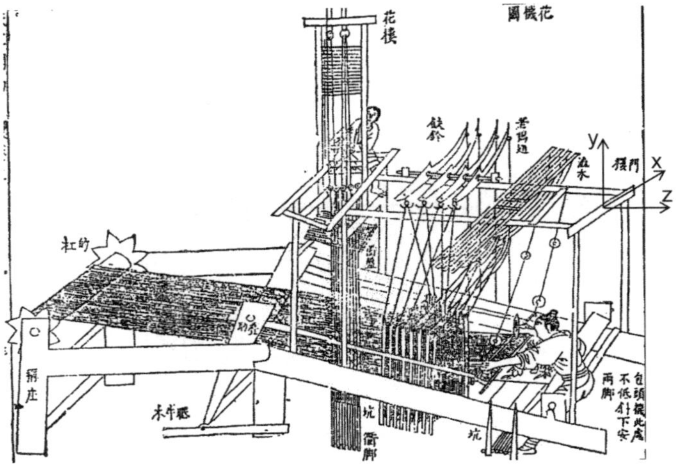

（a） 花机[3]

[3]同[1]。

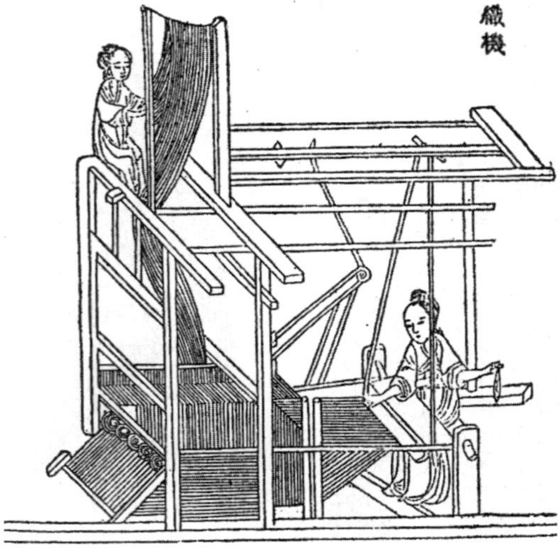

（b） 织机[4]

[4]同[2]。

图 11-29　提花机

织的目的；而提花机是在上述基础上，另增加数组以手拉线提取经线作出梭口的机构。这种机构直接以线取代综架，按照织布的花纹要求，将经纱分为数百至数千组，把升降运动相同的线串在一起成为一组束综，借由手拉束综与脚踩踏板分别控制梭道口的形成，织出具有复杂图形的织布。提花机操作时，需要两名织工同时作业，一人位于织机的下方，负责投梭穿纬与压纬卷布的工作；另一人位于织机上方，借由提拉束综控制织布的花纹图样❶❷。

提花机的构造非常复杂，其长度超过 4 米，并有数以千计的零组件。图 11-30 所示为提花机的基本组成。根据功能的分类，提花机可分为脚踏降综机构、脚踏提综机构、手拉经线机构、压纬机构和卷布机构五组子机构❸，兹分别说明如下。

脚踏降综机构

脚踏降综机构的功能是经由脚踩踏板，带动传动索与天平杆，使得综架产生下降的运动。最简单的脚踏降综机构为四杆的装置，如图 11-30 所示，包含机架、踏板、具有综架的传动索及天平杆。天平杆以重物或借由竹子的弹性，使得综架在下降后可以回到原来的位置。

❶陈维稷：《中国纺织科学技术史（古代部分）》，科学出版社，北京，1984 年。

❷张春辉、游战洪、吴宗泽、刘元谅：《中国机械工程发明史》，第二编，清华大学出版社，北京，2004 年。

❸ Hsiao, K.H., and Yan, H.S., "Structural Synthesis of Ancient Chinese Drawloom for Pattern-weaving," *Transactions of the Canadian Society for Mechanical Engineering*, Vol. 35, No. 2, pp. 291—308, 2011.

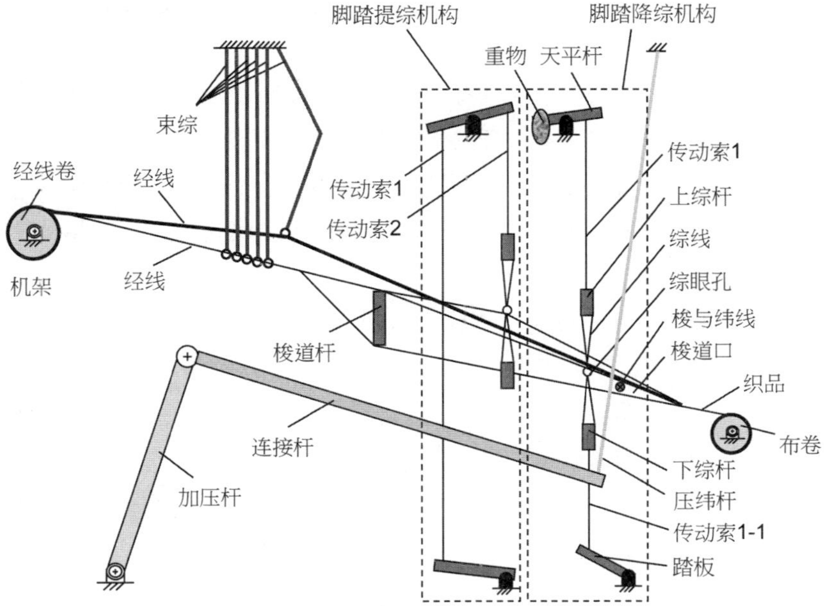

图 11-30　提花机基本组成

为了编织复杂的图形，需要增加脚踏降综机构使经线产生所需的运动，然而增加数组机构会使得踏板在有限空间中的配置形成问题。为了解决此问题，可以借由增加一条传动索或一组传动索与天平杆，调整踏板位置。根据现有文字记载与图画表示，脚踏降综机构归类为杆件与接头的数量和类型皆不确定的机构（类型Ⅲ）。以下根据不确定插图机构复原设计法，进行复原设计。

步骤一：归纳其构造特性。

1. 此机构为一平面或空间四杆（杆 1 ～ 4）、五杆（杆 1 ～ 5）或六杆（杆 1 ～ 6）的机构。

2. 踏板（K_{Tr}）为双接头杆，并以不确定接头与机架（K_F）相邻接。

3. 传动索 1（K_{T_1}）为双接头杆，并以线接头（J_T）分别与踏板（K_{Tr}）和天平杆（K_{SL}）相邻接。

4. 天平杆（K_{SL}）以不确定接头与机架（K_F）相邻接。

5. 传动索 2（K_{T_2}）为双接头杆，并以线接头（J_T）和滑动接头（$J^{P_{yz}}$）分别与天平杆（K_{SL}）和机架（K_F）相邻接。

步骤二：由步骤一的归纳可知，此器械为四杆、五杆或六杆的机构，故找出四杆、五杆及六杆的一般化运动链图谱，如图 11-2 与图 11-5 所示。

步骤三：必须有一对双接头杆作为踏板与传动索。当杆件数为五杆或六杆时，必须有一根三接头杆作为天平杆，并与一对双接头杆相邻接。故步骤二得到的图谱中，仅图 11-2（a）（f）及图 11-5（b）符合需求。所有可行的特殊化链可经由以下步骤获得：

1. 固定杆（K_F）

由于必须有一根固定杆作为机架，且固定杆必须与一对双接头杆相邻接，所以可如下指定固定杆：

（1）对于图 11-2（a）所示的一般化运动链，指定固定杆的结果有一个，如图 11-31（a_1）所示。

（2）对于图 11-2（f）所示的一般化运动链，指定固定杆的结果有一个，如图 11-31（a_2）所示。

（3）对于图 11-5（b）所示的一般化运动链，指定固定杆的结果有一个，如图 11-31（a_3）所示。

因此，固定杆指定后的特殊化链有三个可行的结果，如图 11-31（a_1）～（a_3）所示。

2. 踏板与传动索 1（K_{Tr} 与 K_{T_1}）

由于必须有一对双接头杆作为踏板与传动索 1，且踏板必须以不确定接头（J_I）和线接头（J_T）分别与机架（K_F）和传动索 1（K_{T_1}）相邻接，所以如下指定踏板与传动索 1：

（1）对于图 11-31（a_1）所示的情形，指定踏板、传动索 1 及不确定接头 J_I 的结果有一个，如图 11-31（b_1）所示。

（2）对于图 11-31（a_2）所示的情形，指定踏板、传动索 1 及不确定接头 J_I 的结果有一个，如图 11-31（b_2）所示。

（3）对于图 11-31（a_3）所示的情形，指定踏板、传动索 1 及不确定接头 J_I 的结果有一个，如图 11-31（b_3）所示。

因此，固定杆、踏板及传动索 1 指定后的特殊化链有三个可行的结果，如图 11-31（b_1）～（b_3）所示。

3. 天平杆 1（K_{SL_1}）

由于天平杆 1 必须以线接头（J_T）和不确定接头（J_2）分别与传动索 1（K_{T_1}）和机架（K_F）相邻接，所以如下指定天平杆 1：

（1）对于图 11-31（b_1）所示的情形，指定天平杆 1 与不确定接头 J_2 的结果有一个，如图 11-31（c_1）所示。

（2）对于图 11-31（b_2）所示的情形，指定天平杆 1 与不确定接头 J_2 的结果有一个，如图 11-31（c_2）所示。

（3）对于图 11-31（b_3）所示的情形，指定天平杆 1 与不确定接头 J_2 的结果有一个，如图 11-31（c_3）所示。

因此，固定杆、踏板、传动索 1 及天平杆 1 指定后的特殊化链有三个可行的结果，如图 11-31（c_1）～（c_3）所示。

4. 传动索 2 与天平杆 2（K_{T_2} 与 K_{SL_2}）

由于传动索 2（K_{T_2}）必须以线接头（J_T）与天平杆 1（K_{SL_1}）相邻接，若仍有尚未指定的杆件则为天平杆 2。所以如下指定传动索 2 与天平杆 2：

（1）对于图 11-31（c_2）所示的情形，指定传动索 2 的结果有一个，如图 11-31（d_1）所示。

（2）对于图 11-31（c_3）所示的情形，指定传动索 2、天平杆 2 及

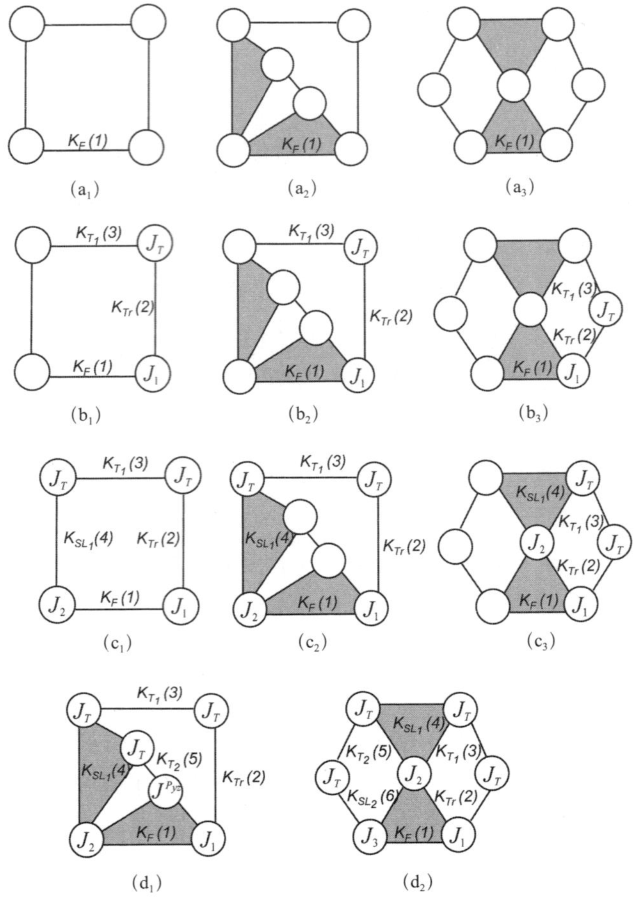

图 11-31　提花机脚踏降综机构特殊化

不确定接头 J_3 的结果有一个，如图 11-31（d_2）所示。

因此，固定杆、踏板、传动索 1、天平杆 1、传动索 2 及天平杆 2 指定后的特殊化链有两个可行的结果，如图 11-31（d_1）（d_2）所示。

步骤四：坐标系统定义如图 11-29（a）中所示。提花机脚踏降综机构的作动方式是踏板的摇摆运动，经绳索与连杆的传动，转换为综架的下降运动。不确定的接头具有多种可能性，皆可达到文献中描述的功能。

1. 考虑不确定接头 J_1 有两种可能的类型，其一是以旋转接头 J_{R_x} 与机架相邻接，其二是以旋转接头 J_{R_z} 与机架相邻接。

2. 考虑不确定接头 J_2 与 J_3 各有两种可能的类型，其一是以旋转

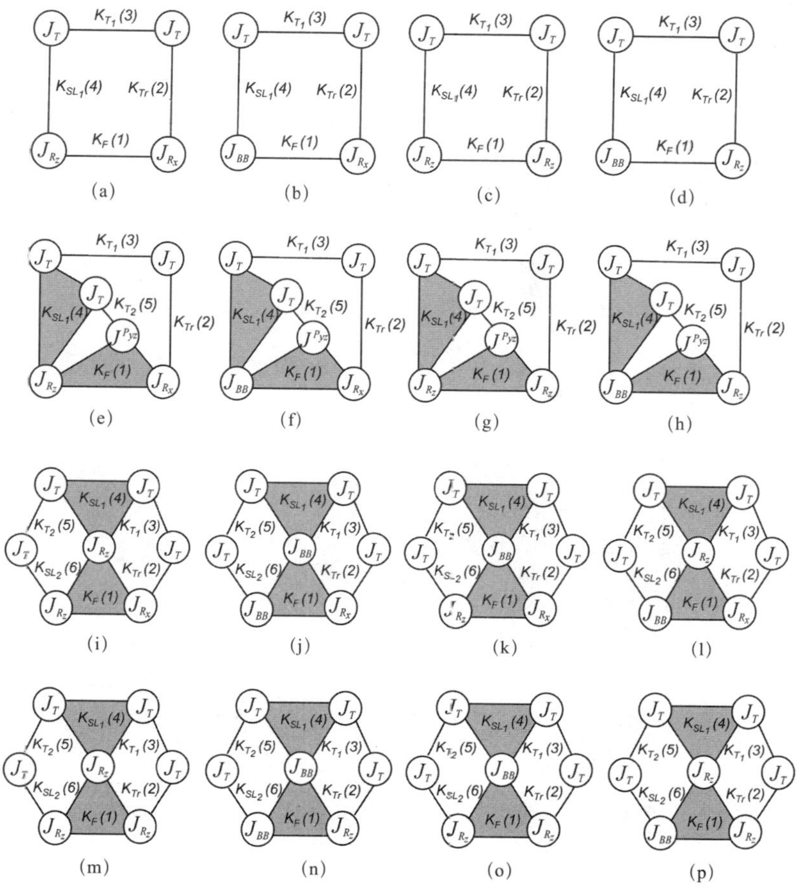

图 11-32　提花机脚踏降综机构具指定接头特殊化链图谱

接头 J_{R_z} 与机架相邻接，其二是以竹接头 J_{BB} 与机架相邻接。

通过指定不确定接头 J_1（J_{R_x} 与 J_{R_z}）、J_2（J_{R_z} 与 J_{BB}）及 J_3（J_{R_z} 与 J_{BB}）的可能类型至图 11-31（c_1）（d_1）（d_2）的特殊化链，产生 16 个可行的结果，如图 11-32（a）～（p）所示。

步骤五：如图 11-32（a）～（p）所示，共有 16 个可行的具有指定接头的特殊化链。考虑机构之运动与功能的要求，将每一个具有指定接头的特殊化链具体化，获得满足古代工艺技术水准的可行机构图谱，并绘制其计算机模型图画，如图 11-33（a）～（p）所示。

脚踏提综机构

脚踏提综机构的功能是经由脚踩踏板，带动传动索与天平杆，

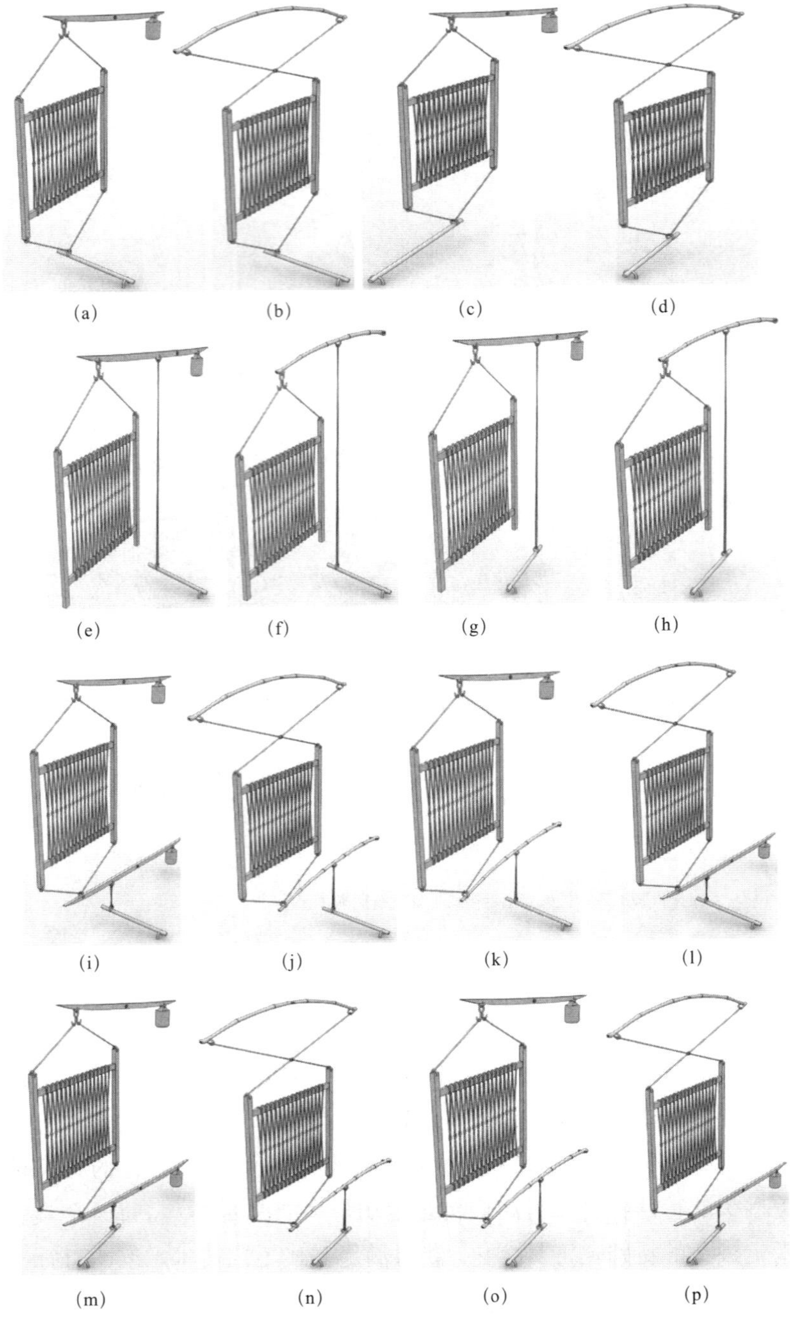

图 11-33　提花机脚踏降综机构模型图谱

使得综架产生上升的运动。最简单的脚踏提综机构为五杆的装置，如图 11-30 所示，包含机架、踏板、传动索 1、天平杆及具有综架的传动索 2。

为了编织复杂的图形，需要增加脚踏提综机构使经线产生所需的运动，然而增加数组机构会使得踏板在有限空间中的配置形成问题。为了解决此问题，可以借由增加一组双接头的传动索及多接头的天平杆，调整踏板位置。根据现有文字记载与图画表示，脚踏提综机构归类为杆件与接头的数量和类型皆不确定的机构（类型Ⅲ）。以下根据不确定插图机构复原设计法，进行复原设计。

步骤一：归纳其构造特性。

1. 此机构为一平面或空间五杆（杆 1 ～ 5）或七杆（杆 1 ～ 7）的机构。

2. 踏板（K_{Tr}）为双接头杆，并以不确定接头与机架（K_F）相邻接。

3. 传动索 1（K_{T_1}）为双接头杆，并以线接头（J_T）分别与踏板（K_{Tr_1}）和天平杆（K_{SL}）相邻接。

4. 天平杆（K_{SL}）以旋转接头（J_{R_z}）与机架（K_F）相邻接。

5. 传动索 2 为双接头杆，当传动索 2（K_{T_2}）具有综架时，以线接头（J_T）和滑动接头（$J^{P_{yz}}$）分别与天平杆（K_{SL}）和机架（K_F）相邻接；相反地，当传动索 2 不具有综架时，传动索 2 以线接头分别与天平杆和机架相邻接。

步骤二：由步骤一的归纳可知，此器械为五杆或七杆的机构，故找出五杆与七杆的一般化运动链图谱，如图 11-2（d）～（i）与图 11-34 所示。

步骤三：必须有一对双接头杆分别作为踏板与传动索 1，并与多接头杆的机架和天平杆相邻接，此外，天平杆亦必须与机架相邻接。当杆件数为七杆时，必须有四根双接头杆，其中有一对相邻的双接头及两根不相邻的双接头杆。故步骤二得到的图谱中，仅图 11-2（f）与图 11-34（b_5）（b_6）符合需求。所有可行的特殊化链可经由以下步骤获得。

1. 固定杆（K_F）

由于必须有一根固定杆作为机架，且固定杆必须与一对双接头

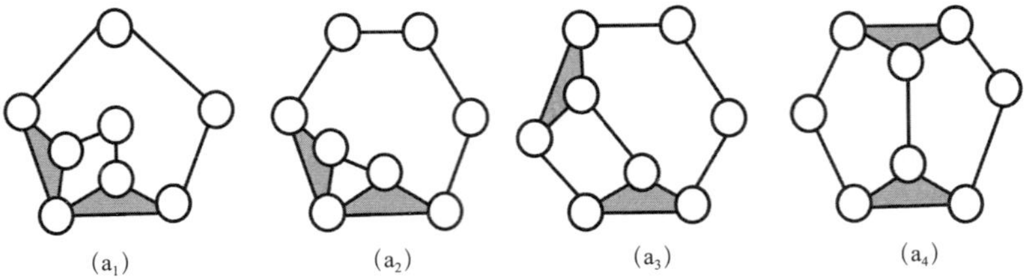

(a) (7, 8) 一般化运动链

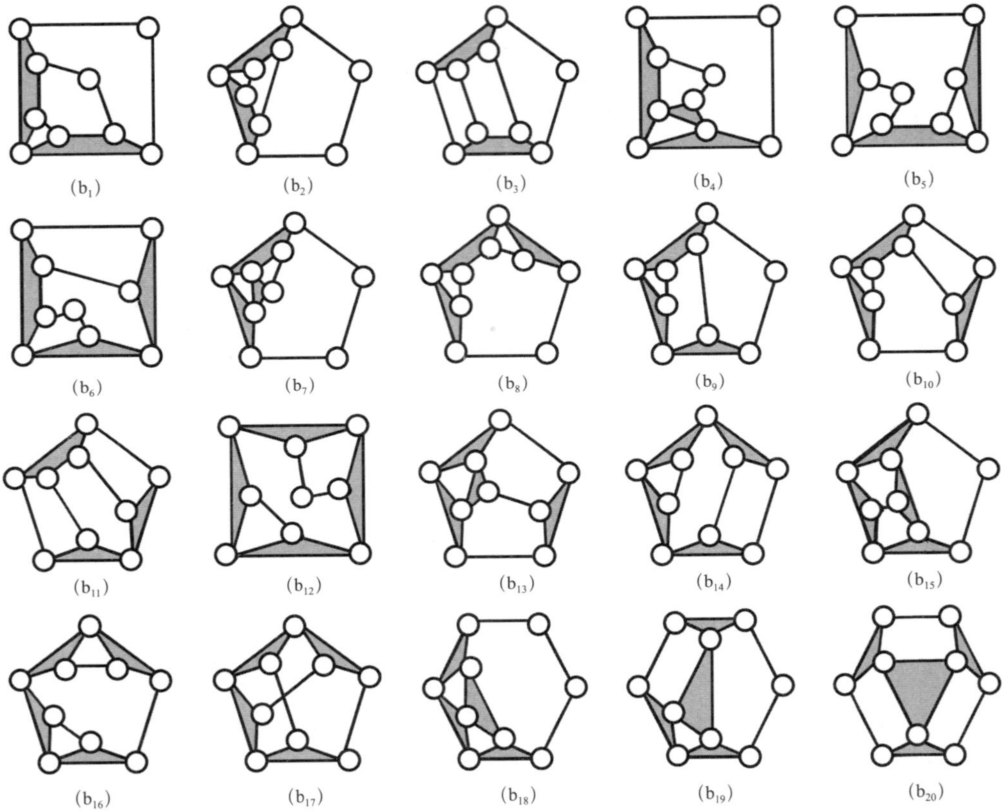

(b) (7, 9) 一般化运动链

图 11-34 (7, 8) 与 (7, 9) 一般化运动链图谱

杆相邻接，所以可如下指定固定杆：

(1) 对于图 11-2 (f) 所示的一般化运动链，指定固定杆的结果有一个，如图 11-35 (a_1) 所示。

(2) 对于 11-34 (b_5) 所示的一般化运动链，指定固定杆的结果有两个，如图 11-35 (a_2)(a_3) 所示。

（3）对于 11-34（b_6）所示的一般化运动链，指定固定杆的结果有两个，如图 11-35（a_4）（a_5）所示。

因此，固定杆指定后的特殊化链有五个可行的结果，如图 11-35（a_1）～（a_5）所示。

2. 踏板与传动索 1（K_{Tr} 与 K_{T_1}）

由于必须有一对双接头杆作为踏板与传动索 1，且踏板必须以不确定接头（J_4）和线接头（J_T）分别与机架（K_F）和传动索 1（K_{T_1}）相邻接，所以如下指定踏板与传动索 1：

（1）对于图 11-35（a_1）所示的情形，指定踏板、传动索 1 及不确定接头 J_4 的结果有一个，如图 11-35（b_1）所示。

（2）对于图 11-35（a_2）所示的情形，指定踏板、传动索 1 及不确定接头 J_4 的结果有一个，如图 11-35（b_2）所示。

（3）对于图 11-35（a_3）所示的情形，指定踏板、传动索 1 及不确定接头 J_4 的结果有一个，如图 11-35（b_3）所示。

（4）对于图 11-35（a_4）所示的情形，指定踏板、传动索 1 及不确定接头 J_4 的结果有一个，如图 11-35（b_4）所示。

（5）对于图 11-35（a_5）所示的情形，指定踏板、传动索 1 及不确定接头 J_4 的结果有一个，如图 11-35（b_5）所示。

因此，固定杆、踏板及传动索 1 指定后的特殊化链有五个可行的结果，如图 11-35（b_1）～（b_5）所示。

3. 天平杆 1（K_{SL_1}）

由于天平杆 1 必须以线接头（J_T）和旋转接头（J_{R_z}）分别与传动索 1（K_{T_1}）和机架（K_F）相邻接，所以如下指定出天平杆 1：

（1）对于图 11-35（b_1）所示的情形，指定天平杆 1 的结果有一个，如图 11-35（c_1）所示。

（2）对于图 11-35（b_2）所示的情形，指定天平杆 1 的结果有一个，如图 11-35（c_2）所示。

（3）对于图 11-35（b_3）所示的情形，指定天平杆 1 的结果有一个，如图 11-35（c_3）所示。

（4）对于图 11-35（b_4）所示的情形，指定天平杆 1 的结果有一个，如图 11-35（c_4）所示。

（5）对于图 11-35（b_5）所示的情形，指定天平杆 1 的结果有一

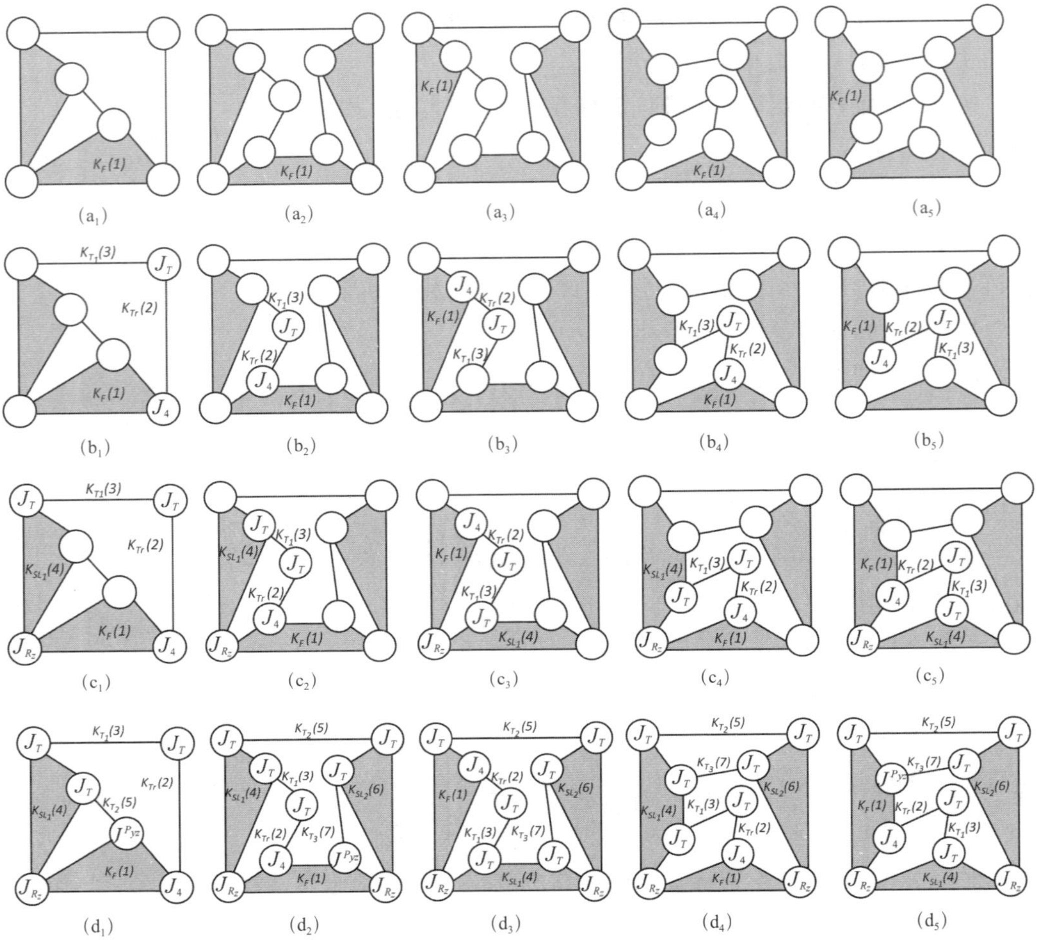

图 11-35　提花机脚踏提综机构特殊化

个，如图 11-35（c_5）所示。

因此，固定杆、踏板、传动索 1 及天平杆 1 指定后的特殊化链有五个可行的结果，如图 11-35（c_1）～（c_5）所示。

4. 传动索 2、天平杆 2 及传动索 3（K_{T_2}、K_{SL_2}、K_{T_3}）

由于必须有一根双接头作为传动索 2（K_{T_2}），并以线接头（J_T）与天平杆 2（K_{SL_2}）相邻接，尚未指定的杆件则为天平杆 2 与传动索 3。所以如下指定传动索 2、天平杆 2 及传动索 3：

（1）对于图 11-35（c_1）所示的情形，指定传动索 2 的结果有一个，如图 11-35（d_1）所示。

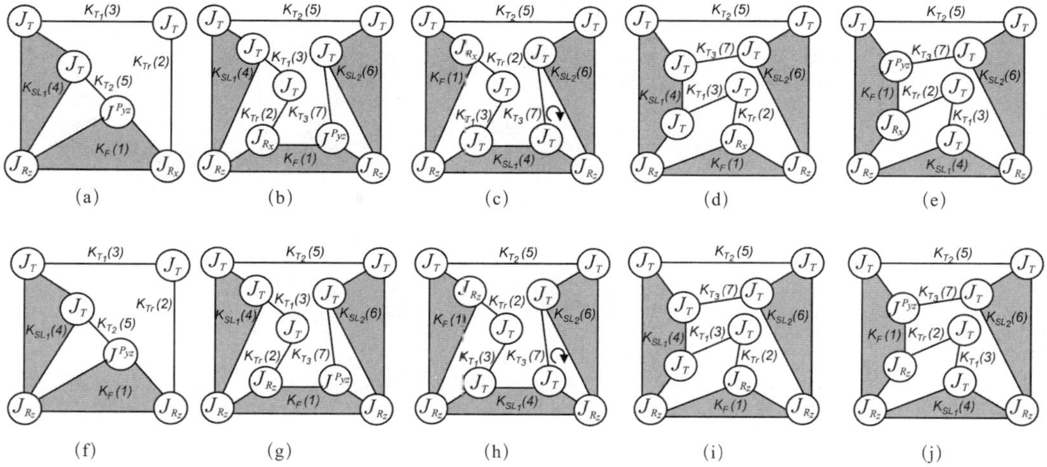

图 11-36　提花机脚踏提综机构具指定接头特殊化链图谱

（2）对于图 11-35（c_2）所示的情形，指定传动索 2、天平杆 2 及传动索 3 的结果有一个，如图 11-35（d_2）所示。

（3）对于图 11-35（c_3）所示的情形，指定传动索 2、天平杆 2 及传动索 3 的结果有一个，如图 11-35（d_3）所示。

（4）对于图 11-35（c_4）所示的情形，指定传动索 2、天平杆 2 及传动索 3 的结果有一个，如图 11-35（d_4）所示。

（5）对于图 11-35（c_5）所示的情形，指定传动索 2、天平杆 2 及传动索 3 的结果有一个，如图 11-35（d_5）所示。

因此，固定杆、踏板、传动索 1、天平杆 1、传动索 2、天平杆 2 及传动索 3 指定后的特殊化链有五个可行的结果，如图 11-35（d_1）～（d_5）所示。

步骤四：坐标系统定义如图 11-29（a）中所示。提花机脚踏提综机构的作动方式是踏板的摇摆运动，经绳索与连杆的传动，转换为综架的上升运动。不确定的接头具有多种可能性，皆可达到文献中描述的功能。考虑不确定接头 J_4 有两种可能的类型，其一是以旋转接头 J_{R_x} 与机架相邻接，其二是以旋转接头 J_{R_z} 与机架相邻接。通过指定不确定接头 J_4（J_{R_x} 与 J_{R_z}）的可能类型至图 11-35（d_1）～（d_5）的特殊化链产生十个结果，如图 11-36（a）～（j）所示。

步骤五：去除具有无法传动的结果，如图 11-36（c）(h)，共有八

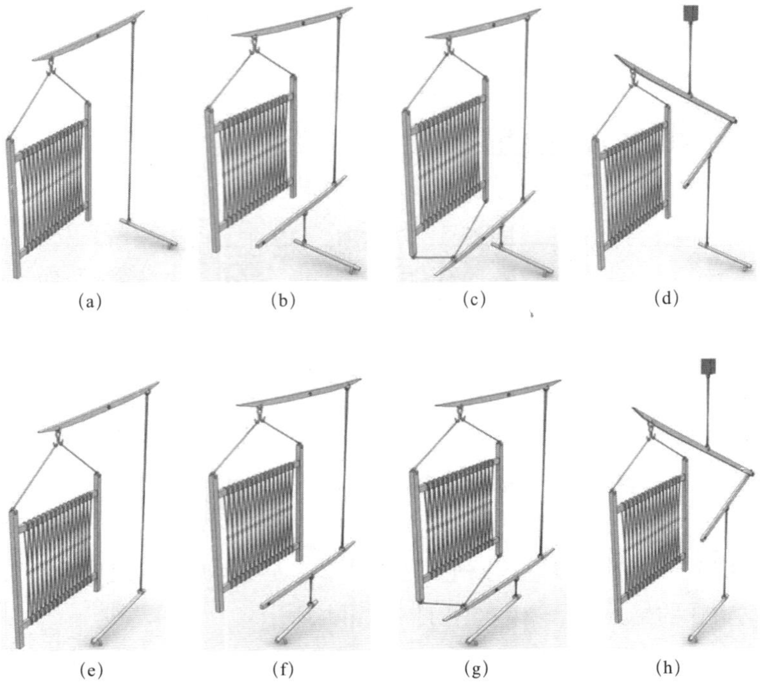

图 11-37　提花机脚踏提综机构模型图谱

个可行的具指定接头特殊化链，如图 11-36（a）(b)(d) ～（g）及（i）(j)。考虑机构之运动与功能的要求，将每一个具有指定接头的特殊化链具体化，获得满足古代工艺技术水准的可行设计图谱，并绘制其模型图画，如图 11-37（a）～（h）所示。

1. 手拉经线机构

手拉经线机构的功能是直接以手提起经线，用以产生编织复杂图形所需的梭口。每条经线皆通过位于垂直面上具有环圈的综线，按照花纹要求，把升降运动相同的综线串在一起，分成数百至数千组的束综。位于提花机上方的织工，根据花纹需要依序提拉束综，以便另一织工投梭穿纬。手拉提经机构包含机架（杆 1，K_F）与数组束综（杆 2，K_{HT}）。在接头方面，束综以线接头 J_T 和滑动接头 $J^{P_{yz}}$ 分别与机架和经线相邻接，属于构造明确的机构（类型 I），其构造简图如图 11-38 所示。由于经线固定不动，可视为机架的一部分。

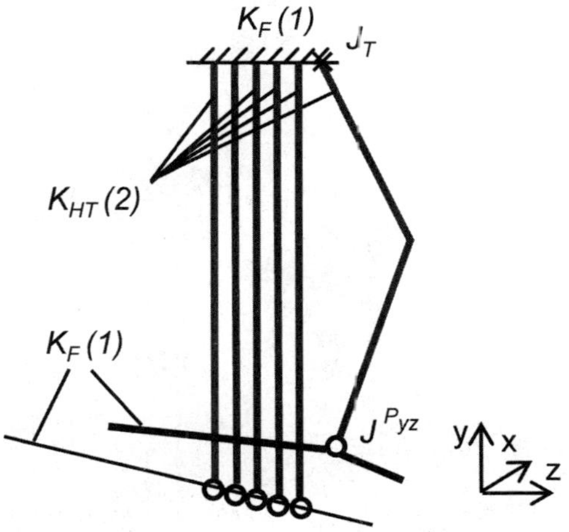

图 11-38　手拉经线机构构造简图

2. 压纬机构

压纬机构的功能是压紧纬线，使纬线成为织布的一部分。压纬机构有各种类型，如本章第三节所述。然而，由于提花机所织的织品更为复杂，需要使纬线更为紧密才能织出精美图形，因此提花机使用四连杆型的压纬机构，归类于构造明确的机构（类型 I），如图 11-25（k）所示。借由木制连杆本身的重量，使织工更有效率地进行压纬动作。

3. 卷布机构

卷布机构的功能为维持经线张紧状态，并收集完成经纬交织的布匹。提花机的卷布机构与本章第三节斜织机中的相同，皆为四杆四接头的机构，属于构造明确的机构（类型 I），其构造简图如图 11-26 所示。

图 11-39 所示为《天工开物》[1]中提花机的仿制图，图 11-40 所示为提花机实物装置。

[1] Song, Y.X., *Chinese Technology in the Seventeen Century* （in Chinese, trans. Sun, E.Z. and Sun, S.C.）, New York, Dover Publications, 1966.

图 11-39　提花机仿制图❶

❶ Hsiao, K.H., and Yan, H.S., "Structural Synthesis of Ancient Chinese Drawloom for Pattern-weaving," *Transactions of the Canadian Society for Mechanical Engineering*, Vol. 35, No. 2, pp. 291—308, 2011.

图 11-40　提花机实物装置图（摄于江苏南通纺织博物馆）

第五节　小结

古中国的纺织机械大量使用连杆与挠性传动元件，透过杆件之间的传动，产生十分多样的运动特性并用于纺织的各项程序中。由于本章介绍之纺织机械构造较为复杂，因此依功能分为数组子机构，再判断子机构构造明确程度，进行分析与合成。

本章分析五件（缫车、脚踏纺车、反带传动纺车、斜织机和提花机）纺织机械，如表 11-1 所列，皆属于杆件与接头的数目和类型皆不明确的机构（类型Ⅲ）。本章共有 12 张原图、5 张构造简图、10 张模拟图、4 张仿制图及 2 张实物装置图。再者，纺织机械除水转大纺车使用水力外，其余皆使用人力。根据不确定插图机构复原设计法，有系统地进行复原设计，可得到各种纺织机械可行设计图谱。

表 11-1　复杂纺织机械（5 件）

书名 机构名称	《农书》	《武备志》	《天工开物》	《农政全书》	《钦定授时通考》
缫车 图 11-1 类型Ⅲ	《蚕缫》		《乃服》	《蚕桑》	《蚕事》
脚踏纺车 木棉线架 小纺车 木棉纺车 图 11-9 类型Ⅲ	《纩絮》 《麻苎》		《乃服》	《蚕桑广类》	《桑余》
皮带传动纺车 大纺车 水转大纺车 图 11-14 类型Ⅲ	《麻苎》 《利用》			《蚕桑广类》 《水利》	《桑余》
斜织机 腰机 布机 卧机 图 11-17 类型Ⅲ	《麻苎》 《织纴》		《乃服》	《蚕桑广类》	《桑余》
提花机 花机 织机 图 11-29 类型Ⅲ	《织纴》		《乃服》	《蚕桑》	《蚕事》

附录 符号

C_{pi}	平面机构 i- 型接头拘束度
C_{si}	空间机构 i- 型接头拘束度
F_p	平面机构自由度
F_s	空间机构自由度
J_A	凸轮接头
J_{BB}	竹接头
J_C	圆柱接头
J_G	齿轮接头
J_H	螺旋接头
J_J	销接头
J_O	滚动接头
J_P	滑行接头
J^{P_x}	沿 x 轴向滑行接头
J^{P_y}	沿 y 轴向滑行接头
J^{P_z}	沿 z 轴向滑行接头
$J^{P_{xy}}$	绕 x 轴、y 轴向滑行接头
$J^{P_{xyz}}$	绕 x 轴、y 轴、z 轴向滑行接头

$J_{R_z}^{P_x}$ 沿 x 轴向滑行与绕 z 轴向旋转接头

$J_{R_x}^{P_x}$ 沿 x 轴向滑行与绕 x 轴向旋转接头

$J_{R_{yz}}^{P_{xz}}$ 沿 x 轴、z 轴向滑行及绕 y 轴、z 轴向旋转接头

J_R 旋转接头

J_{R_x} 绕 x 轴向旋转接头

J_{R_y} 绕 y 轴向旋转接头

J_{R_z} 绕 z 轴向旋转接头

$J_{R_{xy}}$ 绕 x 轴、y 轴向旋转接头

$J_{R_{xyz}}$ 绕 x 轴、y 轴、z 轴向旋转接头

J_S 球接头

J_T 线接头

J_W 回绕接头

K_A 凸轮

K_{A_f} 从动件

K_B 水桶或悬吊物

K_{BB} 竹子

K_C 链条

K_{CB} 弩弓

K_{CR} 軠轴

K_F 机架

K_G 齿轮

K_{GL} 导丝杆

K_H 螺杆

K_{HT} 束综

K_I 输入杆

K_K 链轮

K_L 连杆

K_{Li} i- 型运动连杆

K_O 滚子

K_P 滑件

K_{PL} 触发杆或箭匣

K_R 绳索

K_{RC} 压纬杆

K_S 锭子

K_{Sp} 弹簧

K_{SL} 天平杆

K_T 绳线 / 绳索 / 皮带 / 弓弦

K_{Tr} 踏板

K_U 带轮 / 滑轮 / 卷

K_W 扇叶

K_{WC} 鼓

N_L 连杆或机件数目

N_J 接头数目